欢

迎

你

进

入

神奇的梦控宇宙

追梦蚂蚁 著

梦控师

经济日报出版社

图书在版编目（CIP）数据

梦控师 / 追梦蚂蚁著. -- 北京 : 经济日报出版社,
2021.8（2025.7重印）
ISBN 978-7-5196-0774-6

Ⅰ. ①梦… Ⅱ. ①追… Ⅲ. ①梦–精神分析 Ⅳ.
①B845.1

中国版本图书馆CIP数据核字(2021)第017739号

梦控师

MENGKONGSHI

追梦蚂蚁　著

出　　版： 经济日报出版社
地　　址： 北京市西城区白纸坊东街 2 号院 6 号楼 710（邮编 100054）
经　　销： 全国新华书店
印　　刷： 天津裕同印刷有限公司
开　　本： 710mm × 1000mm　1/16
印　　张： 21.5
字　　数： 345 千字
版　　次： 2021 年 8 月第 1 版
印　　次： 2025 年 7 月第 4 次
定　　价： 58.00 元

本社网址：edpbook.com.cn，微信公众号：经济日报出版社

致读者

追梦蚂蚁是一名梦控师，是世界顶尖级的控梦高手，他擅长控制梦境。成千上万的人跟着他领略到了控梦的美妙和神奇。

这里有你闻所未闻的知识、无与伦比的体验、前所未有的探索和匪夷所思的空间。让我们一起进入神奇的梦控宇宙！

编者

写在前面的话

清明梦，对于大多数人来说是个陌生的词，但是一旦了解，很多人就会为之深深着迷，感觉相见恨晚。清明梦所拥有的巨大魅力正在悄然席卷全球，尤其受到广大年轻人的热捧，已经开始形成一种独特的文化现象。

简单地说，清明梦就是控梦，即梦里知道自己在做梦，从而可以控制梦境。有过清明梦经历的人就知道，清明梦好比是打开了一个全新的世界，一次高质量的清明梦带来的震撼是无以言表的，未经历过的人恐怕难以想象。除了这种无与伦比的个人体验，清明梦对于人类社会来说，还有着极高的研究和应用价值，涉及面广且影响深远，涵盖科学、医学、心理学、教育学、社会学等众多领域，甚至涉及宗教哲学等人类终极问题的探索。

长期以来，人们对梦并没有给予足够的重视，梦仅仅被当作成睡眠的附属品，并不认为有多大的意义。然而，如果深入地了解就会发现，整个人类文明的发展和梦是紧密相关的。远古时代的人类最初分不清梦和现实，因此由梦产生了神话和巫术，并渐渐发展成文化和宗教，成为人类精神世界的支柱。

无数发明创造、奇思妙想、艺术珍品都来自梦中的灵感。纵观那些盖世天才，亚里士多德、达·芬奇、特斯拉、莫扎特、爱因斯坦、梵高等人，他们超凡的能力都能在梦境中找到答案。天才是怎么生成的？本书将为你揭秘。

梦，之所以被人们认为没有多大实用价值，是因为在梦里，人是完全被动的，梦的内容无从选择，如易散的泡沫。但是清明梦能颠覆人们对梦的传统认知，当你发现你能做你想做的梦，梦境中的一切都能为己所用，而且能将所得带到现实时，自然就会明白其巨大价值了。

清明梦的原理并不复杂，入门也不难，只要花点时间练习，一般人都能成功体验到。本书提供了一个全面的清明梦体系，从理论到实践、从入门到精通、从应用到探索，可谓目前中国最权威、最系统、最实用、最前沿的资料，这里的方法都经过成千上万梦友的科学实证和精练，是蚂蚁和众多梦友多年清明梦研究的精髓。

世界上的确存在着你不曾体验而真实存在的奇妙体验，清明梦就是其中之一。它是人类与生俱来的潜能，是生命给予我们的一份美好。可惜的是，绝大多数人对清明梦一无所知。且看本书能不能打破清明梦万年雪藏的遗珠之命。

清明梦是一种新文化、一种新思潮、一个新天地、一个新契机，是人类探索自我走向未来的必经之路。诸如知梦机、验实、天才态、联机等项目上的任何一个突破都会给世界带来翻天覆地的革新，甚至开启一个全新的梦时代。

这本书，是一扇窗户，通过它可以一窥梦界的神奇；也是一座桥梁，通过它就能亲身进入控梦的世界。这里有你闻所未闻的知识、无与伦比的体验、前所未有的探索和匪夷所思的空间。看下去之前，蚂蚁提醒读者做好“毁三观”的思想准备。准备好了吗？OK，芝麻，开门吧！

——追梦蚂蚁

目录

入梦篇

知梦篇

控梦篇

探梦篇

附录

梦控师

入梦篇

你想见到你最亲最爱的人吗?

你想重温当年的感动吗?

你想体验飞翔的滋味吗?

你想上天入地穿越时空吗?

你想呼风唤雨快意恩仇吗?

你想见到无上美景吗?

你想品尝至尊美味吗?

你想轻松获得艺术灵感吗?

你想知道人生的真相吗?

你想超越这平凡的生活吗?

你想认识真实的自己吗?

第一章 清明梦

什么是清明梦

梦里知道自己在做梦，就是清明梦。

清明梦，又名清醒梦，英文为lucid dreaming，坊间称控梦。这里的“清明”，和清明节没有关系，而是指梦中的意识清醒明白，做梦者知道自己是在做梦后，将在梦中拥有部分清醒时候的思考和记忆能力，从而不再被梦牵着走，可以主动控制自己的梦境。

举个例子，电影《盗梦空间》里盗梦小组的活动就是清明梦。当你在梦中知道这是梦，就可以按自己的想法在梦里进行活动。

清明梦对于很多人来说是个全新的概念，但实际上，清明梦是普遍存在的一种现象。如果在做梦时有过“这是梦”的念头，就算最初级的清明梦了。自人类始，千万年来，每天都有无数清明梦在发生。西方国家有资料统计，平均每8个人中就有1个人做过清明梦，尤其是孩童，更容易出现清明梦。2014 年第16期《南都周刊》报道，“2004 年德国一项在心理系学生中的调查显示，82% 的人经历过清明梦；2008 年在日本大学生中的研究发现，47% 的人做过清明梦；巴西的一项调查数据是77%”。

清明梦本身不是什么神秘的东西，它存在于我们的日常生活中，是人类与生俱来的一种潜能。有部分人先天就会做清明梦，对于大多数人来说，通过一定的学习和训练，就能掌握做清明梦的技巧。虽然说清明梦仍然是梦，但是这种身临其境的经历所带来的超凡和神奇，属于一种非凡的巅峰体验，往往给人强烈的震撼和感触。人生中如果没有体验过清明梦，实在是一大缺憾！

清明梦里可以做什么？一句话概括就是：“所想即所得！”

当你在梦中意识到这是梦时，一切皆有了可能——Imagination is your only limit！你不但可以控制自己，控制梦境，控制他人，你还将拥有无限神通，获得现实中不可能有的超凡能力和非凡体验，比如可以飞，甚至飞出地球；可以上天入地，去你想去之地，见你想见之人，做你梦寐以求的事；可以变化无穷，穿梭于过去未来；可以通过学习、训练来获取创作灵感……

清明梦是真的吗

清明梦，属于梦学和超心理学的前沿领域。世界各国有不少科研院所和机构专门研究清明梦，发表在《自然》(*Nature*)、《科学》(*Science*)、《细胞》(*Cell*)、《柳叶刀》(*Lancet*)、《神经元》(*Neuron*) 等顶级科学期刊上的清明梦论文屡见不鲜。

生活中，非常多的人都有过清明梦的经历，但是绝大多数都是偶然所得，而且他们并不知道“清明梦”这个词。导致清明梦在社会上的认知度比较低，甚至有人没有听说过。

清明梦的定义很简单，就是“梦里知道自己在做梦”。以下举几个来自明星名人的实例。

马伊琍

每个人都有梦中梦的经历吗？至少我有，少年时代经常如此，总是在梦里想要上厕所，然后提醒自己这是做梦就猛地睁眼，可是睁眼后会意识到还是在梦里，这时就要拼命使劲地睁眼，最后终于睁开眼回到现实，无比之累！听起来有点可笑和不可思议吧，确实是为了不尿床才练就逃脱梦中梦的本领的啊！

（2010-9-3 10:16 来自新浪微博）

蔡骏

出门去看《盗梦空间》了。前两天早上做了个梦，梦中连续遇到很多特别的事，但在每个事件最后，通常是最危险的时刻，我都会意识到自己在做梦，于是丝毫都不会害怕和紧张，就对自己说，不过是梦嘛，于是就从梦中自动脱身而出。接着又去做另一个完全不相干的梦，数次这样自动入梦出梦——“梦里已知身是客”。

（2010-9-14 19:23 来自新浪微博）

方文山

最近常熬夜工作(嗯……好像不能用“最近”这个字)……然后累了就休息（废话！难道累了还跑步）……大多是浅睡所以常做梦（我的梦是梦中梦）……就是梦见自己在做梦……最后醒来才知道刚刚的醒来也是梦（嗯……真希望你们听得懂）……我还有一次在梦中知道自己在做梦，于是我控制自己的梦……在天上自由地飞……我是说真的！

（2014-7-29 15:46 来自新浪微博）

科尔沁夫

到家和黄沾沾熊抱了一下，洗脸后睡倒，上闹钟发现可睡半小时，其间挂断房产中介电话一个，梦游至门口回应楼管一次。然后睡着做了两个身在梦中但意识清楚是在做梦的梦，先是梦到了和一个古代女王纠葛，第二个是梦到一个今生不会再见到的人。然后醒来，再洗脸果然清醒不少，现在出门去光线录《明星学院》。

（2010-4-27 11:25 来自新浪微博）

车晓

刚看了《盗梦空间》，不得不由衷钦佩荷里活的想象力，绝对高智商大片一部。但我想说的是，我曾经有过一次清晰的记忆，就是：我在梦里并且知道是在做梦。不知道别人有没有过这样的经验，是很少有人会有还是很多人都有呢？反正编剧应该有过吧。

（2010-9-5 00:19 来自新浪微博）

姜凯阳

昨夜一梦，梦中被带至刑场，身边已被割头的尸体被草席覆盖，自己动手准备割喉，持刀片下手，鲜血飞溅但却没有割断，旁边梁天上来助我一臂之力，想，不就是一刀了事吗，做视死如归状。突然一声音传来，割喉后还要折磨一分钟才能咽气！顿愣，遂觉是梦，决定不死，翻身坐起。才发现喉咙不知何时变得沙哑。

（2011-3-18 09:36 来自新浪微博）

从上面的例子可以看出，这些明星在梦中意识到了自己在做梦，这正是清明梦。不过，由于他们缺乏清明梦的知识，很难获得更深入的体验，和梦控师的控梦体验相比，有比较大的距离，属于初级的清明梦。

在现实社会和科学界，清明梦的真实性都毫无争议。专业的梦控师更多地是探讨如何获得清明梦，清明梦的利弊和实用性以及如何利用和开发清明梦等课题。

清明梦的利与弊

> 我想既然人生是梦，就做一个清明梦：在梦中知道自己做梦，就有能力去改变梦境。改变梦境的方法就是要改变自己的惯性，看到自己的心念行为一旦改变，周遭的人事物就如何改变，不做受害者，而做一个造梦的人！
>
> ——心灵畅销书作家张德芬

清明梦有什么好处

娱乐	高质量的清明梦犹如顶级虚拟现实游戏，惊世骇俗的美景、前所未见的美食、匪夷所思的神通、梦幻传奇的经历……在感官和精神层面的体验是无与伦比的，这一点，经历过的人都深有体会。

续表

文化	清明梦不仅是一种个人体验，也是一种文化现象，代表着人类对未知、对梦境、对真相的探索精神。从最初的巫学宗教到现代心理学高科技，从老庄、佛陀、亚里士多德、达·芬奇、特斯拉、莫扎特、爱因斯坦、梵高等梦界高手，到现代诸如《黑客帝国》《盗梦空间》《阿凡达》《蝴蝶效应》《夏洛特烦恼》《你好，李焕英》等优秀影视作品，都不难看到清明梦文化对于世界的影响。只要人类拥有梦境，人类的灵感和创造力就永远不会枯竭，清明梦是推动人类文明向前发展的原动力之一。
学习训练	经历就是一种知识。清明梦里所见所闻，所经历的一切，将留在记忆和经验中，成为个人知识的一部分。梦中攀岩、弹琴、打球、武术、舞蹈、书法、抗压等训练都能对现实中的能力有所帮助。清明梦独有的显潜意识沟通锻炼，也使得梦控师的想象力、创造力更加突出。清明梦还可以模拟出全真的实战环境，在里面可以无忧无虑地超水平发挥，毫无心理负担。因此，利用清明梦进行模拟训练与实验，将会收到出乎意料的效果。更妙的是，这一切都是在梦中完成，大大提高了人生效率。
灵感与潜能开发	天才为什么是天才？为什么他们能够轻易获得超越时代的灵感？清明梦或许可以为你解开此谜。 历史上，凭借梦而取得音乐、绘画、艺术、科学等灵感的例子比比皆是。在梦中，人的潜能远超于清醒状态，神奇而变幻莫测的梦境就是天赐的宝山。清明梦可以主动接通集体潜意识，连通梦境灵感之泉，启动天才态，在潜能开发以及教育领域，清明梦的应用前景广阔而巨大。
医学应用	无论是心理精神治疗，还是临床医学，清明梦在医学领域的应用都很有前景。比如植物人复苏、聋哑人语言练习、催眠疗法、研究濒死体验、提升脑力、防止老年痴呆、治疗精神分裂症等。 清明梦能改善人的睡眠质量和心理健康。光是清明梦化解鬼压床，化噩梦为美梦的特效，就已经让无数人从中受益，提升生活品质。
弱势群体	肉体的自由可以被剥夺，但是梦体的自由无法剥夺；肉体的功能会日渐衰退，但是梦体却可以训练得越来越强大。失去自由的人，无论是身陷囹圄，还是重病残疾，现实都是残酷的，甚至觉得人生失去意义。清明梦可以成为弱势群体的心灵寄托，为他们艰难的人生保留一片乐土，善莫大焉。 朱颜辞镜花辞树，每个人都会迟暮老去，甚至孤老无依。如果还能以少年之身驰骋江湖，重见故人，那种感动，世人安知？

续表

特殊体验	人类的烦恼来自身体的拖累，人类的体验被身体大大局限。在梦里，这些局限则彻底不存在。梦里可以体验非凡人生，比如“黄粱一梦”“庄周梦蝶”，还可以模拟出现实中难以体验的极端环境，比如地震、核战等场景。科学家如特斯拉等人甚至能利用清明梦的“所想即所得”在大脑空间中搭建实验模型，将梦境变成高效的实验场对于生命真相的探索具有特殊意义。
更多的社会用途	清明梦还有广阔的社会用途，诸如国际交流、临终关怀、科学研究、文化探索、商业模式等方面，都是清明梦应用的范畴。同时，清明梦也是一个广大的社交平台，越来越多的爱好者，特别是年轻人加入了梦控师的大家庭，为清明梦带来无尽的潜力和活力。越来越多的人也因此拥有更富足的精神世界，不惧逆境，笑对人生。 无论从心理学的角度、自身探索的角度还是实用的角度，甚至是哲学的角度，清明梦都有数不尽的价值等着我们去发掘。关于清明梦的应用和探索，蚂蚁在后面的《探梦篇》中将做更详细深入的介绍。

清明梦有何弊端

经常有人问清明梦有没有危险。清明梦，本质上就是梦，做梦并不会给人带来危险。国外有不少大学及科研机构对清明梦进行持续的研究，全球的清明梦爱好者不计其数，目前为止，无任何已知情况显示清明梦会对人类生理或心理构成损害。

虽然清明梦没有什么危险，但是却有几个地方值得提醒大家。

◆ 清明梦对睡眠有一定程度影响，主要是因为清明梦会造成中途醒过来，需要重新入睡，这样就会损失一些睡眠时间。通常可通过早睡或补觉来解决此问题。

◆ 新手为了速成，可能会追求一些急功近利的方法，有些方法对作息和睡眠的影响比较大，如果练习不当，会造成失眠等症状，因此，新手需要正确引导。

◆ 防止沉溺，任何东西都有个“度”。清明梦如同一个顶级虚拟现实的游戏，和其他游戏一样，有上瘾的可能性。所以要特别提醒学生朋友，清明梦要适度，不能因为清明梦而影响了正常的作息和学习。

◆ 清明梦是一种客观存在的现象，但是它的神奇和神秘又容易被神棍利用，这方面应该加强对清明梦的科学普及。

清明梦相关历史名人

尼古拉·特斯拉（Nikola Tesla），塞尔维亚裔美籍科学家，历史上最伟大的科学家、最杰出的天才之一，也是最强的清明梦者之一。他的很多超前实验就是在清明梦中完成的。特斯拉能迅速进入高清醒度的清明梦状态，他自称“每天睡着之后就去了另一个城市与形形色色的人们交流”。闪速入梦+绝对清明+不醒之身+超级拟真+天才态，这都是清明梦领域的巅峰体验，特斯拉能集之大成，所以他是清明梦超强者、真正的天才。

克里斯托弗·诺兰（Christopher Nolan），好莱坞大片《盗梦空间》的导演。影片里的盗梦小组基本上都是在清明梦里活动。从诺兰的访谈中可以明确知道他早在16岁就有清明梦的经历了，他获得清明梦主要是通过浅睡状态下的半明梦技巧。《盗梦空间》最直接的灵感就来源于他的清明梦经验。

陆游，南宋著名诗人。他的记梦诗堪称中国梦幻文学里的一朵奇葩。从他的几首记梦诗中可以确定，他能梦中知梦，清明梦的水平比较高。如“梦中了了知是梦，却恐燕语来惊眠”“西邻好友工谈笑，每见明知是梦中。樽酒不空书满架，何时真得与君同”“梦中亦复知是梦，意恐觉时无处觅”等。

小野小町，日本平安初期女诗人。“夜来行入梦，始不畏人言。梦路无停足，伊人自在逢。”“假寐一时熟，梦中见可人。始知虽梦寐，可靠竟如神。”她的这些诗足以说明她有多次清明梦体验，常用的知梦扳机就是她的梦中情人。

理查德·菲利普斯·费曼（Richard PHillips Feynman），美国著名物理学家，被誉为20世纪最聪明的科学家，有名的科学顽童，1965年诺贝尔物理学奖得主。他能知梦控梦，喜欢观察梦境，至少是梦匠级别，他曾将梦中遇到的三个老大爷变成了三个比基尼女郎。

玛丽·雪莱（Mary Shelley），英国诗人雪莱之妻。她在1818年创作的小说《弗兰肯斯坦》（*Frankenstein*），被认为是世界第一部真正意义上的科幻小说。整个故事的灵感来自她的清明梦能力，她能迅速进入半明梦状态，连上梦境大师，自动发展出故事情节。

斯里尼瓦瑟·拉马努金（Srinivasa Ramanujan），被誉为“印度之子”，数学史上最具传奇色彩的天才之一，号称“一个印度人孤独地对抗着欧洲积累百年的智慧”。此人记梦的水平极高，在他的梦里，数学公式自动显示，他记下即可，由此独立发现了3000～4000个公式，而且常能预见某些数学的结论，有许多在日后得到了证实。

罗伯特·路易斯·史蒂文森（Robert Louis Stevenson），著名的科幻小说《化身博士》（*Dr. Jekyll and Mr. Hyde*）就是他梦中构思创作的。他清明梦水平很强，进行过专门的梦记训练，而且有续梦能力，能够在第二天接着上次的梦继续做下去。

吉勒摩·迪·特洛（Guillermo del Toro），墨西哥著名导演，代表作《潘神的迷宫》。他在2010年的访谈中谈到，他11岁之前经常做清明梦，和梦里的怪物做好朋友，这也是他灵感的源泉以及长大后爱拍怪物片的原因。

沃卓斯基姐妹（The Wachowskis），以前是兄弟，后来成了姐弟，再后来成了姐妹，著名的《黑客帝国》三部曲的导演。国外的网站说她们俩都会清明梦，《黑客帝国》的创意很多来自清明梦，并且表达了“要想自如控制Matrix或梦境，简单疑梦知梦是不够的，还必须训练自己的大脑和想象力以获得全新的创造力”，梦控师对此应该深有体会。

拿破仑·希尔（Napoleon Hill），开创成功学的一代宗师。在他的名著《思考致富》中提到，在好几年的时间里，他每晚睡觉都和爱默生、潘恩、爱迪生、达尔文、林肯、伯班克、拿破仑、福特和卡耐基等伟人开假想的咨询会议。他称他们为隐形顾问，梦中他们睿智激扬如真人亲临。希尔认为正是这种非凡体验带领他走上了辉煌的进取之路。实际上，希尔使用的是一种孵梦术，长期孵同样的梦必然会导致梦中知梦，这也是清明梦领域的一种方法。

Aphex Twin，原名理查德·大卫·詹姆斯（Richard David James），流行电子音乐界的超级巨星，天才电子音乐家，人称“90年代的莫扎特”。他公开说他的专辑“*Selected Ambient Works Volume II*”里面的声音来自清明梦，他只是醒后将清明梦中听到的声音重现了。

杰克·帕特洛（Jake Paltrow），美国导演。2007年他导的一部影片“*The good night*”，中文译为《晚安好梦》，就是一部以清明梦为主题的影片。此电影可看作是清明梦入门录像，介绍了不少清明梦基础技巧。值得注意的是，剧中女主角小潘潘（Penélope Cruz），也是另一部清明梦大片《香草的天空》里的女主角，可谓清明梦题材影视作品专业户。

詹姆斯·卡梅隆（James Cameron），加拿大籍好莱坞大导演。在接受洛杉矶杂志Hollywood Today的采访时，谈及影片《阿凡达》的灵感，他说："我意识到我要做的就是将画面如梦般展现出来，让人在看电影时如同进入清明梦的状态。"

法兰兹·费迪南（Franz Ferdinand），世界级知名摇滚乐队。2008年8月在iTunes上发行的单曲"*Lucid dreams*"，就是一首直接以清明梦为主题的歌曲。歌中唱道："I'm flying to Istanbul... I'll dial Alexandria... I'm living in lucid dreams."

杜松虔巴（Düsum Khyenpa，1110—1193），第一世噶玛巴，藏传佛教转世制度的创始人。师从冈波巴（密勒日巴三大弟子之首），清明梦大师，梦瑜伽修行者。

埃德加·凯西（Edgar Cayce，1877—1945），美国最著名的特异功能者之一，21世纪公认的杰出预言家，号称"睡眠中的预言家"。他小时候有"梦中读书"的能力，成年后又发展出"梦中解读"的能力，能在梦中找到为人治病的方法，留下很多传奇性的梦中预言。毫无疑问，其中一些能力必须知梦才能办到，他是绝对的清明梦大师。

史威登堡（Emanuel Swedenborg，1688—1772），瑞典人，号称人类史上最令人不可思议的人物，通行灵界的科学家。其学术成就远远超过他所属时代的水准，也是当时欧洲最伟大的学者，其著作《灵界记闻》为伦敦大英博物馆镇馆之宝。在他有名的《梦的日记》中可知，他出入灵界的能力和一种特殊的梦境也就是清明梦有关，而且他常用的"模拟死亡"脱离肉身的方式，显然是清明梦领域的出体。

陈抟（871—989），五代宋初时代的道教宗师，世称陈抟老祖。他和宋太祖下棋赢了华山的故事在民间广为流传。陈抟号称"睡仙"，睡功天下第一，相传经常一睡数日甚至数月，开创了华山睡功以梦修真的内丹术。毫无疑问，清明梦在他这里是小巫见大巫，他的层次不仅仅是梦控师这么简单了，其梦修已经由梦入道超凡入圣，从他的一首《励睡诗》中就可见一斑。

励睡诗

常人无所重，惟睡乃为重。举世皆为息，魂离神不动。
觉来无所知，贪求心愈用。堪笑尘中人，不知梦是梦。
至人本无梦，其梦本游仙。真人本无睡，睡则浮云烟。

炉里近为药，壶中别有天。欲知睡梦里，人间第一玄。

第二章 梦控师

掌握了清明梦，能够识别梦境、控制梦境的人就是梦控师。

梦控世界

梦原本如羚羊挂角无迹可寻，梦中人多半只能认假为真随波逐流。而一个梦控师最基本的能力，就是能分辨出是梦是真。

一旦知道自己是在梦里，整个梦境就突然有了不一样的意义，它既不同于现实，也不同于普通的梦境，而是一个全新而独特的世界——梦控世界。

想象一下，假如你突然发现自己此刻处在梦里面，清楚地知道眼前的一切是梦境，接下来你会做什么呢？是不知所措，是好奇地观察一下自己的梦境，还是去寻找自己的梦中情人，或者想体验一下飞翔的滋味？梦境有时远比现实世界精彩，而且一切感觉都十分真实。这一切，是不是如同进入了一个虚拟现实的游戏里面？

梦控师出入梦界，很像真人版的虚拟现实，但是又比虚拟现实高级得多。这里用的不是电脑，而是人的大脑；不是虚拟角色，而是如假包换的自己；不是纸质版地图，而是无限的梦境空间；不是感官模拟，而是真正的身临其境……这里将远超在现实中所能达到的极致体验，与其说是虚拟现实，不如说是进入“异次元”。

梦控一途，远不止是游戏娱乐，梦控师对梦界的探索应用和社会意义都极其深远。但是游戏的角度无疑是最容易理解并且引起大众兴趣的——梦控也的确非常符合虚拟现实游戏的模型。因此，蚂蚁下面就以游戏的模型来介绍梦控世界。

背景

清明梦，一款能进入异次元的真人游戏，开发者不详，年代久远不可考。游戏不需要电脑，在人一出生时就自动安装在大脑里了。游戏完全免费，支持多国语言，每日更新，无法卸载。不过，一般人并不知道这个游戏的存在。即使知道了此游戏的存在，它也不是轻易就能启动的，人们只有到了一定的级别才能进入游戏，成为真正的玩家。目前来说，大多数人玩的是单机版，多人连线的功能尚有待开发。

内容

进入游戏的那一刻，你将独自面对一个陌生的世界。这里没有司法，没有道德，没有铜臭，没有强权，有的只是无数的可能、无数的惊奇，这里是梦的江湖。不知道是什么朝代，不知道是什么地方，不知道有什么人物，也不知道下一刻的故事，你将展开只属于自己独特而神奇的探险；随后的经历，不管多么震古烁今，多么荒谬不羁，多么香艳浪漫，多么稀里糊涂，都只是一场游戏一场梦。

时间

游戏时间从玩家在梦里知梦的那一刻算起，直到游戏出局结束。整个游戏时间一般不超过半小时，新手容易被秒踢，游戏可以连着玩。

画面

本游戏是3D全息的。玩家状态不好时游戏画质可能不高，相当于“枪版”的VCD，而且视野也有限，看不到远方的景物。状态好时游戏画质能达到高清版的DVD，甚至能媲美现实相同的清晰度。达到一定级别，玩家可以自行调控游戏的画质。如果掌握瞳术、千里眼等神通，游戏可以超过现实的清晰度，甚至达到纤毫毕露、一览无遗的境地。

音效

在游戏中，因为玩家具有心通的能力，对话的功能被大大削弱，与人对话会有隔空喊话的感觉，开口说话的时候也常觉声音闷弱。更多的时候，声音是直接从心里或脑海中响起，此时的音效和我们现实通过耳朵听是差不多的。但是，梦中的音乐却可以不受此影响，甚至达到“此曲只应天上有，人间哪得几回闻”的天籁级别。

地图

游戏没有固定的地图，每一次都不同，这也是最吸引人的地方之一。无限的地图就有无限的玩法。虽说变化无穷，但还是有一些规律的，开始时大部分出现的场景是我们熟悉的地方，比如家乡、读书时的学校、当前的家、市区、公司等，这个只是地图的起始点，接下来的地点可以是灯红酒绿的花花世界，也可以是魔兽出没的原始丛林、落英缤纷的桃源仙境，还可以是暗息低回的九幽地狱。如果你掌握了瞬间移动或梦界隧道的神通，那么从理论上来说，你可以去任何想去的地方以及想去的年代。

回城

在游戏中，任何时候想中止退出都可以使用回城术返回现实，方法就是在清明梦里给出意愿，命令自己醒过来。这个方法不需要训练，天生就会，是万无一失的。游戏具有自我保护机制，如果游戏中玩家感到危险，也会自动回城。

任务

本游戏没有特定任务，可以自己制定，并在游戏里执行，也可以见招拆招，随性而为。有的朋友习惯领到任务再出发，不然会有无从下手的感觉，本书在《控梦篇》中有专门的章节来介绍一些经典任务。

角色

主角当然是你自己，只不过此时你的身体成了一个叫作“梦体”的意识体。你现在处在一个完全自由又安全的游戏区，你拥有不可思议的超能力。除主角外，游戏里其他角色大部分都是大BOSS潜意识招募的临时演员，他们的身份叫NPC。主角最可怕的对手是一名叫作“醒力”的高手，他会随时将你踢出局。

难度

本游戏的难易程度取决于个人的资质和努力。有的人当天就能体验到清明梦并很快练到高级别，也有人几个月都不得入门，但是总体来说并不难。蚂蚁认为，资质一般的人通过认真练习，应该在一到数周之内体验到清明梦，达到初觅清明的级别。随后只要勤加练习，增加经验与技巧，可以很快达到梦痴一族以上的级别，再往后就看个人修为了。如果用功3个月以上还是没能进入清明梦，说明这个游戏不适合你，建议放弃。

更新

本游戏不会过时，永远自动保持同步更新，其后台数据库极其强大，代表着人类知识、经验、智慧和想象力的本源。随着梦友级别的提高，其所用清明梦的版本也将提高，级别越高境遇就越奇特，所见的世面也更广阔。

出局

◆身体苏醒的生理时间已到，或被外界吵醒、碰醒，此为自然出局。
◆能量值耗尽，被迫醒来。
◆失去知梦意识，重新落回到普通梦里。
◆被醒力突袭，失去影像，而又没能掉线续传，被迫醒来。

特色

◆100%自己扮演自己，五感俱足，真实度与现实几乎一模一样。
◆没有固定情节，每次的情景都是全新的，永远玩不腻。
◆个中场景、人物匪夷所思，闻所未闻，见所未见，绝非现实可创造。
◆角色神通广大，无所不能；只有想不到，没有做不到，大过一把神仙瘾。
◆亲朋好友，故地异乡，人生百态，度身定做。
◆适用于所有生物。无论老弱病残、帝王将相、凡夫俗子、江洋大盗、风华正茂、奄奄一息、白痴天才、失意伤春、虎兔龙蛇、猴鸡狗猪，只要会做梦，都有资格玩。

- ◆ 设备简单至极，有个地方睡觉就行。
- ◆ 100% 免费。
- ◆ 梦中进行，边游戏边休息，一举两得，不占用日常时间。
- ◆ 一旦学会，终身受益，什么时候开始都不算迟。
- ◆ 游戏之余，还能加深认识自己内心另一面。
- ◆ 社会用途广泛，治病修心、防犯罪、反吸毒、激发灵感、生命探索等。
- ◆ 清明梦逼真、刺激、难忘。与其说是一场梦，不如说是一场经历，是最炫的体验。
- ◆ 本游戏安全可靠、绿色环保。
- ◆ 附带开发潜能，提高智力。
- ◆ 属于社会稀缺的特殊技能。

梦控师群体

只要对控梦感兴趣，学习掌握相关清明梦知识，人人都有潜力成为梦控师，但不是人人都适合做梦控师。

首先，梦控师需要真心热爱清明梦。梦控师的成长有一个将意识培养循序渐进的过程，不是真心热爱的话，难以坚持下来。

其次，做清明梦需要一定的睡眠时间的保证。在压力大、焦虑、劳累的状态下是很难有清明梦的。所以，生活节奏快、忙碌的人不太适合，有精神疾病、患臆想症、失眠体质者也不太适合。

除此之外，对于以下群体，蚂蚁推荐他们了解或掌握清明梦：

残疾朋友

清明梦里，盲人可以看到美丽的风景，聋哑人可以放声高歌，肢体残缺者可以肆意飞翔……完美无缺的身体、自由自在的天地，相信能帮不少残疾朋友带来生活的乐趣和意义。

艺术或需要创意的工作者

比如画家、音乐家、小说家、导演、广告策划、服装师等。梦是一个灵感制造机。如果能做清明梦，学会控梦，那么梦境将成为灵感不绝的来源。

老人

老人其实很适合做清明梦，首先生活比较空闲，而且在梦里不受肉身限制，可以回到自己年轻时健康的状态，清明梦会是一种最好的享受。

失去自由的人

比如服刑人员或者卧床不起的病人，清明梦可以为他们带来自由和快乐，帮助他们渡过人生的难关。

探索者

探求人生本质，对梦、对未知感兴趣的人应该学会清明梦。清明梦背后是一个全新的世界，充满了未知和真相。在里面，对生命、对宇宙、对自己都会有更深的认识。

有宗教信仰的人

世界上很多人都有宗教信仰。清明梦有助于了解宗教本源，甚至和信仰直接交流。同时，有宗教信仰的人更能得到精神上的非凡体验，而且在控梦上也比一般人多一个强大的控梦元素："信仰之力"。所以，宗教信仰人士是适合做清明梦的，除非该宗教明确禁止清明梦。

闲人或好奇心强的人

总觉得生活无聊，想找不一样的感觉，或者有猎奇心态的，就更不能错过清明梦了。清明梦所带来的非凡体验，超过你在现实中所能想到的极限。特别是清明梦之出体，可以说是人生最刺激的体验之一。

圆梦

有些事情，只能在梦里圆。生离死别、时过境迁是人生的必修课。要想见不可能再见之人，要想去不可能再去之地，除了清明梦，别无他法。

目前中国的梦控师遍布大江南北，各个地区都有，光百度清明梦贴吧就已经有近50万会员，他们大多数是对新鲜事物感兴趣、喜欢尝试、富有娱乐和探索精神的年轻人。

梦控级别

梦控是一个对理论、经验、技术有高要求的领域。梦控师的水平有高有低，水平越高，控制梦境、探索梦界的能力也越强。梦控级别是中国清明梦体系专有的构架，对于梦控师的成长进阶有一定的参考指导作用。

第一级：无梦	梦感迟钝，不记得梦，自认为不做梦的人。
第二级：黑白梦	能记得做过梦，但是梦境很模糊，如黑白剪影。
第三级：清晰梦	能记得做的梦，梦境比较清晰，能记起颜色或者味觉等。
第四级：细节神通梦	能比较完整地记得梦，并能回忆起细节的地方，比如某些文字、某个人的打扮等。
第五级：灵光一闪	偶尔能知梦，知梦的感觉一瓢而过，随即马上又转到普通梦。 梦见自己知梦或出体，梦里有讨论清明梦或出体的情节。 有鬼压床经历，但是没有清明梦知识。
第六级：初觅清明	偶尔能知梦，不到一个月一次，知梦后很兴奋，马上会醒。 知梦后超级兴奋或害怕，迅速耗尽能量值。 偶尔鬼压床，明白鬼压床是梦，但出不了体。
第七级：知梦一族	知梦率每周1次以上，马上会醒；或者经常能获得半明梦。 知梦而不能控梦也属于此级。 经常鬼压床，明白鬼压床是梦，但出不了体。
第八级：梦痴一族	知梦率每周2～3次，知梦后能维持至少1分钟，能自主进行任务。
第九级：梦匠一族	知梦率每周3～4次，掌握梦里延时的方法，知梦后能维持5分钟以上，能改变梦境。
第十级：梦侠一族	知梦率每周4～5次，开始研习更高级神通，知梦后能维持10分钟以上，能量较充足，梦里无所畏惧，能主动引导梦境。
第十一级：梦尊一族	知梦率每周6～7次，掌握各种神通，本尊感强，梦境稳定，基本突破时间限制，能量充足，清明梦收发自如，窥视清明梦自由王国。
第十二级：梦修一族	在清明梦里超越游戏，进行更深层次的探索，融追梦与生活一体，知行合一。

续表

第十三级：梦神一族	返璞归真，重回无梦，但不是真正的没有梦，而是没有了梦与醒的区别，梦即是醒，醒即是梦。据说佛祖开悟、老子得道就是这样的境界，此级别涉及玄学，仅供参考。

注：知梦率计算方法，按次数不按天数，如果一天内连做了3个清明梦，就算3次。

第三章 新手须知

名词解释

第一次接触清明梦，需要学习一些新名词。

梦主	梦的主人，即做梦者本人。
梦体	梦中自己的身体。
知梦	在梦中知道自己在做梦。
疑梦	在梦里怀疑自己在做梦。
验梦	验证自己是否处于梦中，通常是通过“现实中不可能做到，但在梦中很容易做到的事”来验证。
扳机	指的是梦中能触发梦友疑梦、知梦的场景或事情。
梦态	即本地睡觉梦境，指的是人已处于睡梦中，梦境的内容是本人躺着睡觉的状态。
出体	指由梦态起身开始的清明梦，出体技术是最常见的清明梦技术之一。
压床	凡是睡觉时，出现意识清醒，身体却动不了的情况，都是压床。
梦屏	即闭眼后所看到的黑幕，在梦中，此屏幕将出现影像。

续表

假醒	以为自己醒了，但是其实还是在梦中。
掉线	清明梦中，梦体梦境崩塌，所有影像消失的现象。
续传	清明梦掉线后，成功恢复梦境影像的现象。
秒踢	清明梦持续时间不到几秒钟，就被踢出局而醒。
分踢	清明梦持续时间超过1分钟，但是不到5分钟。
梦记	将梦中所获灵感信息（如旋律、文字、画面等）在醒后记录下来。
半明梦	知梦却不能控梦，或者控梦却没有知梦。

体质鉴定

知梦体质	在梦里比较警觉，经常能疑梦或自然知梦者。
出体体质	练习主动出体，很快就有出体信号者。
压床体质	经常鬼压床，或者经常梦到自己往下掉。
梦屏体质	入睡前和梦醒后能当场抓到梦屏的。
梦鸣体质	入睡的时候经常出现耳鸣或听见杂音的。
梦态体质	睡眠中较容易出现本地梦境（梦态）者。
神通体质	经常做飞翔等神通梦，梦里神佛仙怪出现比较多。
灵异体质	觉得自己能通灵，常做预知梦者。
联机体质	梦境很容易受外来信息影响，是联机实验的好人选。
回笼体质	经常会自动半路醒来，然后接着睡回笼觉。
失眠体质	经常睡不着，受失眠困扰者。
秒睡体质	一挨枕头，一分钟内就睡着了。
暗示体质	比较容易受暗示，潜意识易受诱导，自我催眠快。

续表

生物钟体质	如果第二天早上有事，自己一定会自动提前醒来，无需闹钟。
木头体质	以上都不是，梦感长期徘徊在一、二级。
普通体质	不属于以上任何一类的，为普通体质。

以上的体质鉴定，只是一个大概，实际上，清明梦体质还包括梦感、作息、暗示敏感度、睡眠质量等各方面。不同体质的人适合不同的方法，认清体质，对症下药，往往会事半功倍。开始时，可以多试几个方法，对自己的体质有个了解，逐渐就能找到最适合自己的方法。

指导原则

新手不要盲目，练习清明梦需要注意以下几个问题：

- 评估等级，找对方法。
- 把握原理，灵活运用。
- 不要强求，循序渐进。
- 莫要沉迷，生活为重。

要有信心

要相信自己的梦体是可以训练的，每个人都能学会清明梦。

循序渐进

参照前面介绍的清明梦级别，先鉴定一下自己的级别。如果你连普通梦都记不住，可以先从记一小段梦开始提高梦感，打好基础。清明梦讲究循序渐进，欲速则不达。

睡眠作息非常重要

提高清明梦一定要保证睡眠时间。能不能保证足够的睡眠时间？几点睡，几点起，起来后有没有睡回笼觉的意愿，这些都是重要的因素。

认清体质，对症下药

学习很重要，对自身的情况以及各种方法体系都需要了解，特别是要“把握原理，灵活应用”。

注意训练方法，分清重点

基础训练和回笼觉训练要重视。如果能培养出睡回笼觉的习惯，找到一种醒了后又很想睡并且很快就能入梦的状态，加上对清明梦的持续关注和暗示以及验梦习惯的养成，知梦率必然大幅上升，水到渠成。

不偏激

保持open mind——开放而包容的心态，如果他人的偏见伤害到了自己，不要压抑，也不要计较，时间会证明一切。

不盲从

清明梦强调个体，注重实践，每个人的经验领悟都是独特的。博采众长，融会贯通，寻找最适合自己的方法。

不逃避，不沉溺

清明梦不是逃避现实的港湾，现实因为清明梦而更精彩，而不是更无奈。

坚持追梦

清明梦就好比钢琴弹奏升级，是一个渐入佳境的过程，越到后面越有领悟，越觉得有意思，正所谓："愈梦愈精彩，愈梦愈快乐。"坚持追梦，努力达到清明梦的自由王国，这必将是人生中最大的收获之一。

人人能做清明梦

清明梦的训练，其核心是意识训练。每一个接触清明梦的朋友，已经在潜意识里种下了清明梦的种子，接下来，就是要不断培养灌溉这颗宝贵的种子。让它生根发芽、茁壮成长、开花结果。

和其他知识体系一样，清明梦是可以通过学习和练习来掌握的。对于新手来说，无论何种体质，只要坚持，定能成功，但是成功的快慢和这几点有关：意愿、方法、作息和工具。

意愿：强烈的知梦和出体意识，对清明梦体系的了解和投入的程度，暗示所起到的效果，是大多数新手成功的主要原因。

方法：达成清明梦有不同的方法，根据自身情况选择合适的方法才能达到事半功倍的效果。

作息：正所谓夜长梦多，比如睡9小时就比睡7小时多出不少机会，回笼觉也能大幅提升知梦概率。

工具：市面上已经有一些辅助清明梦的工具。利用好工具，能大幅提升练习效率，达到更快速进阶的效果。

意愿方面，以灌溉清明梦种子为主，比如做日常疑梦练习以及泡吧升级等；方法方面，强调的是弄清原理“对症下药”；作息方面，强调的是保证睡眠质量以及回笼觉。工具则在后面的篇幅中具体介绍。

每个人都有适合自己的最佳方法，“认清体质，对症下药，把握原理，融会贯通”是练习清明梦的最佳捷径。

再次提醒：尽管人人能做清明梦，但不是人人都适宜做清明梦，有精神疾病、患臆想症者不宜练习，失眠体质者慎练习。

简单清明梦方法

先介绍一个简单明了的清明梦方法，适合初次接触的朋友，更多详细的内容将在后面的《知梦篇》中介绍。

首先要知道分辨现实和梦境，方法就是验梦，比如你咬一下食指，如果手指软软的，口感犹如橡皮泥，就说明是在梦中了。

再讲下如何知梦，在日常生活中，心里对自己说“我是不是在做梦”，并且咬指验梦。晚上临睡前也想着我能知梦，连续暗示20次，然后照常入睡。梦里就有一定几率也咬指验梦，并且发现咬指如泥，从而知道自己身在梦中，这就是清明梦了。

方法很简单，效果因人而异。有的人当天就能成功，也有人需要较长时间。如果一直学习清明梦知识，对清明梦保持强烈的兴趣并坚持练习的话，通常1—3周内能够成功。

第四章 梦控初体验

“我”是谁

梦里的“我”，貌似和现实中的自己是一模一样的，大多数情况下也的确如此。不过，实际上还是有区别的。首先我们来看看梦中自己的身体——梦体。

梦体，虽然不是肉体，但在梦里是确确实实地存在的，而且拥有一套完整的感官和感知系统，同时拥有本人的思想、人格、性格和知识体系。从本质看，梦体是个意识体或能量体；从游戏的角度看，梦体是梦友本人进入虚拟梦界的模拟体。

进入清明梦后，不妨先做个梦体检查。凝视一会儿自己的手，有时候会出现荧光、融化、变六个指头等画面；再看看、摸摸自己的身体，有时候是赤裸的，也许是几岁小孩的身体，一切都有可能，真实感是很强的。有机会的话可以照一照镜子，镜子里可能和现实的自己不一样，衣服、发型、五官的细节处会有一些差异，更像是过去某个时间的自己；然后梦友可以做一些基本动作，跳舞、打拳、深呼吸、仰卧起坐、仰天长啸等，这些体验和现实一样，甚至超过现实——肉体有可能老弱病残，梦体则永远是健康无忧的。

有时候，在清明梦里找不到自己的梦体，而是以一种纯意识的形态存在，自己只是用一双眼睛在看整个梦境，这种情况我们称为“上帝视角”“旁观视角”或者“梦体闲置状态”。如果想调出自己的梦体，也不难，有一个方法叫“本尊入境”，即用假想的手去抓梦中的物品，意念所及，往往梦手就会被调动出来，一下抓到手感，本尊即出，梦体立现。

众所周知的五感是“看色、听声、闻香、辨味、触摸”。梦体虽然不是实际意义上的肉体，但是这个虚拟的身体却也有类似的五感。这套感官，我们称之为梦体系统，这套系统的工作原理更多是“境由心生”，感官方面的深浅度和梦体状态有直接关系。

每个人的心灵感受不同，梦体五感则各有差异，体验也会有所区别，需要梦友自行实践，蚂蚁在此说一下自己的体验。

嗅觉

存在。但是不用就不敏感，梦友可以试着闻地上的青草或自己的头发。

味觉

存在。酸甜苦辣咸都有，而且梦里的东西只要是梦友敢吃的就都能吃，反正肚子是吃不坏的，吃货有福了。

痛觉

清明梦里的痛觉被大大弱化，哪怕是惹火烧身、粉身碎骨都能安之若素。不过，虽然痛感一般不明显，但是也会出现比较痛的情况。我个人觉得，痛觉是一种记忆或者印象，比如被咬了，那么梦友对被咬瞬间疼痛的记忆或印象会反馈到大脑，大脑再告诉身体做出痛的反应。所以，痛觉更多的是心理作用，只要稍微在清明梦里增强信心，克服恐惧，知道所有的痛都是假的就没事了，梦中的痛觉是纸老虎。

视觉

梦里90%以上的信息是视觉提供的，梦体的视觉系统和肉眼差不多，甚至分辨率有时更高，但是也有明显的缺点：焦距经常不稳。状态好的时候视力2.0，还能当千里眼，落英缤纷，色彩斑斓，毫发毕现，一览无遗。而状态差的时候视线狭窄模糊，无法看清楚，还很耗神，弄得自己很晕。如果出现这种情况，可以让眼睛模仿相机对焦，有时候还能听到“唰唰”的对焦声音，景象会变得清晰起来。顺便说一下，近视的梦友可以将眼镜扔掉了，如果视线模糊就对一下焦。

如果掌握了清明梦里变化的神通，就更神奇了，视觉也会跟着本尊变化，比如本尊变成了鹰，就有了鹰眼，在天上看得很远很清；如果本尊变成了狗，就会发现自己只能看到前面的一小块地方，真的是“狗眼看人低”。这些体验很有意思，鼓励大家都试试。

在清明梦里，闭上眼睛也能看见景物。刚开始闭眼会失去影像，但是坚持一会儿，稍加些心理暗示，就会重新看到影像了。这个事实表明梦体只是一个假借体，元神在梦里假借虚拟的身体进行感知。如果没有梦体，元神依然可以自我感知，所以闭上眼睛仍能看到，关上口鼻仍能呼吸。（此处借用了玄学中的“元神”一词，也可以参照佛家意生身的说法，因为一时找不到更通俗贴切的科学词汇表达，大家明白这个意思就行。）

触觉

这是最接近现实的感官，对粗、滑、软、硬的感觉基本和现实一样；梦里一般感受不到温度，梦友专门来测试冷暖也是可以的，比如对着手哈一口暖气或吹一口冷气，一试便知。

听觉

梦耳的功能有所减弱。虽然有的时候和现实无异，但大多数情况听起来像是隔了一层东西，可能是因为梦里没有空气传播，呵呵，开玩笑。有时候声音会从心头响起，这种声音一般很清晰，而且是很棒的立体声，音质很好。还有一点，有的清明梦里——通常是较浅的清明梦可以听到外界的真实声音，此时看到的是梦境，听到的是现实，这就是清明梦领域的“视梦听实”现象。

超常灵觉

除了以上的基本面，梦友还拥有传说中所谓的他心通，清明梦里和人物的交流大多是通过心灵感应实现的，瞬间就明白了对方的想法或者对一个事物的定义。另外，对周遭有可能出现的危险或者异常有自我感应。

“我”在哪儿

梦中知梦，发生于梦境的任何一刻，梦友永远不知道自己会在哪里“醒”来。知梦后，不妨上下左右看看，环顾四方。先搞清楚自己在什么地方，是旷野、孤岛、旧居、闹市、公司、学校还是外星球；是白天还是黑夜；周围有没有人？有没有花草树木，有没有建筑？风景怎么样？热不热闹？如果有人，前去交谈一下，贵姓，贵庚，此地何处，今昔何年？或者问问下期双色球号码。一路上再看看有没有招牌标识等文字，检查一下梦中的影像稳不稳定，清晰度高不高，如果影像模糊，对对眼调调焦，改善一下画质。

观察完梦境，还满意吗？不满意，没关系，可以换。梦友正好可以试一试改变梦境。梦境是由潜意识布置的，改变梦境的方法其实就是给潜意识下命令，要潜意识配合梦友心愿，将梦友想要的梦境呈现出来。简单地从心里下命令不如把意愿大声地说出来，这样心愿力更强，有必要的话还可以配合一定的动作或者用道具加强效果。

举一个常见的改变梦境的例子："变天"，比如说梦境是黑夜，梦友不爽，想换成白天，就可以大声说出来"我要白天"，或者做拉开夜幕的动作，通常很快就能体验到梦境由暗转亮；更进一步，梦友可以大声要求出太阳、呼风唤雨、飞沙走石等，这些效果更震撼，刺眼的金光、豪雨如注、地动山摇，一切如真实般发生在身边，梦友体验到改天变地的神通，惊喜莫名。这些神通的难度其实一点都不大。

"我"能做什么

清明梦中，你可以做任何事情——是的，任何事情！如鸟儿般自在飞翔、和东方不败合奏一曲《笑傲江湖》、代表中国队豪取大力神杯、和苍老师深夜谈心、亲身跑一趟《神庙逃亡》等，只有想不到，没有做不到。

为方便新入门的朋友，蚂蚁在此简单介绍一些梦控师神通。在本书后面的《控梦篇》，会有更详细的介绍。

第二人生

清明梦里，社会属性是可以自我设定的，也就是说，你可以成为任何人，体验各种不同的人生角色，比如皇帝、杀手、驸马、包租公等。只要梦控师在梦中设定好自身角色，梦中的NPC就会接受对应的身份，梦境的情节也会依此展开。更神奇的是，梦不但能够赋值社会属性，还能赋值生物或物理属性，你可以变成动物、植物或者任何你想变成的事物，最妙不可言之处是：你由内而外真的就成为了那个被赋值的东西。

梦界自助游

梦控师中不乏旅行家，上天入地、太空漫游、海底龙宫、上古遗迹……都有梦控师的身影和足迹，甚至Matrix中的数字世界、一粒沙中的宇宙等，都是探险的好去处。

学以致用

从动漫、游戏、电影、小说里学到的大招都可以依葫芦画瓢施展了。不管是隐身术、龟波气功，还是六脉神剑、德玛西亚之力，尽情施展吧！如此霸气的时刻，舍我其谁！

挑战自己

借梦境挑战自己，比如亲赴珠峰、地心、深海、冰川、火星等极境，不借助神通，以自身之力完成探险。又比如针对自己的心理弱点，在梦中进行演讲、表白、见义勇为等模拟演练，让自己的内心更强大。

时空穿越

想梦回唐朝吗？想回到小时候吗？想去看看未来吗？想弥补当年的遗憾吗？想重温往日的美好吗？……这里不是哆啦A梦的任意门和时光机，而是梦控师的维度穿越。任何朝代、任何地点、任何时空，梦境转换，瞬间转移。

直面灾难

当大海啸、地震、雪崩、火灾、“9·11”事件、龙卷风、核爆、陨石撞地球等灾难降临在自己头上的时候，你将如何面对？那会是什么样的场景和感觉？清明梦可以模拟出逼真的特大级灾难，樯橹灰飞烟灭的生死关头，你在想什么？你想和谁在一起？如果生命只剩下最后一分钟，你是否能明白此生的意义？

梦幻神作

清明梦中多神作，闻所未闻的绘画、建筑，美不胜收的幻景奇观，超凡脱俗的神奇脑洞，直击灵魂的天籁之音，让人醒后无比怅然、怀念，这种感觉只有经历过的人才能体会！

美食狂欢

梦里是有味觉的，梦界应有尽有，任何东西都能吃，不会拉肚子，没有长脂肪的困扰，没有什么能阻止吃货的欲望！吃货的世界我来啦！

这就是自由

无需神通，只要静静地待在梦境里，感受这个神奇的世界，享受这里的每次呼吸，这是你创造的奇迹，无拘无束、广阔无垠。永远年轻的你，这就是不朽和自由！

梦友第一次实例

在此举几个清明梦初体验的实例，来自清明梦吧梦友的第一次体验记录：

梦友（一九八〇年）

第一次自然知梦，是在2010年1月份。梦中身处某火车站月台，感觉是在印度，有无数人在铁轨上行走，面目不清，枪版画面。突然知梦，眼前画面立即变成1080P全彩，纤毫毕现，震撼。右手边有一堵墙，爬满藤蔓，墙上有一门，打开后一片白光四射，掉线。

梦友（梦魇__f）

2010年12月18日，今天是个值得纪念的日子，因为我终于知梦了，终于见到清明梦了，真像蚂蚁说的，等到成功得到清明梦的时候，之前付出的一切都值了。

在一座大厦中层，一个超豪华办公室里，有点那种FBI高级机密的感觉，我和几个美国人正在研究办公桌上的三架小飞碟，突然三架飞碟在众目睽睽之下竟然自己飞了起来并穿过玻璃飞了出去，奇怪的是玻璃并没有碎，完好无损，但飞碟已经在窗外的城市上空盘旋了，我们都很惊奇地走近窗户往外看，发出惊叹声和感慨声，我也边感慨边说："果真是日有所思夜有所梦啊。"（我今天白天看了一部有关飞碟的电影）说完这句话我一下愣住了，难道我这是在做梦？要不然我怎么会说这句话？我知梦了，那种第一次知梦的感觉真的很震撼，我居然在梦中保持着清醒的头脑，一时之间好激动好惶恐，不知道现在该怎么办，不是听说自己可以操控梦里的任何事物吗？我就来试试，我意念一动"让飞碟飞过来"，果然一只飞碟以光的速度朝我这边飞过来了，一瞬间就撞到了我，顿时画面一片白，什么都没有了，我估计因为飞碟爆炸，所以我也被撞得灰飞烟灭了，瞬间醒。

梦友（113.116.181.*）

很早以前在不知道清明梦这个概念的时候，我有时就能知道自己是在梦中。

而且有时还能控制梦境，但这在我做梦的总数里占得不多。

我几乎每天都会做梦，我还能醒后把这些梦境的细节详细记下来。一个机缘巧合下，我认识到原来世界上还有一种梦叫清明梦。如果掌握了，不但可以知梦控梦，还能像《盗梦空间》里一样感受那么清晰的真实感。我对这种东西很感兴趣，因为看《盗梦空间》的时候就希望要是能有里面造梦的方法就好了。

最开始，我尝试了两次贴吧里的教程，但是都失败了，于是就没有耐心训练下去了。当我知道有清明梦这种东西后，才明白原来梦境是可以控制的。

前几天我梦见下雨，于是想着前面那个建筑物里要有伞，结果真的有了。但这只是个小插曲，因为后面我几乎无法控制那个梦，还是跟着梦走了，虽然也很清晰。

然而，今天早上的梦是真正做到了知梦控梦，爽死我了！

我并未刻意地去保持大脑的清醒，只是早上被电话吵醒一次，然后又睡了而已。由于已经知道了清明梦的概念，这次做梦就想着，能不能尝试控制一下呢？可能是早上，睡得也比较浅，所以意识比较清醒，能够知道自己是在做梦。然后梦中就是在滑冰，那时没控制好，全是冰，马上要撞墙了，于是就把道路变成了泥泞地而停止了下来，然后就想飞到高楼上去看看。

刚开始是以天为目标，结果飞得很低，可能是天太抽象了。于是就以高楼顶端为目标，想着要到那里去，结果几乎没有过程，我就直接飞到楼顶了。然而很可惜的是，最顶楼那家是个封闭式窗户，我进不去。然后我就到倒数第二家去了，倒数第二家的窗户是可以打开的，接着我跳进去跟那家的小女儿和大叔聊了一会，就打算离开，可惜的是，我无论打开哪个门，都是连贯的场景，哎……从窗户往外望，也还是我来时的那个小区。

后来我是乘电梯下楼的，但是刚下楼不久，我就想试试能不能变出我的梦中情人，哈哈。然后我就又上楼了，上楼前，我发现我形象不太好，于是在镜子前一变，就变成化好妆梳好头的样子，看了看还挺满意的，就上楼了。

我上到15楼，碰到了我的梦中情人，然而郁闷的是，我只能看见他的身体，却看不见他的头，他的头非常模糊。而之前我看到其他人的时候都是很清晰真实的，唯独他的头很模糊，我就想怎么会这样，然后拼命想呈现他的样子，控制了好长时间。最后终于控制成功了，沮丧的是，他不是现在的样子，而是几年前黄毛小子的样子。

不过我也很满足了，虽然是个发育不良状态的半成品，但总算是真的出现了嘛，哈哈！然后我就尝试跟他握手，其实是十指相扣。他扣住的部分是温热的，像现实中一样有触感。那时我还想跟他说些什么话，结果还没来得及说，我就醒了。

我立马检查了一下自己的手，看看是不是有什么温热的东西在上面，结果没有。手就是很随意地放在床上，直到醒来之前，我都能感觉到那种真实的温热感。

总之，是个很成功的经历，哈哈哈！

希望以后再接再厉！还有就是，清明梦对人体无害，因为我查找了相关资料。

而且这次清明梦醒后，我没有感觉很疲乏，反而感觉像大梦初醒一样清醒，很舒服

以上案例都来自清明梦吧的第一次收集贴：https://tieba.baidu.com/p/1061605618，有兴趣的朋友可以用浏览器搜索网址观看更多的梦友分享。

梦界旅游热点

尽管大家每天都做梦，但是大多数人并不真正了解梦界。清明梦的梦界和普通梦截然不同。

梦中可以突破时空的限制。梦控师如同玄幻小说里的仙侠，可以上天入海、御剑飞行、缩地成寸、瞬间转移，一梦神游万里也不稀奇。到底梦界有多大，有没有尽头？谁也不知道。不过，有一些场合地点经常会在梦中碰到，虽然梦友们描述的细节各不一样，但是基本情况却差不多，就好像梦里真的有这些地方存在。我们称之为清明梦旅游热点。这些地点大多气势磅礴、鬼斧神工，有时壮丽

奇绝，有时诡异莫名，好比进入活生生的仙境或鬼蜮，那种震撼绝非人间俗景能比。下面蚂蚁就来介绍几个“旅游热点”：

空中之城

清明梦里一直向上飞，到达一定高度后，就有机会看到空中之城。不是只有一个城市，而是各种各样的城市。有的坐落在一个星球上，有的就悬浮在空中，有的像一团巨大的混沌的银色物质，有的是很现代化的城市。有时候城里很热闹，有时候空无一人，城里的建筑大多高耸入云，犹如神迹，加上宏伟的天象奇观，梦友如同进入了神话中的巨人国，眼界大开。

地下城

天上有城，地下也有，梦友多向地下钻几次就能碰到，穿过黑暗层直至能够看到东西时就代表着到了。地下的城多半都是阴森诡异的，空荡少人，有的如地道，有的如仓库，机关重重，迷宫阵阵。这里更多的是遇到阴暗的事物，如僵尸、野兽、杀人狂等，倒是锻炼胆量的好地方。地下有很多层，可以接着往下钻，更深处有幽冥地府，鬼影重重，甚至能看到传说中的地狱景象。

神山刹土

蚂蚁在梦里不止一次到过这些地方。亭台楼阁，奇山秀水，祥云瑞气，山崖层层，充满无数珠宝字画、奇花异草，常有仙子迎接，罗汉菩萨现金身，甚为震撼。我不知道具体怎样称呼这些宝地，光音天也好，世外桃源也好，极乐世界也好，总之，这是让人欢喜，情不自禁流泪的地方，是每个人心中的圣地，与其说是旅游热点，我更倾向于是有缘人的洞天福地。

平行世界

掀开梦中的井盖，有没有想过跳下去会怎么样？（嗯，不是骗你当忍者神龟），试一试就知道了，这就是著名的梦界隧道的入口。隧道可能帮助你实现平行世界的旅行，在隧道下坠过程中等待，直到看到两侧出现光亮，从光亮处穿出，就会置身于一个新世界。如果继续找一个洞跳下，就会接通另一个隧道，看到光亮出来后又将是一个不同的世界，而且是一个更让人目瞪口呆的世界，场景之震撼，令人匪夷所思。不过，要畅游平行世界也不容易，下井的功夫必须练熟。

游戏世界

梦友中有不少游戏迷吧？反恐精英、传奇、魔兽、三国、仙剑、英雄联盟……有没有想过突然之间你穿越到游戏当中了，前方面对的是活生生的怪物，自己手持宝剑脚踏霞光，左灵儿右月如，或者正在千军万马中热血沸腾地攻城……这些就是清明梦里的游戏世界，比起在电脑前操作鼠标当然是要好玩多了。进入游戏世界其实不难，有时知梦时就正好在游戏实景中，或者在知梦后找一台电脑，打开游戏，然后把屏幕拉大，一头钻进电脑屏幕里，就可以身临其境了。同理，也可以进入动漫世界，和路飞、鸣人、工藤新一、孙悟空等角色并肩作战。

元神宫

传说中的元神宫有你一生的运势。在清明梦里，瞬移或通过隧道前往元神宫，找到自己的房屋，进去看看，查看财运及因果簿……为求更好的运势，还可以打扫卫生、整理房间、添米添水、补洞补漏、给生命树灌溉浇水、祭奠祖先等。

阿卡西图书馆

存放阿卡西记录（也叫生命之书）的地方，据说阿卡西记录里记载了每时每刻世间产生的一切思想、言语和行动，包含了每个灵魂及其生命旅程的一切振动频率。通过清明梦和出体，连接阿卡西记录，从而获得自己的前世今生、成长道路、生命目的等。

人世间

梦境里出现最多的其实是人世间场景，常见的有故乡、集市、旷野、丛林、学校等。文艺青年向往的“一次说走就走的旅行”在这里属于家常便饭。巴黎、伦敦、长江、长城、珠峰、海底、赤道、北极、普罗旺斯、马尔代夫……瞬间转移到现场。虽然看到的景象往往似是而非，又走马观花，缺少原汁原味，却是一种另类体验。

最棒的是梦友可以乘坐时空穿梭机，设定好年代和目的地就能体验一把穿越。化身龙骑士征战古希腊战场，梦回唐朝观赏贵妃出浴，与埃及法老齐建金字塔，到未来体验世界末日……这部分极度挑战梦友的想象力，也是清明梦旅游的大热门，对梦友控梦水平的要求较高。

为什么会有这些旅游热点？一种说法认为这些是虚幻的，是梦友潜意识想象出来的。另外一种说法认为，是人们的集体意念在灵界创造出来的，就是说原本没有路，走的人多了就成了路。比如说，原本没有地狱，信的人多了，每个人的信念都是一股能量，上亿人的集体意念就是巨大的能量，这股能量就在灵界创造了地狱，中国人创造了中国人的地狱，有阎王判官，长着中国脸；外国人则创造了外国地狱，有魔鬼撒旦，长着外国脸，死后各奔各地，各找各妈。这些说法是否正确，不是本书要讨论的，仅供梦友参考。

梦
控
师

唤醒记忆的人啊

你慢些走

不如踏歌起舞

驱散离愁

出发吧 从梦到醒

出发吧 从漠到洲

出发吧 从错到对

出发吧 从浊到清

出发吧 后会无期

出发吧 为再相逢

知梦篇

第一章
梦境与梦体

清明梦可分为“知梦、控梦、探梦”三个阶段，每一个阶段都是一次进阶。知梦是基础，相当于踏入梦界的大门。当知梦稳定后，就进入了控梦阶段，可畅游梦界并进行各种体验。当控梦比较自如以后，就可对梦界进行更深层次的探索，进入到探梦阶段。

本章将从知梦开始展开系统的梦控师教程。从入门到精通直达巅峰，同时也是一场大开眼界的梦界深度之旅。首先，让我们从梦控师的角度来了解一下梦境。

梦境的产生

人人都会做梦，而且一晚上不止做一个梦。那么梦境是怎么产生的呢？自古以来众说纷纭，现代科学和心理学也都有详细的解释。

不过，梦控师着眼的角度会有些不同，梦控师更关注实战细节，比如“我”之梦体是怎么出现的？又是怎么消失的？梦醒临界点时发生了什么？梦体和梦境关系如何，各有何功能，等等。在此，蚂蚁将从梦体理论的独特视角来解释梦境的产生。

梦体理论认为：梦境是梦体系统处理潜意识数据的输出产物。

人类天生拥有两套完整的感官和感知系统，一套是肉体，接收和处理现实数据，其输出结果就是现实世界；另一套是梦体，接收和处理潜意识数据，其输出结果就是梦境。

如果将肉体系统比喻为硬件，梦体系统则像是软件模拟。两套系统都有强大的解析功能，能将输入的原始数据自动转换为基本的信号码（如现代科学中的生物电子信号），而这些信号码能被人体解释为五感和自我感，从而输出了一个带各种感觉感官的“我”。大胆推测，如果科学家破解了这些信号码，并且设计出将信号库和人体连接起来的机器设备，人类就将进入虚拟现实时代。

肉体系统和梦体系统，严格来说是各司其职、泾渭分明的。白天清醒时，肉体工作，梦体休眠；到了晚上进入睡眠时，两套系统开始交接班，肉体的感官渐渐停止运作，梦体开始接班。

如同肉体的眼睛一睁开，现实世界就出现了，蚂蚁认为，梦体一工作，梦境就开始出现了。不过，和肉体不同的是，梦体存在一个活性的问题。在睡眠过程中，有些时间段梦体是完全不活跃的，梦体系统处于不工作状态，这段时间里，人是无梦的。只有梦体具备了一定的活性，梦体的感官正常运作后才会有梦，梦境的清晰度、真实度等都和梦体活性直接相关。

在输入端，梦境中的原始数据由潜意识提供，经过梦体系统解析，投射出声音、影像、触觉、味觉、嗅觉等，输出了生动的梦境。所以，梦境的产生，取决于两个因素：一是梦体系统开始运作，这需要梦体具有一定的活性；二是潜意识提供的原始数据，现代心理学的理论认为，潜意识是从不休息的，也就是说原始数据随时都有。所以，综合来看，对梦境生成起到关键作用的是“梦体活性”。

梦境四阶段

第一阶段：梦前阶段（从入睡到空白）	当人躺下入睡，肉体的感官渐渐关闭，开始感应不到外界的声色触受，再渐渐丢失显意识，出现一段意识空白期，此时还没有梦，梦体仍然在休眠状态，梦体活性等于零，梦中的“我”还没有出现，依然一片空白。
第二阶段：入梦阶段（从空白到做梦）	梦体开始从本地休眠状态中复苏，代表着空白期的结束，开始入梦了。有的人空白期非常短，很快就做梦了，而有的人空白期较长，有一段相对比较长的无梦状态。一般来说，人们正常作息的话，梦体的上班时间还是有规律可循的，这和本人的生物钟、睡眠周期等因素有关。 值得注意的是，当梦体复苏时，并不是一下子就活蹦乱跳自由自在地出现在梦境里的，它一开始是处于本地受限状态，

续表

第二阶段：入梦阶段（从空白到做梦）	需要一个过程才能转换到自由的漫游状态。不过，这个转换在普通梦里体会不到，因为那个时候人们仍然处于无意识的状态；此转换只有在清明梦里（特别是清醒入梦）才能体会到。在本阶段（即入梦阶段）知梦的梦友，经常会发现起始的梦境是本床本屋，梦体则感觉被困在身体里，需要进一步出体才能获得自由之身。
第三阶段：做梦阶段（从做梦到梦终）	话说梦体各项功能开始启动，人们就开始做梦了。不过，不同的人，梦的质量是不一样的，即使同一个人所做的不同的梦，质量也不尽相同。有的梦从一开始梦体就可以自由自在清晰鲜活地出现；有的则梦境黑白模糊，梦体若有若无；还有的处于混沌状态，梦境只出现一些杂乱无章不知所谓的意识片段。出现这些不同情况就是因为每个梦的梦体活性不同，不在同一起跑线上。 做梦阶段，有可能中途醒了；也可能一个梦做完接着下一个梦；也可能梦体需要休息，于是又是一段空白期，然后又重复入梦阶段。
第四阶段：梦醒阶段（从梦境回到现实）	一下醒了，梦戛然而止，梦体消失，所有的感官由梦体切换到肉体，梦境切换到现实世界。貌似这个乾坤颠倒的切换是瞬间发生、不可逆转，但实际上，也是有一个过程的，有时候还有梦体回体的中间态，只不过一般人根本不会注意到。在清明梦里，梦友则能够更明显地体会到这个由梦到醒的切换过程。有的时候，梦友还可以利用切换的间隙续梦延梦，或者重新切换回梦境，闪速入梦。

梦体活性

前文说过，对梦境质量起到关键作用的是“梦体活性”。只有梦体具备一定的活性，梦体系统才能解析输出梦境。梦体活性的高低，可以由梦体的五感功能和梦境质量判断，五感越强，功能越充分，梦境质量越高，就代表梦体活性越高。

每个人在出生时，不但有一个全新的完美肉体，同时也有一个完美的梦体。

随着人的成长，肉体和梦体也都有各自的变化规律。

肉体的规律比较固定，都是在青年时期到达巅峰，然后不可逆地衰老。如果好好保养，勤加锻炼，可以稍稍延缓衰老，但是活性越来越低的趋势无法逆转。

而梦体就不一样了，小孩子的梦体活性普遍非常强，所以他们的梦多姿多彩。成年人则开始分化了，有一部分人保持精彩的梦境，另一部分人的梦境则越来越模糊单调，有的人做起黑白梦，有的人甚至没有梦，到了老年，梦体活性就退化得更快了。

我们都知道维护好肉体系统，要多加健身锻炼，可是我们从来没有想过梦体系统也是需要锻炼的。成人的世界劳心动脑，如果缺乏梦体锻炼，那么梦体活性就会被一点点消耗，直到与梦无缘。

做梦其实是一项非常复杂的系统生物工程，甚至可以说是人体最复杂、最精密、最神奇的心脑工程，只有各方面系统完美配合，才能做出精彩绝伦的梦。同理，如果一个人能保持比较高的梦体活性，一直能做精彩的梦，也说明此人的心脑各方面仍处在巅峰状态。

和肉体活性的不可逆下降不同，梦体活性是可逆的。通过清明梦的练习，可以明显提升梦体活性。很多以为自己不做梦的梦友可以通过清明梦练习，获得精彩的梦境，而且这种高活性可以一直保持到老。

梦体状态

清醒时，肉体处于运作状态，梦体处于休眠状态；睡着时，肉体处于休眠状态，梦体处于运作状态。梦体的运作状态按情况不同又可以分为以下几种：

闲置状态	梦友感觉不到梦体或者梦境中不存在梦体。 如：清明梦里掉线；睡眠中的无梦阶段；第三视角旁观的梦境。
激活状态	与闲置相反，梦友能真切感觉到自己的梦体，此为激活状态。
受限状态	梦体活性不高或者能量不充足而导致功能受限制。 如普通梦里的黑白模糊梦，清明梦里的能量不支，压床时无法动弹。

续表

活跃状态	梦体活性高，能量充足，梦境鲜活。 如梦境清晰，得心应手的细节梦、神通梦，等等。
切换状态	一种临时状态，发生于梦体进行较大的调整时。 最常见的是出体信号，以及梦界隧道切换。

按位置分，梦体可以分为本地和漫游两种状态：

◎ 本地状态

梦体躺在床上，有时感觉不能自由活动，此时梦境尚未产生或是本地梦境。

◎ 漫游状态

梦体不在床上，而是自由畅游于梦境，此为漫游状态。

第二章 清明梦的原理

清明梦的原理是什么？本质又是什么呢？

目前已知的清明梦方法各种各样，五花八门，让人眼花缭乱。探讨事物的本质，我们首先要抛开各种不同的表象，去寻找所有底层最共同的最基础的东西，那个东西就是本质。

那么，清明梦方法里最共同最基础的东西是什么？

答案其实很简单：这个共同的东西就是扳机，清明梦的本质原理就是获得扳机。

扳机艺术

扳机，即梦境中让梦主知道自己在做梦的东西，这个东西可以是场景、是事件、是感觉、是念头，等等，一切能让当事人知道自己在做梦的，都是扳机。

我们经常会听到出体流或知梦流之类的分类，其实，出体、梦中知梦、清醒入梦、梦屏等分类，都是在技术层面的划分。从原理的层面看，都是一样的，都是扳机知梦，目的都是制造扳机，使得梦主知道自己是在做梦。

各种不同方法的主要区别是各自打造的扳机。比如我们要过河，就需要有人造桥，有人造船，目的一样，但是造出来的工具不一样。比如出体，打造的是梦震梦鸣等扳机，梦中知梦则是要培养异常扳机、梦感扳机等等。

可以说，扳机是清明梦的核心和基础。清明梦就是一门创造扳机的艺术。

同时，对我们大多数的普通人来说，这也是一种无中生有的艺术。一开始我们没有任何扳机，不管做什么梦，梦到什么，我们都不知道自己在做梦。

现在，我们要无中生有，那么，扳机怎么产生呢？

我们发现，有两类手段可以产生扳机，导致我们在梦里能知道是在做梦。

两类扳机

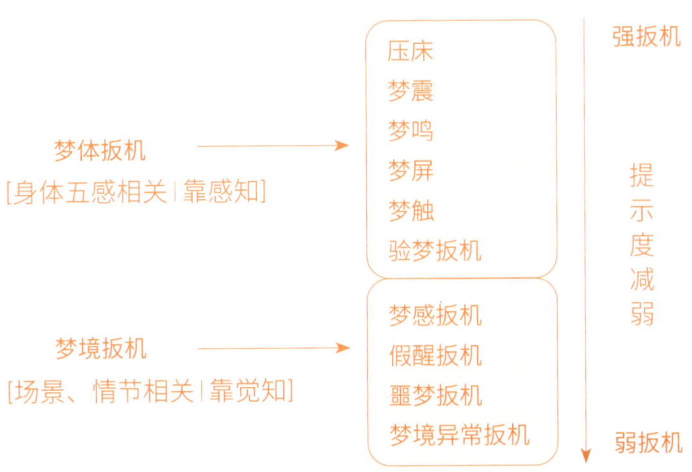

如上图，一类叫梦体扳机，一类叫梦境扳机。

梦体扳机，即做梦者感知到了梦里自己身体上的异常。最明显的例子就是鬼压床，身体被压了，说明你感知到了这种情况，如果你了解这方面的知识，知道压床是梦，那么扳机就产生了。还有我们出体中制造出的梦震梦鸣，这种信号一出来会造成身体上的震动耳鸣等比较强烈的反应，这种发生在身体上，由感知而发现的扳机，叫梦体扳机。

另一类则不是做梦者感知到身体的异常，而是觉知到梦境里面的异常，比如场景异常、情节异常、人物异常、情绪异常，等等，这种觉知性发生在梦境里的，由梦我思维觉知而发现的扳机，叫做梦境扳机。

上图列举了一些常见的扳机。

梦体扳机：压床、梦震、梦鸣、梦屏、梦触、验梦扳机……（梦体五感感知）

梦境扳机：梦感扳机、假醒扳机、噩梦扳机、梦境异常扳机……（梦我思维觉知）

扳机提示度

扳机最重要的概念之一是“扳机提示度”。

扳机是用来提示知梦的，提示度有强有弱。有的扳机一出来，梦体反应强烈，你必然知道，这些就是提示度很高的强扳机，比如压床，出体信号等等；有的扳机没有强烈的梦体反应，但提示度较高，如梦屏扳机、验梦扳机、职业扳机、冲击力强的异常扳机等；有的扳机提示度一般，如假醒扳机、梦感扳机等；有的扳机则提示度较低，较难察觉，容易错过，如冲击力弱的梦境异常扳机等。

通常梦体扳机提示度比较强，属于强扳机；梦境扳机提示度较弱，属于弱扳机。

这个比较容易理解，一是当我们梦中身体出现异常情况，意识容易注意到，有时还不得不处理（比如强烈的梦震）。二是梦体扳机出现的时候，通常会出现情节中断的情况（比如压床的时候梦突然就没了）。没有情节干扰，更容易出现自主思维，瞬间明白自己所处的状态。

梦境异常则一直受情节推动，难以产生自主思维，一个念头出来，马上就被情节带走，很难主动觉知到梦境中有什么不合理的地方。很多人做梦都会遇到异常的情节，比如外星人等，但是很难靠它知梦，就是因为他们是梦境扳机，属于弱扳机。

还有一种是介于梦体异常和梦境异常之间的，那就是在梦境情节中出现了梦体异常，比如正追赶一个妖怪，突然感觉跑不动了；做梦时身体突然往下坠等，这一类扳机则属于中等强度。

既然强扳机提示度远高于弱扳机，看到这里，大家可能以为我们都应该找梦体扳机这种强扳机，对吧？

也不是的，衡量一个扳机是不是“梦界好扳机”，不单单看提示度，还要看三项指标：扳机生成的难易程度、扳机出现的频率、扳机提示度。毫无疑问，越容易出现，出现得越频繁，提示度越高，越是梦界好扳机。

强扳机和弱扳机各自的优缺点如同秃子头上的虱子，相当明显。

梦境扳机等弱扳机的优点是不用刻意制造，通常梦里自带，出现频率高，但是提示度低，没有一定的觉知能力，很难抓住。梦体扳机等强扳机的优点是提示度强，但是不容易出现，制造起来有一定门槛。

所以，各有各的特点，各有各的用法。在前期，强扳机是重点，适合新手入门，因为强扳机不需要费时费力培养，可以主动制造，但是到了一定阶段，弱扳机将成为重点，因为弱扳机几乎贯穿你的梦境，掌握了弱扳机，知梦就是自然而然、轻而易举、一劳永逸的事情了。

知梦四方式

将“梦前、入梦、做梦、梦醒”四个睡梦阶段和扳机创造的艺术结合起来，就比较容易分析目前清明梦领域最主流的四种知梦方式：梦中知梦、出体、鬼压床、梦屏。

梦中知梦

做梦阶段，属于守株待兔，等梦中扳机一出现，引发清明梦意识，疑梦知梦。梦中知梦通常靠的是梦境扳机，对梦体的思维能力和梦境的情节是有一定要求的，因此，梦中知梦考验的是综合能力，梦体活性、梦感、觉知都需要有一定基础。

有的人梦体活性比较低，觉得自己根本不做梦，更别提梦中知梦了，特别是一些急性子的新手，没耐心培养清明梦意识和扳机，只一味求快。清明梦可有针对这类人的速成法？答案就是出体（清醒入梦）。

出体（清醒入梦）

所谓出体，就是梦体从“本地状态”转换到“漫游状态”的一种技术。在转换过程中，往往有一种梦体脱离肉体的感觉，这就是“出体”两个字的来由。

清醒入梦，发生于“入梦阶段”，属于主动制造扳机引发清明梦意识知梦——最典型的扳机就是出体信号。

因为绝大多数的清醒入梦都会使用出体技术，所以“出体”和“清醒入梦”也常常被混为一谈。

出体的妙处在于：对梦体活性和清明梦意识的要求都不高，因此非常适合这两项偏弱的梦友。

即使梦友的梦体活性很低，平常连梦都不做，也没关系。出体能主动调高梦体活性，帮助梦体从“本地受限状态”转换到“活跃的漫游状态”，达到高活性，让你当即有梦。

通常，出体所创造的主动扳机属于梦体扳机，提示度相对比较高，出体信号之类的扳机一出，基本上是立刻知梦。因此在清明梦意识方面，梦友只需掌握一些清醒入梦和出体的相关理论，比如梦态、出体信号、离体方法等。

出体的具体步骤以及要点，会在后面的章节详细介绍。

鬼压床

通常发生在“做梦阶段”，是一种常见的梦境。做梦过程中，梦主突然清醒，却发现自己动弹不得，这就是鬼压床现象，科学上称为“睡眠麻痹”。压床在梦控师眼里并不可怕，相反，它是一个提示度非常高的绝佳梦体扳机，因为那时候人的意识是清醒的，只要有一点清明梦的相关知识，就能当即知梦。

梦体理论认为压床是梦体由“漫游状态”回到了“本地受限状态”，想要重回梦境自由之身，出体是常用的手段，也就是清明梦梦友所熟悉的“压床出体”。

梦屏

在入梦、做梦、出梦阶段皆可发生，其理论基础来源于“梦屏有像，必是梦境”。梦屏是一种原理、一种意识，又是一门技术，同时还是一个常用强扳机，其适用性比较广，既可以用于清醒入梦，又可以用于梦中知梦。梦屏的训练基本包含了知梦各要素的训练，以梦屏为基础又可以衍生出梦屏出体、梦屏知梦、梦屏续梦、梦屏观想等方法，因此也有梦友戏称其为“梦界小无相功”。

网上流传的清明梦方法可谓五花八门，各种原创混搭方法层出不穷，让人眼花缭乱。但是大体都来源于以上这四种知梦方式：梦中知梦、出体、鬼压床、梦屏。掌握这四种方式的原理，灵活运用，方能一通百通，掌握清明梦。

第三章 梦中知梦

梦中知梦，就是完全睡着入梦后，在梦中知道了自己在做梦。梦中知梦是清明梦体验中最常见的方式。通常的流程是“疑梦→验梦→知梦”，有时候也可省略疑梦验梦的过程，直接知梦。

梦中知梦对梦体活性有一定的要求，至少得经常做梦，而且梦的内容相对清晰。大多数人特别是年轻人是能达到这个要求的。有的朋友梦不够清晰，梦里的情节也单调模糊，就很难知梦了。这部分朋友建议还是先记梦以及练习出体。部分失眠或者无梦少梦的梦友，建议先解决自身的睡眠问题。

梦中知梦具体的训练方法有：清明梦种子、追梦日记、七字真言、验梦手段、知梦扳机、回笼暗示模式。

清明梦种子

绝大多数人在梦中是不知道自己在做梦的，无论梦境多么古怪离奇，也不会产生“是不是做梦?”的怀疑，最重要的原因就是他们从来就没有过这种疑梦的清明梦意识。没有种子，就不会有果实。

所以，我们首先要种下一颗清明梦意识的种子。每一个接触到清明梦或者看到这本书的朋友，潜意识里就已经种下了一颗清明梦的种子。梦友要做的，就是不断灌溉培养这颗宝贵的种子；它生根发芽了，就是初获清明梦，它茁壮成长，开花结果了，就是梦修的次第成就。

每一次接受清明梦的资讯都相当于给清明梦种子浇一次水。话说浇水有浇水的技巧，为了提高效率，蚂蚁给出以下几点建议：

1. 加入专业的清明梦微信群或QQ群，最好是专业梦控师坐镇的群。
2. 有问题就问，多看多想多提问，让种子吸收更多营养。
3. 积极参与辩论，越辩论，越明晰，越扎根于心，知识更深入潜意识。
4. 积极帮助新人是提高自己的好方法。
5. 多交梦友，多参加活动，最好有一起学习的小伙伴，增加清明梦在生活中的比重。
6. 多看别人的经验，多思考，寻找最适合自己的方法。
7. 经常喂梦，多看各种精彩的喂梦素材。
8. 临睡前，多看与清明梦相关的文章，这是给种子浇水最好的时机。

追梦日记

实践证明，记梦是最基础的清明梦训练。

记梦时，梦友首先要建立一个观念：梦不是一个生硬冰冷的汉字，也不是一段虚无缥缈的脑电波，而是一个有灵性、有感知的生命体；它陪我们度过最黑暗的日子，贫穷、疾病、孤独、苍老，不离不弃，同生共死，但是我们却很少重视过它。从现在开始，我们要重新认识梦，将它当作我们最好的朋友、最好的老师、最好的爱人及知己。追梦日记就是帮助我们和梦交流、提升梦感的一个好方法。

追梦日记很简单，关键是持之以恒，每天坚持。早上醒来时先别睁眼，维持梦中的感觉，尽量回想刚才的梦境；你可能会记起一些不连贯的片段，马上记录下来，然后基于这些片段，一丝一缕地回想追忆，将尽可能多的梦境细节记录下来，最后整理成日记。

慢慢地你会发现自己的追梦日记越来越长，你能记得更多的梦，细节也越来越清晰，甚至隔些日子后看以前的日记还能回忆起当初的梦境，这就说明你的级别正在一步步提升中。开始也许大多是短而平淡的普通梦，到后来则会有越来越多奇幻神通的清明梦，由于梦体活性及能量的提升，连一般的普通梦也会变得神幻多彩起来。

追梦日记是初学者提升梦感的重要途径，同时作为第一手资料，全程记录下梦控师点点滴滴的成长历程，极其珍贵，极其重要！

刚开始初学者记梦是越详细越好，到了以梦代练的程度，以摘要的形式记梦就足够了。

新手最好去百度清明梦吧开贴分享自己的梦，这样既能增加自己坚持的动力，有疑问时也能得到梦友们及时的指导和帮助。

七字真言

七字真言，即“等等，是不是做梦”，这是疑梦验梦的基础训练，该训练主要针对的是“清明梦意识”中“疑梦意识”与“验梦意识”的培养，七字真言的训练方法有两种：

1.先疑梦，后验梦。先问问自己：“等等，是不是做梦?”，然后配合验梦操作加以检验。

2. 先验梦，后疑梦。先做验梦操作，然后在观察验梦结果时问自己：“等等，是不是做梦?”

前者更侧重疑梦意识，后者侧重验梦意识；在实战训练中，这两种方法往往混合使用。除了在平常的生活中多训练外，在睡前专门练习能提高当晚的知梦率，睡前的心理暗示往往更容易影响梦中意识。

一般来说，人们在梦里见怪不怪，再奇怪的事情也不会怀疑“这是不是梦”，这种警觉心天生就缺失，只能靠后天培养。七字真言的疑梦训练就是为了培养出这种警觉心和思维方式，可谓是最基础的训练。

七字真言另外一个作用是维持梦友的清明梦意愿。实践证明，当梦友做清明梦的意愿降低，不再对清明梦关注时，清明梦种子得不到灌溉，梦友的知梦率也会直线下降。很多梦友就是因为没有持续保持清明梦意愿所以状态反复不定，从而一直无法突破。

实战中，除非是强力冲击筑基的梦友，为了尽快培养出清明梦意识，会进行高强度高频率的七字真言的训练。通常我们并不要求梦友进行高强度练习，而是推荐以轻松自然的方式贯穿到自己的日常习惯中，以下几项可作为参考：

清明梦相关物品

有兴趣的话，可以在生活中设置一些清明梦相关物品，以自然的方式提醒自己疑梦验梦。比如将电脑或手机的屏保设为知梦屏保；比如买些知梦杯、知梦衫；贴知梦条；树知梦碑等，看到后如果想起就验一下梦。这些练习并不是为了在梦中出现这样的场景，而是反复培养清明梦意识。

结合特定的扳机练习

比如说，人在梦中的情绪更丰富，有一种扳机就是情绪扳机，我们就可以结合情绪来训练。当生活中出现气愤、紧张、害怕、高兴、悲伤等情绪时，疑梦验梦一下。这个方法不但可以训练清明梦意识，同时也是一个很好的心理调节方法。特别是对于一些脾气暴躁容易冲动的朋友，这个方法可以帮助你控制情绪；对于容易紧张怯场的朋友，这个练习也可以帮助你缓解紧张、增添自信。

口头禅

有的时候，不妨夸张一点，将真言当成口头禅，比如挤地铁："天哪，还有位子，不是在做梦吧?"然后验梦；又比如购物："哎呀，好便宜啊，是不是在做梦啊!"然后验梦。诸如此类的很多，"美女哟，验梦一下?""今天怎么这么倒霉，是做梦吗?""你怎么这么好，是梦吗?"轻松自然，一句话证明了你是梦控师。

总之，七字真言的练习，目的就是让疑梦和验梦意识不断强化提升，让清明梦成为梦友生活中的一部分。意识的培养不一定立刻生效，而是因人而异，当你在生活中能自然而然冒出"是不是梦"的念头时（而不是刻意练习而起的念头），那就说明潜意识里已经有料了。一旦清明梦意识扎根于意识深处时，在梦中也会自发运作起来，条件一契合就能知梦。

注意，对于七字真言的训练，我们要求训练时疑梦验梦一起进行。新手常犯的一个错误就是忽视验梦，蚂蚁认为，"宁可验梦不疑梦，也不能疑梦不验梦。"验梦意识的重要性绝不亚于疑梦意识，对于新手来说，验梦意识见效更快，应该优先重视和培养。其实最简单实用的清明梦训练方法就是经常验梦，只要坚持，就有奇效。

验梦手段

为什么要验梦

- 在现实中，训练验梦意识时，要验梦。
- 当怀疑自己在梦中时，为了确定身处梦境，要验梦。
- 在做危险动作前，以防万一，要验梦。
- 梦中为了提高清明度，增强气场和信心，可验梦。
- 梦醒后，为防假醒被骗，可验梦。

怎样验梦

真正有效的验梦方法必须保证现实中无法达成，只有在梦里能做到。而且疑梦往往就在瞬间一刻，稍有疑虑，机会稍纵即逝，必须“瞬间决断”。

目前，验梦最常用的是这三种方法：咬指、扳指、捏鼻。

验梦口诀：“咬指如泥，扳指贴臂，捏鼻呼吸，必是梦境。”

咬指

在梦中，人的手指是柔软无骨的，咬上去就像咬一块橡皮泥，上下齿甚至可以咬至相接。

扳指

用右手扳左手食指，逆时针方向，扳至左手食指的指甲贴到左手手臂上。现实中这是不可能的，而在梦里却可以轻易做到。

捏鼻

捏紧鼻子，若还能呼吸，说明你正在做梦。

以上都是有效的验梦法，也是目前中国梦界的主流方法。不过在实战中，偶尔也会出现验梦失败的情况，建议大家使用验梦组合拳，几种方法一起来，成功系数更高。

注意事项

咬指，一定要明白验的是手指的软度，而不是痛不痛。很多人不仔细看，就想当然以为验的是痛不痛，咬指的痛感是可以模拟的，主观去验痛不痛更容易模拟出痛感，导致验梦失败。

捏鼻，成功与否就在于潜意识会不会模拟出呼吸不畅，所以在验梦时，千万不要去想呼吸不畅。另外，鼻炎或者鼻塞会有一定概率影响潜意识，造成捏鼻不能呼吸。

扳指，是目前控梦圈中最常用的验梦方法，也是梦控师最基础最重要的技能，朴实无华而且作用广泛，务必掌握。平时训练扳指的时候不需要太用力，但是，一定要注意姿势正确，如果姿势不对，没有用上合力，那么验梦成功率也不会高于其他方法，如果姿势正确，合力之下，失败率几乎为零。

插图 by 纸小虎

如上面的漫画所示：右手大拇指放在左手手腕下，右手其他手指扳左手食指，这样右手的大拇指和其他手指就可以形成合力。在现实中，一般人是无法扳指贴臂的，但在梦里稍一用力，定能扳指贴臂。

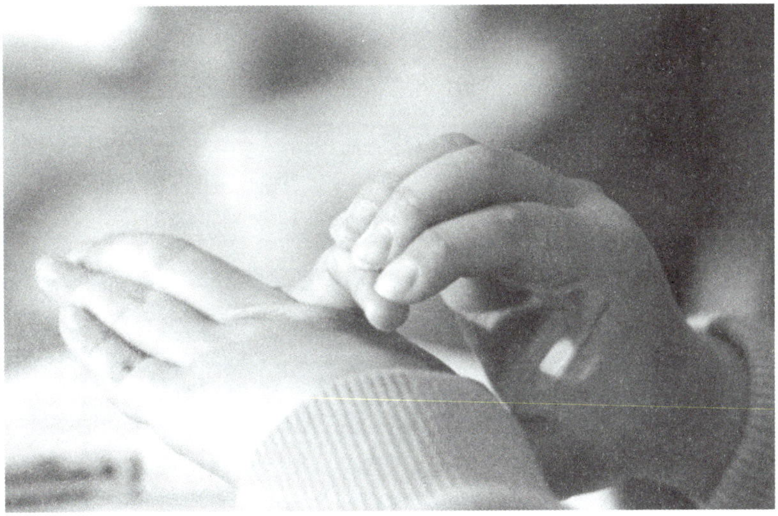

上图为电影《梦控师之双鱼梦境》剧照，就是一个梦中扳指贴臂，验梦成功的场景。

知梦扳机

无论梦中知梦还是清醒入梦，说到底都是扳机知梦。只不过清醒入梦属于主动扳机，梦中知梦属于被动扳机。

本章专讲梦中知梦，所以以下要介绍的基本上都是梦中知梦范畴里的扳机，这也正是梦友所熟悉的狭义中定义的“知梦扳机”。

知梦扳机，分为通用扳机和个人扳机，通用扳机适用于大多数人，而个人扳机是根据个人的情况度身定制的。

知梦扳机的训练是循序渐进的，急不来。它能提升综合梦感，将清明梦意识打入梦友思维内部，重点在于培养一种思维方式。即使梦里没有出现特定扳机，只要养成这种思维方式，一通百通，很多情况下都能知梦。

通用扳机

噩梦扳机

噩梦是常见的通用扳机。在天生知梦的人群中，有相当一部分人靠噩梦知梦，比如被人追杀或者被怪物追得走投无路而知梦（被怪兽追就是小孩子的一个常见梦境）。恐惧的情绪，到了危急关头会启动人的自我保护机制，其结果通常是直接吓醒。清明梦梦友则多了一个疑梦的机制，危机启动时潜意识里不能接受这是真的，从而启动疑梦意识并由此知梦。同理，也有美梦扳机，梦中出现让人难以置信的好事，潜意识也不敢相信是真的，比如梦见中大奖验梦就是一例，只是中大奖之类的美梦远不如噩梦出现得多，所以算不上通用扳机。

假醒扳机

假醒就是以为自己醒了，但其实还是处在梦中的现象，这是一个特定场景的扳机。一般人睡觉很难碰到假醒（即使碰到了也难以察觉）。清明梦练习者的假醒概率比一般人高，因为练习清明梦会练习睡前暗示，所以这种暗示潜伏在意识深处，可能影响到睡眠，从而增加中途真醒或假醒的概率。

假醒的扳机提示度一般，经常瞒天过海，使得梦友误以为是真醒。在实战中，应该培养自己分辨假醒和真醒的感觉，假醒没有真醒那一套连带的生理过程，而且很快（几秒内）就又出现新的梦境，多体会的话就能找到这种差别。在训练上，养成醒即验梦的习惯会很有帮助。

尽管在普通梦里较难察觉假醒，但在清明梦里，假醒却是一种常见梦况。通常梦体切换回本体时，就会模拟出假醒，如果识破不了就容易沉入普通梦。所以，识破假醒也是很重要的一项控梦延时技术。

异常扳机

在梦中发现不合理的破绽从而疑梦知梦，这些不合理的梦境场景就是异常扳机。通过异常扳机知梦，是梦中知梦最常见的方式。梦控师通过清明梦训练，潜意识中将大幅提升对梦中异常的警觉心和对梦境的知觉心，配合知梦点较低的睡眠时段，梦控师注意到梦中异常而知梦的概率将远超常人。

验梦扳机

直接由验梦而引起的知梦，为验梦扳机。很多时候梦友并没有明显疑梦的念头，不过是验梦成了习惯，梦里也出现验梦了，结果知梦。验梦扳机在清明梦里其实比较普遍，用处很广，如果新手白天能自然想起验梦，那就离清明梦不远了。

梦感扳机

“枪神”射击只凭感觉，梦控师也一样，进阶到一定阶段，不需要任何方法，凭感觉就能达到清明梦收放自如的境地，这个感觉就是梦友所追求的——“梦控师之梦感”。高手经常会在梦中突然就知梦了，好像没有任何诱因，这个是清明梦意识扎根后的必然现象；当梦感达到一定程度后，遇到某种适合的梦况就会自发产生一种感觉而知梦，这种情况称为“梦感扳机”。

浅睡扳机

深睡状态下不容易知梦，浅睡状态下，知梦率会倍增。有的人本身的睡眠很浅，一直处于半梦半醒的朦胧状态，这种状态很容易就突然知梦了。但是，这种清明梦的质量通常不高，严格讲是睡眠有问题，和前面介绍的梦感扳机有较大的差别，高手的梦感扳机带来的清明梦是神清气足，而浅睡扳机带来的清明梦容易让人感到精神疲惫。

通常我们利用回笼觉来获得比较自然的浅睡状态。但是有的方法用力过猛，人为制造一些条件导致睡觉不安稳，很多清醒入梦的方法就利用了这一点。还有的人在非正常睡眠条件下就会睡不好，比如旅行坐卧铺睡觉、第二天一早赶飞机导致睡不踏实、异地睡觉等，这些情况下的知梦很大程度都是因为浅睡造成的。

情绪扳机

梦中的情绪更多更丰富，所以我们也可以针对情绪来培养扳机，比如要生气发火时，先验梦；要登场表演心情激动，先验梦；伤心、狂喜、沮丧、哭泣等情绪都可以。养成这些习惯，不但有助于培养扳机，而且也能在现实生活中学会控制自己的情绪，一举两得。

欲望扳机

梦是原始人的信，是欲望的达成。理性的缺乏以及欲望的达成，导致春梦成为一种常见的梦。春梦是可以训练成通用扳机的，特别是适合有一定控梦基础经常为所欲为的梦控师。某些梦控师在做春梦时，凭经验就能产生一种直觉而知梦。

特异扳机

有的人对特异功能或灵异事件感兴趣，比如喜欢研究透视遥视、意念移物、外星人、通灵等。当然，这些在现实中没有太多意义，不过却有一个很不错的“副产品”，那就是特异扳机知梦。

研究入迷就容易带入梦里，在梦里，特异功能是可以实现的，梦友会感到震撼，以为自己真的练成了，但醒来后发现是梦。这个过程好好利用就可以训练成知梦扳机而特异知梦。比如蚂蚁有阵子研究天眼，梦里频繁出现透视和闭眼视物的情况，开始几次我还兴奋得以为自己真有了特异功能，再多来几次我就训练乖了，我已经一万分坚信自己不可能有特异功能，以后再出现这种情况就容易知道是梦了。

外物扳机

由外人或外界的刺激而知梦，如眼罩等知梦扳机，人工催眠、尿点知梦等，还有一些辅助的药物或物品，包括一些可能诱导压床的外物，包括所谓的联机知梦等。

控梦扳机

这个是高手常见的扳机，清明梦做多了，久而久之，控梦意识深入潜意识，使得控梦成了一种本能。在梦中，他们经常会不自觉就控起梦来了，刚开始不一定知梦，但是在过程中比较容易醒悟到自己正在控梦从而知梦。

个人扳机

个人扳机的选取是因人而异的，没有人比自己更熟悉自己的梦，对你有效果的扳机也许对别人没用；大多数情况下，个人扳机都是梦友自己慢慢摸索出来的。个人扳机选取的参考因素有：

◆ 该扳机在自己的梦里出现的频率较高。

◆ 该扳机冲击力较高，相对容易引起自己梦中警觉，比如梦体异常扳机。

◆ 长期培养的职业扳机，一般是为了灵感或者控梦。

梦友可以查阅自己的追梦日记，统计一下梦里出现得比较频繁的人物、场景或事件，结合即时冲击力因素，筛选出知梦扳机的候选者。

不妨参考一下美国睡梦研究学会（Association for the Study of Dreams）列举的十大常见梦境，不同的人不尽相同，但是多数人都能中上几项。

1. 从高处摔落或淹浸在水中　　2. 赤裸身体

3. 牙齿损坏或出现脱落　　4. 被怪兽或恶人追赶

5. 生病或死亡　　6. 考试失败受挫

7. 误车或错过航班　　8. 迷路或者被束缚

9.器械故障失灵　　10.关于车辆驾驶的麻烦

以上的大部分都是可以作为扳机训练的。还有诸如天空有异象、说话没声音等也是梦里常见异常，是可以放入扳机培养池的。

更个人化一点的扳机，就要依照中国的一句老话了：日有所思，夜有所梦。这和个人的兴趣爱好、职业背景、宗教信仰、关注事物、心结心病、强烈念想、童年生活、心底秘密等有关系，总之，让你魂牵梦绕，让你担惊受怕，让你午夜梦回，让你反反复复，让你内心笃定，让你长期坚持的，都可以考虑一下。举几个例子：

宗教信仰。有宗教信仰的朋友比一般人更常梦到菩萨、鬼神、上帝等场景，并且在梦里就会感动得不行，只要稍加训练，这些日常中难得一见的情绪场景就是很好的知梦扳机候选者。

反复场景。有的人会经常梦见一些奇怪的场合，比如反复走在一个回廊上，总是钻入一个地洞，高空坠落或者车子总是失控等，这些都可以作为扳机候选者。蚂蚁经常梦见自己在小时候楼房的阳台上，梦得多了就知道可以一掠而下飞起，于是就会验梦；我也经常在梦里开车失控，这些都是我比较固定的知梦扳机。我小时候还经常梦见一根直线或者一个圆点，自己在画莫名其妙的几何图案，但是那时候不知道清明梦，长大后就再也没有那样的梦了，不然也是可以作为扳机的。

学生时代。进入社会的人就能体会到学生时代是多么美好，学生时代的生活基本上能一直梦到老。蚂蚁经常梦回校园，梦见要交作业而紧张的时候会知梦，我马上会想到我已经不是学生很多年了，谁还能逼我交作业？有时候梦见自己在大学宿舍里，也会知梦，这些都是我的扳机，刚开始也没什么用，但是发生得多了，训练多了，渐渐就起作用了。

强烈念想。近期心里越想念越入迷或者越担心越郁愤的事物就越容易出现在梦里，比如准房奴梦见买房子，学生期末了梦见考试，飞碟迷梦见外星人，玩家游戏上瘾梦见“吃鸡”，海外学子梦见回国，还有人梦见念念不忘的情人、过世的亲人、童年的深刻回忆，当然还有清明梦爱好者梦见清明梦等。念想越强烈，越容易梦到，越是好的知梦扳机。

长期秘密。每个人都有自己的秘密，有的人害怕被人知道而提心吊胆。只要秘密没有曝光，它肯定会经常性地光顾你的梦，而你在梦里往往会惊慌失措极力掩饰。出轨者会经常梦到大奶二奶小三狭路相逢，急得像热锅上的蚂蚁；撒谎的人会经常梦到谎言被识破遭众人耻笑而无地自容；犯法侥幸逃脱者会经常梦到罪行败露被追捕如丧家之犬；耍阴谋害过人者会经常梦到有报应或者东窗事发。诸如此类，凡是在梦里多次骚扰当事人，情节严重，屡禁不止者，都属于我们这里要讲的秘密。

个人扳机的训练并不难，并不需要花太多时间，只需这样做：记梦的时候，如果发现有扳机出现，但是自己没有察觉，就反思一下，并且在当天临睡前提醒一下："如果再次遇到此扳机，一定要记得验梦！"

职业扳机

此项个人扳机值得专门说一下，尽管目前培养出职业扳机的梦友还不多，但是蚂蚁非常看好此类扳机，这也是对现实生活最有帮助的扳机。

职业扳机，是将个人的职业和清明梦相结合而刻意培养出来的扳机。一般需要一到几年以上时间的长期培养，适用于资深梦控师或者寻找灵感的职业者。

音乐人可以将梦中听到的音乐作为扳机，画家可以将梦中看到的画作为扳机，这些就是职业扳机。很多艺术家其实对梦中的作品具有极强的敏感度，如果他们有清明梦的知识，完全有可能将此敏感度升级成知梦扳机。

梦控师也一样，比如挑一个图腾作为梦控界的职业扳机，再比如扳指验梦，看到井盖就验梦等，可作为梦控师的专业扳机。

回笼暗示

长期的清明梦必然会影响一个人的睡眠习惯。同时，也只有养成一种适合的睡眠习惯才能稳定地获得清明梦，并且和生活融为一体。

睡觉前的心理暗示会对梦产生重要影响，睡前几分钟看看清明梦的资料，坚定想做清明梦的愿望，暗示自己能知梦，就是清明梦最常用的方法之一。

实践表明，回笼觉或者在清晨快醒的时候，入梦的程度会浅一些，左脑正在慢慢恢复神智中，这段时间最容易出现清明梦，是练习的重点。

因此，在清明梦领域，目前最普遍的实战方法，就是"回笼暗示"模式。暗示的作用，在于利用潜意识影响睡眠和梦的进程，促使扳机的出现。回笼觉的作用在于知梦点低，暗示效果更突出、更有效。

"回笼暗示"模式的成功率取决于：

暗示的强度

睡前的练习，都可看作是暗示，暗示的强度越大，自然对梦的影响越深。由此可知，暗示是把双刃剑：强度越大，越有可能得到扳机，但是也越可能影响睡眠甚至导致失眠。

暗示的内容

这和体质紧密相关，不同体质对暗示的反应也是不同的。

对体系的理解

必须要对清明梦的各种扳机熟悉了解，比如，梦屏、压床、梦态、假醒、梦鸣、出体信号、验梦意识等，只有这样，在扳机出现的时候，才能大大提高抓捕的成功率。（举例来说，不知道梦屏的人和知道梦屏的人，对于梦屏的抓捕率，大不一样；没有验梦习惯的人，和有验梦习惯的人相比，清明梦的成功率也将大不一样。）

回笼觉相当于清明梦的催化剂，要重视。特别是补觉时那种还想睡，很快就能入梦的半梦半醒状态，是训练效率最高的黄金阶段，这种状态下暗示更加有效；在接下来的梦中，出体、梦屏、知梦等概率都会大增。

第四章 出体（清醒入梦）

出体是一种很玄的东西，如影随形，我无力抗拒，特别是夜里，想你到无法呼吸。

下面这篇是蚂蚁第一次出体的记录，也正是这次经历改变了我的一生，从此打开了清明梦的大门。第一次出体往往会给当事人带来莫大的冲击，那是一种终生难忘的震撼体验，有诗为证：一次出体毁三观，从此梦修多一人。

第一次出体（2004年7月17日）

6:00a.m.，震撼中，shocking，若不是耳边还耳鸣“嗡嗡”作响，并有麻痹感，我还真以为就一梦而已……网站上说的是真的，第一次练就出体了，怎一个“惊”字了得，详细经过如下：

其实我一直以为自己没有睡着，我上了两次厕所，因为今天稀饭吃多了，那都是真真切切的现实，我还一度以为今天是睡不着觉了。于是躺在床上，不记得提醒自己要保持清醒，后来我觉得自己身体的确有些累了，再后来可能就睡着了，而意识上仍以为自己还醒着，这个时候其实我已经开始做梦了，我现在还记得是在一building，遇上一学生，他正在做实验，问我一个英文化学品，我不懂，却抹不开面子，装懂糊弄了一下，下楼梯发现有人涂了颜料在地上。大概就这一会儿吧，我仍以为自己是醒着的，又在想出体的事，果然出现了，我见到自己坐了起来，那一刻真是恐怖，我内心大叫，原来是真的，是真的。我感到自己像一个生锈的机器人一样坐起来，木木的，而且有“吱呀吱呀”的声音，感觉非常强烈。我下了床，木木的感觉没了，相反感觉很轻，当时觉得就是灵魂，我正处于室内，我特意看了一下床上，和网站上描述的一样，看不真切，可是有人无疑。门是开的，与昨晚无异，我于是走出去，想到外面逛一逛，然而马上不行了，醒来耳边一阵鸣叫震动。天哪，是真的！

第一次就成功了，很高兴，若非昨天看到那网站，我不但不能出体，不知其法；即使出体了也会只当是一个梦，哪知其中天地。现在我坚定了这个事实，也知道可以练到飞翔、瞬间转移种种，自当高兴。今天一下就醒了，可能太震撼的原因，下次熟悉了会好一些吧。

出体现象

出体，顾名思义，就是从身体中出来，国外称为Out-of-Body Experience，简称OBE或OOBE，也可称为星体投射（Astral Projection）。出体的标志性特征为：感觉到自己离开了自己的肉体，在自己的肉体之外活动。

出体现象在现实生活中并不少见，有时候会自然地发生。CCTV栏目《见证·发现之旅》曾报道，25%～34%的学生在入睡很松弛或打瞌睡时，曾有过感觉自己存在于身体之外的体验。举个例子：

困了，不知不觉就睡着了。忽然感觉到自己好像很舒服地飘着，记得眼睛已经闭上了，怎么又可以看到自己慢慢地靠近天花板。往下一看，有个人躺在下面，睡得很熟，那不就是自己吗？当然马上就吓了一跳，但瞬间以光速被拉回身体醒来。

再看几个发生在明星身上的真实案例：

案例一

综艺节目《爱呀幸福男女》2013-06-27期 主持人阿雅采访郭敬明

郭敬明：“我唯一见过的鬼是我自己，有一次我是在酒店，我就半夜起来上厕所。我就迷迷糊糊的，我就觉得那天是热烘烘的，也不是很舒服。冲完水我就自己往回走。我走到床边上傻眼了，我自己还躺在床上。”

阿　雅：“不会吧！”

郭敬明：“真的，当时也可能是我不清醒。”

阿　雅：“你是不是太累了？”

郭敬明：“有可能。然后我就硬着头皮往下躺，当时我真的是觉得算了，算了，毕竟你知道有一种——”

阿　雅：“不要再多想。”

郭敬明：“就是真的闭着眼睛往下躺，但当时我真的，我看见自己还睡在那里的时候，真的是毛骨悚然。”

阿　雅：“哦，还蛮妙的一个经验耶。”

郭敬明：“可能也是做梦啦，反正当时我吓得够呛，但也不管了。”

案例二

日本著名影星山口百惠曾经经历过一次“灵魂出窍”。有一次她茫然地坐在床上，什么也没想，突然她像踩空了楼梯一样“跌落下去”，感到一阵极大的冲击，旋即“灵魂出壳”，出现了奇迹：她真真切切地看到了自己的肉体坐在床上，接着听到她母亲的声音，她看见母亲和妹妹正在楼梯下谈话……过了一会儿，她才“灵魂归体”，发现自己仍坐在原来的地方。[引自林清泉著《宇宙沉思录（三）东方灵魂学》]

这些看上去像是“灵魂出窍”的例子，实际上都是出体。当事人其实都还在梦中，如果他们有出体方面的知识，就不会被吓得够呛，而是意识到自己是在做梦，没什么大不了的，甚至可以尽情神游一番。

出体一般发生在睡觉或无意识状态，有些人在高烧、服药、休克以及意外事故后有可能出现出体现象，还有些人在练习冥想、静坐、气功、瑜伽、禅定等精神修炼时，在一定状态下会发生自然的出体现象。

除了以上的自然出体，梦控师能做到主动出体。常见的方法就是本书中将介绍的清醒入梦出体和鬼压床出体，其中鬼压床大家可能比较熟悉，鬼压床是一种头脑醒了而身体还睡着的状态，实际上还在梦中，如果你有一定的知识和技巧，就能有意识离开肉体活动，完成出体。

很多人初次接触出体的概念时会觉得有点可怕，特别是出体的过程给人带来一种“灵魂出窍”的感觉，它也因此常常被人误解攻击为玄学或迷信。其实出体只是描述了一个客观存在的现象，是人类意识现象的一种，和做梦一样。当你真正了解掌握了出体，就会知道，出体不会对人有任何身心上的实质损害，反而是一种愉快而非凡的体验。出体能达到何种程度的快乐，慧勇在《推开回家的门》一书中有一段精彩的描述：

“大约三五分钟时间，我见到了有生以来最奇妙的一个境界。那个境界，本来是无法描述的，我就努力地试着描述吧。

一切都非常温暖，非常舒适，我感受不到自己形体的存在。但是，感觉又非常明显，远远超过清醒的时候。身体非常轻，比空中的一片羽毛还要轻，很轻灵，很美妙。那是一个离开了一切物质束缚的体验，那是一个没有任何牵挂和负担的体验，那是一种难以言状、无与伦比的快乐，像数十年来一直背负着重负，突然扔掉的感觉。那种体验，超越了人间一切的美妙感受。”

出体与清明梦

清明梦与出体经常会放在一起说，有不少新同学搞不清楚他们的关系，所以有必要详细解释一下。

首先，出体有广义狭义之分。广义的出体，指的是一切体外经验。所有的梦，包括清明梦都属于体外经验。狭义的出体指的是一种方法，一种主动让意识脱离身体的方法，过程中有类似“灵魂出窍”的感受。通常我们讨论的是狭义的出体。

本书所介绍的出体，也是狭义的出体，主要是在睡眠状态下主动获取清明梦的一种方法，也是梦体由受限状态转为自由状态的一门技术。在清明梦领域，出体的应用是非常普遍的。

出体最明显的特点是从睡觉的床上意识离体（或者说梦体起身），离体后常常会发现周围的场景和现实几乎一样，人很清醒，环境很真实，让人觉得不像是做梦，而是真的“灵魂出窍”，这也正是出体最为震撼和刺激的地方。也因此有人认为出体不是梦，而是一种能存在于现实物质世界的特殊意识状态，和清明梦有本质的区别。

尽管有的理论认为出体和清明梦是两回事，但绝大多数梦友的体验以及科学研究却都认为出体就是另一种形式的清明梦。不过，出体是不是清明梦，这个问题在业界一直有争议，辩论双方也各持其理，后面的《探梦篇》里蚂蚁也会详细讨论。

目前的主流观点是：出体和清明梦在本质是一样的，两者都是梦。出体与清明梦的意识主体都是梦体。出体一出来就已经在梦里了，那些与现实相似的场景实际上是潜意识模拟出来的场景（清明梦术语为“爱丽丝幻境”）。出体和其他清明梦的区别仅在于起始方式不同，出体是由本地梦态起，然后有一个起身的步骤，有时候会让梦者感觉有脱离肉身的过程；而一般的清明梦发生在自由的梦境阶段，常见的是梦中知梦。

出体现象是梦，是清明梦的一种，即本地清明梦，通常以本地梦态开始，有一个梦体脱离身体的过程。

为什么会出现这种梦体脱离身体的现象呢？那是因为梦体是有不同状态的，一般我们做梦时梦体是自由自在的状态，但是有时候梦体会处于一个不能自由活动的本地受限状态，在受限状态向自由状态转化时，就会出现梦体脱离身体的现象。

简单地说，出体就是梦体脱离身体的过程，出体技术就是使梦体脱离身体的技术，出体方法就是利用出体获得清明梦的方法。

清明梦领域常见的出体情形是：人处于躺在床上（或某处）的本地状态，知道是在梦里，但是梦体不自由，感觉受限在身体里，为了让梦体自由活动，就需要用到出体技术了，这种现象最常发生于清醒入梦（入梦阶段）以及鬼压床（梦体回体）的时候。

清醒入梦和梦中知梦是获得清明梦的两大方向。对于一些梦友来说，梦中知梦不是一下就能体验到的，尤其是有的梦友梦体活性不高，梦中知梦更难。此时，清醒入梦就提供了一个更好的选择，可以帮助新手更快体验到清明梦。由于清醒入梦通常是在入梦阶段知梦，此时梦体多半处于本地受限状态，因此出体就成了清醒入梦最常见的一个步骤。

在此，有必要特别说一点，出体和清醒入梦是两个完全不同的概念。但是，由于出体技术在清醒入梦方法中使用之广泛，加上“出体”两个字简单形象接地气，导致在约定俗成中，出体几乎成了清醒入梦的代名词。很多时候，梦友们会直接用出体来表示清醒入梦。在本书中，也不会严格区分，在介绍出体方法时，有时候实际上是介绍包含出体步骤的清醒入梦法。

出体的方法也有很多，基本上大同小异，蚂蚁在此先介绍一个常用的出体法：先做些运动让身体疲惫，再看一些清明梦相关资料；比平时稍晚一会儿入睡，放松身体，保持舒服的睡姿；然后提醒自己不能睡着，脑子里一直想着出体；接下来你的身体会慢慢麻痹，思绪越来越飘忽，慢慢地会进入一个恍惚的状态，此时已然入梦，在某个时间点，出体或知梦的念头突然冒出，后脑部会开始感到震动、发麻，并伴有耳鸣等信号，这就是出体的征兆。此时结合一些离体的技术就可以成功出体了。

梦态与出体信号

梦态与出体信号，是出体里最重要的两个概念。

梦态

梦态，是一种特殊的梦境，梦境的内容和现实中的内容非常相似，都是当事人在床上睡觉的状态。通常我们称之为本地梦境。

梦态已经是在梦境中，但是梦主本人不一定知道是梦境。由于场景和现实几乎一模一样，梦主也可能以为自己是在现实中，自己还没有睡着，或者以为自己醒了。

梦态其实在我们日常生活中并不少见，比如假醒、鬼压床、半梦半醒等等。

梦控师熟悉的出体、梦屏、掉线、回体，等等，都和梦态密切相关。

朋友们如果还不清楚的话，我们用下面的对比你就明白了。

睡态：现实中，当事人躺在床上睡觉。

梦态：梦境中，当事人躺在床上睡觉。

出体信号

出体信号，专指一些在出体过程中所出现的独特扳机。这些信号一出来就可以帮助我们了解是否处在梦里了。

资深梦控师酒心姐姐总结的出体详细步骤，全面地介绍了出体信号，对新手有很大的帮助，蚂蚁在此推荐给大家。

出体详细步骤

酒心姐姐

从“醒”往“梦”的方向发展，达到一个叫临界点的中间状态，由信号得知自己已经入梦，从而原地起身进入梦境，这个过程叫出体。

这个过程的起点是“醒”，对应的是肉体活跃、显意识活跃，潜意识弱。目的地是“临界点”，对应的是肉体休息，显意识和潜意识共存，出现出体信号。

我将出体的方法分成5个步骤，这是高度归纳总结的，练习之前一定要做全面了解。实际上在练习中因为不同的体质、不同的时机，是有可能自动跳步的，比如第三步找信号中，有的人有可能刚一找到信号，信号就很强，直接达到第四步目标，那样就可以直接进入第五步了。但是一定注意，如果不是目标已达成就别乱跳步骤。

第一步：创造条件

练习的开始，我们要为这次练习创造有利的条件，包括环境条件、身体条件、精神条件三方面。

本步目标

环境条件

环境舒适安静，光线暗一点。

身体条件

身体无不良状况，饿、渴、过冷过热、尿胀等情况先处理掉，找个舒适的睡姿睡下。

精神条件

加强出体意愿，默念几次你的目标，比如，今晚一定能出体。

第二步：放松

放松，对任何体质的人练习清明梦都很重要。

本步目标

目前我们还处在显意识主导的清醒状态，要达到显意识与潜意识的平衡，我们必须给潜意识活跃创造机会，所以这一步我们要降低肉体活跃度和显意识活跃度，以让潜意识有机会活跃起来。

身体方面放松的目标是：非常松弛，身体沉得不再想动，甚至根本感觉不到身体了。

精神方面放松的目标是：不再有任何兴奋、激动、紧张的感觉，意识有一点朦胧。

本步方法

放松练习：闭眼，从头到脚逐步地放松身体的各部分，先把意识集中到头顶，想着头顶，告诉自己“我的头顶放松了，精神也放松了”；然后想着额头，告诉自己“额头放松了，精神也放松了”，这样默想到哪里就放松那部分肉体，同时也要放松精神，接下来是眉、眼、脸、唇、舌、下颌、颈、肩、手臂、手腕、手掌、手指、背、胸、腰、腹、臀、大腿、小腿、脚，不必死记这个顺序，大体按这方向来就行，从上到下进行完再从下到上来一次，如果放松一次觉得不够，一直循环到你觉得完全放松为止。开始的时候你可能还会去默想这些身体部分的名称并去默念那句自我提示语言，不用这样做，只需要想着那个部位，想着放松就行了。注意！每放松一个部位就要放松一次精神。

本步注意事项

做第二步的时候睡着了是很正常的情况，新手时常发生，说明放松得很好。感觉快要睡着的时候就尽量保持一点意识，进入下一步，但是不要对抗睡意。因为出体本来就是要从醒的状态往睡的方向上靠，如果一有睡意你就抗拒，那就不容易到达那个醒与睡的中间平衡点了。

即使睡着了也没关系，放松进入睡眠后还是可能在普通梦中自然知梦从而达到清明梦的。

第三步：寻找出体信号

这一步方法众多，不需要每一种方法都会，只需要找到最适合你自己的方法就行了，每天只用一种方法，每种方法多试几天，没效果就换，直到找到属于你的方法。

本步目标

感觉出体信号。经过第二步，我们已经使肉体进入休息状态，通过精神的放松，显意识活跃度也降低了，显意识降低时潜意识就有机会活跃起来了。这时两种意识都活跃但是没有达到平衡，会互相争夺控制权，这样就出现了我们能察觉到的异常情况，这就是出体信号。

出体信号是多种多样的、人人不同的，常见的出体信号有：

- 压床
- 震动
- 电流感
- 梦鸣
- 梦体出现
- 梦屏中出现图像
- 被推拉的感觉
- 被隧道或洞吸引的感觉
- 身体变轻要飘起来的感觉
- 身体下沉、坠落的感觉

这里只把信号列出来，信号的具体解释放到第四步，这里先来看看怎么找信号。

本步方法

本步是要选用以下方法中的一种，一直持续或重复这种方法，直到出现上面说的出体信号。注意，同种方法不同人用（或者不同时候用）可能会得到不同的信号，有时一种方法会引出几种不同的信号，这都是正常现象。有了信号以后可以继续用这个方法，等信号强烈一点，就可以转入下一步了。

梦手法

不要动肉体的手，想象透明的不受物质阻碍的“梦手”从肉体的手分离出来，你可以动动它试试，动的方法是用意念去想象，在脑子里形成图像。刚开始形成不了图像也没关系，专注地去想就行。梦手能活动自如以后再将梦手拿到眼前看一看，当然不是睁开肉体眼睛去看，而是用梦眼去看。想象手拿到眼睛前面能看到什么，想象出那个画面后感受一下它的触感，两只梦手互搓，摸摸身体揉揉脸，然后逐渐扩大梦手的范围，感受手臂、脚、腿等部位，最后感觉到自己的整个梦体。

星体绳

想象遥远的星空中垂下一根绳子，自己顺着绳子一直往上爬，当然不是真用手去做爬绳这个动作，只是想象自己在爬绳，一直爬，很用力地爬。你不必去想象出这个画面，只需把注意力放在感觉上，感觉身体的重量、手臂的力量以及手抓绳子的触觉，爬着爬着你就能找到震动、梦鸣等信号。

梦鸣

放松下来仔细听大脑里的声音，有人听到像嗡鸣声，有人听到像电流声、风声、尖锐的啸叫声等。一开始可能只能听到很细微的声音，保持放松并把所有注意力集中，你会觉得越来越清晰，越来越大声，然后把你整个意识都沉浸到这个声音中去。

回忆梦境

如果你有过比较深刻的梦境，或者一再重复的梦境，可以利用它。最好是选择一个记忆最深的梦中场景，大脑里仔细回想那个画面，只要一个场景足以，别想太多，一直专注地想。你可以以此为基础进行发散想象，比如想一下自己在这个场景中接下来要做什么动作等。如果发现自己在想别的，马上回到这个场景来。

呼吸法

专注于自己的呼吸，但是不要去控制，任呼吸自然发生，只是关注它。

梦屏法

前两步你已经放松好了身体，眼睛是闭着的，而且是放松的，这时你把注意力集中到眼前那一片黑暗，不要牵动眼睛用力，而是用意识去感受，多关注，一会儿会有光影、光斑、亮点、线条、流动的色块等，继续去感受这些画面，并且尽量放松精神，就能看到画面，从不清晰的、黑白的画面，到清晰的、彩色的画面。

本步注意事项

注意：很多新人以为本步的这些方法是出体的关键，其实不是，成功的关键在于第二步的放松！在第二步中让身体和精神都达到真正的松弛，进入快要入睡的状态，然后第三步就只需要很短的时间了。如果你有“信号放不大”“信号一会儿就消失了”“有信号也出不了体”“眼睛会自动睁开”等类似的问题，那么请果断返回第二步！

本步方法在执行过程中可能出现几种情况：

◆ 整个过程执行完什么感觉也没有。你可以再试几次，若花了很多时间还是得不到信号，你可以回到第二步重新放松，或者干脆直接放弃，睡觉。

◆ 过程执行中出现出体信号，可以继续当前使用的方法，待信号强烈一点，再转入下一步。

◆ 很多方法在执行过程中会使睡意越来越浓，没关系，不要对抗睡意，出体信号往往就在刚进入睡眠的那一瞬间突然出现。

◆ 如果没有出体信号，直接睡着了，对新人来说再正常不过了，虽然没能主动出体，但也有增加清明梦概率的效果，所以不是失败。

第四步：加强出体信号

再列一次出体信号，这次给这些信号分一下等级。

以下是初级信号：

◆ 压床

以下是低级信号：

◆ 震动　◆ 电流感　◆ 梦鸣

以下是中级信号：

◆ 梦体出现　◆ 梦屏中出现图像

以下是高级信号：

◆ 被推拉的感觉　◆ 被隧道或洞吸引的感觉

◆ 身体变轻要飘起来的感觉　◆ 身体下沉、坠落的感觉

本步目标

第三步中说了，出体信号是显意识和潜意识这两种意识都活跃但是没有达到平衡，互相争夺控制权产生的。这一步就需要达到这种平衡。把处于弱势的意识加强，争夺会更激烈，也就会产生更强的信号。上面给信号分了等级，越高级的信号越接近平衡。

所以本步的目标是，把得到的信号加强，以达到可以出体的状态，或者得到更高级的信号。

本步方法

针对不同的信号使用不同的方法进行加强。

◆ 压床

严格来说，压床其实不算一个出体信号，它是出体信号出现的前奏，是出体过程不顺，显意识和肉体之间还没有调整好而出现的状态。我们练习清明梦不该去刻意追求这种不顺利的效果，但是因为它是可能出现的情况之一，所以这里也解释一下。

压床发生后，首先必须克服恐惧，你要明白不管这时你看到什么、听到什么、感觉到什么，这都是幻象。这里并不存在真正的鬼、黑影或什么想害你的东西，一切都是你心生的幻象，你越恐惧，幻象越清晰。正确的做法是放松，跟随感觉，任其发展。只要你足够放松，压床就会消失，这时你就可以得到更高级的信号，比如忽然全身一松，感觉能动了，这才是真正的出体信号。有了这感觉直接进入第五步。

◆ 震动

比较常见的是手或头部的局部震动感，也有人描述成酥麻或刺麻的感觉，专注这种感觉，把它放大到全身。有时这种感觉会像脉冲一样转瞬即逝，不容易抓住，没关系，继续你在第三步中的方法。记住放松精神，它会一波一波地袭来，慢慢越来越强，过程中也可能出现其他信号。

◆ 电流感

跟震动比较近似，身体局部或整个身体有弱电流通过般酥麻发热的感觉。

◆ 梦鸣

把注意力放到这个声音里，一定要保持精神的放松，你越放松这声音就会越强烈。说到关注声音，并不是要用多大的力量，有的人收到信号后总想着要怎么怎么加强它，于是各种用力，有时眉都皱起来了，弄得显意识越来越强烈，然后就清醒了。这样适得其反，其实你只需要轻松地关注它，加强声音并不是去控制它，而是把控制权让给它。

◆ 梦体出现

就是压床中提到的那种“忽然全身一松，感觉能动了”，它不光出现在压床中，第三步中的别的方法也可能不通过压床直接得到这个出体信号。你感觉到自己忽然能控制身体了，其实这时的身体已经不是肉体，而是你的梦体成功出现了。可以直接进入第五步。

◆ 梦屏中出现图像

这个信号不仅在使用梦屏法时出现，在第三步中使用“回忆梦境”等方法时也可能出现这个信号。只要梦屏有图像就可以把注意力从第三步的方法中转移出来，如果梦屏图像不清晰就把注意力放进梦屏去，去仔细观察梦屏上的东西，直到梦屏变清晰就可以进入第五步。

◆ 被推拉的感觉

压床中也会出现这种感觉，有时不压床也会有，感觉身体被外力（不一定是人）推或拉，要把你从身体里推出去、挤出去的感觉，注意不要对抗它，那是你练习有了成果产生的出体的力量，顺应这力量就行了。进入第五步。

◆ 被隧道或洞吸引的感觉

这种感觉里有时可能看到隧道或洞口的画面，有时候没画面只有感觉，像是隧道或洞口里有力量把自己吸进去。这也是你练习有了成果产生的出体的力量，顺应这力量就行了。进入第五步。

◆ 身体变轻要飘起来的感觉

有一种很舒服的轻飘飘的感觉，有时担心会不会飘走回不来，不用担心，顺其自然，顺应这力量就行了。进入第五步。

◆ 身体下沉、坠落的感觉

感觉身体很沉重，要往下坠落，这也是你练习有了成果产生的出体的力量，顺应这力量就行了。进入第五步。

本步注意事项

新手可能不知道那些信号要加强到什么程度才合适，可以不用纠结这个问题，这没有一个量化的标准，信号的强弱只要随意控制就可以。只要自己觉得差不多了就可以进入第五步，如果第五步出体出不去就再回到这一步加强信号。

第五步：出体

收到第四步的信号后，接下来距离成功只差一步，那就是出体，这时你要控制的是你的梦体，而不是真正的肉体。

本步目标

控制梦体进入清明梦境。

本步方法

根据得到信号的不同，选择不同的出体方法。

◆ 高等级信号

凡是有力的作用的信号，包括“被推拉的感觉”“被隧道或洞吸引的感觉”“身体变轻要飘起来的感觉”“身体下沉、坠落的感觉”。这些高级信号里有力的引导，这样的信号非常好用，只需要让梦体跟随着力的牵引，跟它去就行了。

有时你会感觉到自己从肉体里被那些力推了出来。出现在自己睡觉的地方附近，飘在身体上方或沉到床底下，被推到身体旁边床上等，这时只需要直接翻身下床就可以了。

有时你会被那些力量牵引，感觉像穿过一个隧道，或者直接瞬移，来到别的地方。这是切换了场景，也是出体成功了。

◆ 中低等信号

出现压床、震动、电流感、梦鸣、梦体等这些没有力的出体信号，就需要你自己出一点力了。一般来说这时还是感觉自己睡在床上的，很简单，让梦体从床上起来就行了。与肉体下床不同的是，你现在控制的是灵体，由于是从清醒状态带着意识入梦，所以我们一直记得自己睡在床上。大多数时候潜意识的惯性思维会为自己创造一个梦体在肉体体内的感觉，这样梦体就需要先从潜意识创造的肉体的幻象里出来，感觉就像灵魂从肉体里出来一样。但是你要知道成功做到这一步已经是在梦的边缘了，实际上你是从肉体的幻象里出来。你可以选用这些方法：

直接起床：像平常起床那样先让梦体坐起来然后下床。

就地打滚：你也可以让梦体来个就地打滚儿，先从肉体里滚出来再下床。

飘浮法：想象梦体很轻，从身体里飘浮出来。

下沉法：想象梦体很重，或床上有个洞，梦体直接沉下去。

瞬移法：想象自己瞬移到旁边去。

换景法：想象场景瞬间变成别的地方。

找帮手：周围任何能动的东西都可以用来帮你，到了这一步已经进入梦境了，一切东西都是你的意识制造的，所以你都能控制，看见个能动的就命令他来帮你就行。

脱离肉体的时候有时会感觉到肉体的牵连，从肉体出来有种撕裂的感觉，不会痛，挺有意思的，有点像撕掉创可贴的感觉。熟练以后这个过程完全没难度，很自然地起床就行了。

出来以后你可以试着回头看看睡在床上的自己，有时候看不见，有时候可以看见，但是仔细看会发现跟真的自己不一样，因为那不是你真正的身体，是你潜意识创造的身体的幻象。

出体的练习时机

练习出体的时机是“在醒的状态准备进入睡眠”，所有这样的时机都是练习出体的机会，具体说来包括：

- 每晚在正常睡觉时间上床准备入睡
- 半夜醒来准备再次入睡
- 早上已醒来，准备赖一会儿床
- 中午午睡
- 白天任何时间的小睡

每个人的体质不同，适合各自的练习时机也不一样，所以你尽可以多尝试，次数多了以后总结一下自己哪个时候练习效果更佳。

另外说一下回笼觉，回笼觉因为是刚刚从睡眠中醒来，肉体和显意识活性都还处在较低水平，这个状态使第二步的放松很容易达到满意效果，所以是一个非常好的练习时机，成功率往往比较高。如果你有半夜自然醒来的习惯，就可以利用这个机会，如果你半夜不能自然醒，那么可以使用闹钟，但是注意，闹钟和回笼觉的方法可能会影响正常睡眠，需要保证睡眠质量的朋友不宜多用。

出体流程图

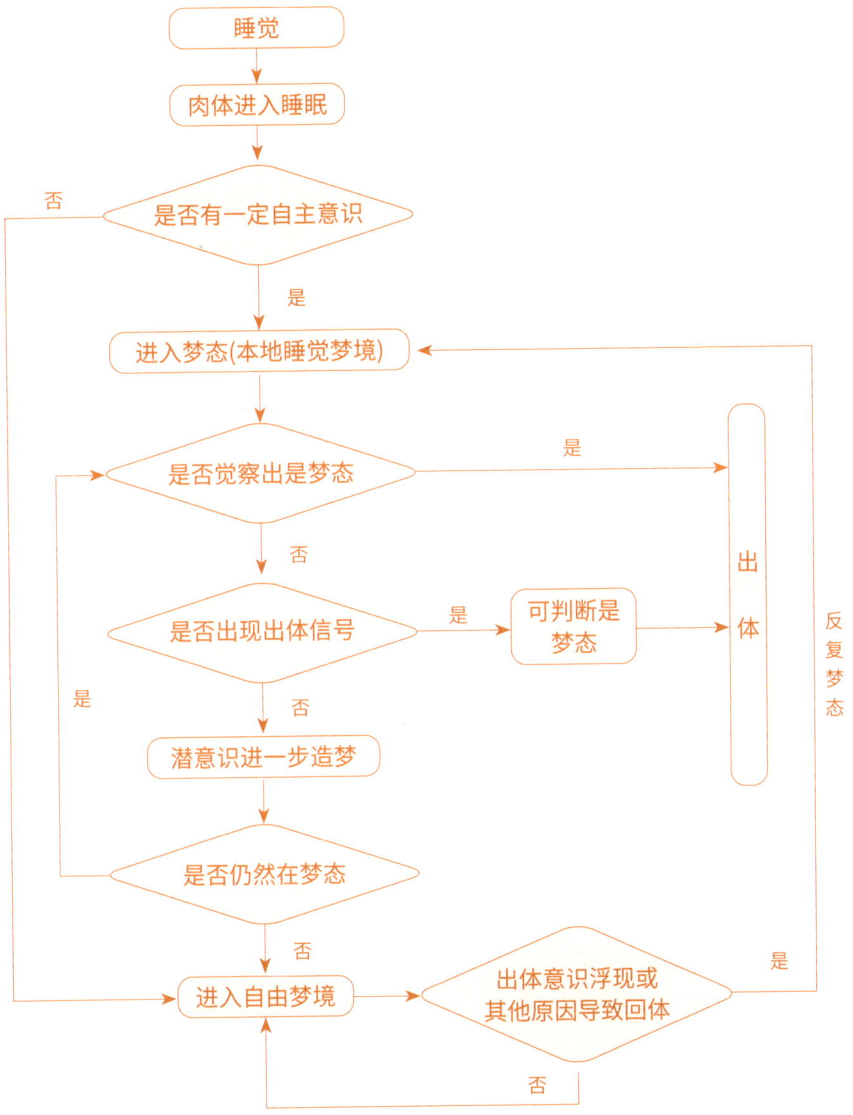

By 追梦蚂蚁

出体三部曲

第一步：获得梦态

所有的出体，都是从梦态开始的。出体的能力首先取决于制造梦态的能力。

那么，什么情况下会产生梦态呢？或者说，怎样才会出现自己躺在床上睡觉的梦境呢？

当我们在睡觉时，如果某些意识存在，就容易产生梦态。这些意识我们统称为“清明意识”。清明意识包括：自主意识、清明梦意识、出体意识、知梦意识、梦鸣梦震意识、梦屏意识，等等。总之，这些和清明梦相关的意识，都可以称为“清明意识”。

当这些清明意识在睡梦中冒头的时候，潜意识和梦体会受到影响，有一定几率产生回体现象从而出现梦态。

梦态又分为临界梦态和反复梦态。

从出体流程图中可以看到，如果我们在睡前一直保持自主意识，就有可能在入梦阶段获得梦态，这种梦态是临界梦态。如果我们进入了普通梦，自主意识就已经丢掉了，此后出现的梦态就不是临界梦态了，在梦的中间阶段出现的，称为反复梦态，因为它可能反复出现，比如我们中途的假醒就是一种反复梦态。

临界梦态特点：

发生于入梦阶段，时间短，机会少；主要由保持自主意识导致；出体信号相对较强烈；梦境相对较浅，离体难度相对较大。

反复梦态特点：

发生在梦境中途的任何阶段；出现机会较多；由植入的“清明意识”或者梦境回体导致；出体信号相对较弱；梦境相对较深，离体相对容易。

目前国内最新的出体技术，基本上都是以反复梦态为重点。反复梦态在实战中出现的几率比临界梦态要多得多，大多数的出体发生于反复梦态。

实战中常见的反复梦态有：

1. 由植入的清明意识冒头导致的梦态。

2. 中途被弄醒，出现的假醒或者迅速入梦产生的梦态。

3. 半梦半醒状态，通常都是梦态。

4. 睡眠环境或者心理因素导致睡觉不踏实，容易产生梦态。

5. 梦主本人睡觉比较警觉或者睡眠较浅容易产生梦态。

6. 梦控师回体或掉线，也都属于梦态。

每一个梦态，都是一次出体的机会。梦态时一般没有情节干扰，容易出现自我思维，从而方便进入到出体三部曲的第二步：识别梦态。

第二步：识别梦态

第一步成功后，我们将是躺在床上睡觉的状态，但是这个时候又出现了一个新情况。我们怎么知道，自己到底是处于梦境中的梦态还是现实中的睡态呢？两种情况都是一模一样地躺在床上睡觉。

实战中，即便我们处于梦态，基于固有意识，我们往往也会下意识地以为自己没睡着。大多数情况下，新手会把梦态当睡态，从而错过出体机会。

所以，我们要改变一下自己的固有意识，培养一个梦态意识，这点非常重要。当我们处于半梦半醒，貌似没睡着的时候，可以想一下：我是不是有可能在梦态呢？当我们中途醒来的时候，不要急着睁眼或者动身体，而是想一下：我是不是有可能在梦态呢？能做到以上这些就表示具有一定的梦态意识了，你的出体率也必然会大增。

接下来就是识别梦态的技术活了。如何确定自己是否处于梦态呢？比方说，你设置了手环震动提醒，果然半夜醒了，此时你发现自己是躺在床上睡觉的状态，请问：你是在梦态呢？还是在睡态呢？如何识别？

1. 有出体信号

有一种梦态，不需要我们识别，因为自动会出现出体信号，这些信号就等于明确告诉你，你已经在梦态了，可以出体了。这种梦态就是“有出体信号的梦态”。

当“清明意识”在睡梦中冒头的时候，不但容易出现梦态，而且有一定几率引发出体信号。如果该意识带有出体信号诱导效应，出体信号的引发率就更高。

所以，我们在睡觉的任何阶段，只要做带有出体信号诱导效果的“清明意识”的暗示，就有机会制造出这种“有出体信号的梦态”，大多数常规的出体方法都是基于此原理。后面介绍的“出体呼吸法”就属于这一类。

2. 没有出体信号

有的梦态，是没有出体信号的，比如那些不是由“清明意识”冒头引发的梦态，就没有出体信号。这种梦态就是“没有出体信号的梦态”。

最常见的就是中途醒来的梦态。比如蚂蚁前面的提问：你设置了手环震动提醒，果然半夜醒了，此时你发现自己是躺在床上睡觉的状态，那么你是在梦态呢？还是在睡态呢？如何识别呢？

介绍两种方法，一是原地识别，二是扳指验梦。

原地识别

原地识别，指的是不睁眼不动肢体的情况下识别梦态。以下方法都可以：

① 感觉一下自己左手无名指。如感觉不到，则基本是梦态。

② 诱导一下出体信号，比如意念放在耳边，召唤一下梦鸣，信号出现则是梦态。

③ 想象有人用镊子夹了一下你的眉毛或睫毛，有被夹的感觉，则是梦态。

④ 舌头稍用力抵后槽牙如能抵动牙齿或者轻轻咬舌却能咬透，都说明是梦态。

⑤ 有经验的梦友也可当成掉线回体处理，进行掉线续传。

上面的原理很简单，就是在躺着不动的前提下把梦给验了。

原地识别，对梦控师来说是比较基础但又相当重要的技术。不仅是对于出体，对于控梦掉线时判断状态，也非常有帮助。

扳指验梦

直接扳指验梦，验梦成功则必然是梦态。

梦态存在入梦深浅不同的状况。如果我们感觉难以动身，或者觉得一动就会醒时，建议先做原地识别，识别成功后再起身或者扳指验梦。如果是“老司机”遇到老梦态，凭经验处理即可。

梦友“梦千秋”在使用梦控手环时，发明了“十秒倒数出体法”，即在手环或闹钟震醒后，不要动，倒数十秒，然后扳指验梦。这个方法在实战中适用于新手，也是目前成功率比较高的出体方法。通过十秒的倒数，可以起到排除干扰稳定梦态的作用，能帮助新手简便有效地操作出体。

第三步：进入自由梦境

这是最后一步，现在你已经知道自己处于梦态，进入清明梦了。但是现在的你仍然躺在床上，需要起床才能进入更自由的梦境里。

但是你会发现起床不是像往常那样轻轻松松的事情了，梦体往往有一定程度的受限，不容易操作，我们需要潜意识的帮助才能顺利起床进入自由的梦境。经验丰富的梦控师可以自如运用他所熟练的潜意识技巧，新手则可从下面介绍的简单方式入手。

扳床法

如果发现直接起身困难，可以用手扳床沿，借力翻身下床。

开门起身术

认定门就在你身边，伸手去抓门锁柄，一把抓住（卧室门是一种较深的潜意识原型，基本上是一抓就有的），手感一出，就可以顺势带起身。接下来开门的时候，如果有闲情逸致，还可以想一想门外面是什么，顺便玩一把开门穿越。

不单单是清醒入梦的出体，凡是梦体躺着或者旁观的状态，都可以用这个方法起身并带出本尊，比如梦屏、压床、假醒或掉线等。

开门术同时还是梦界换景的常用方法，如果想去特定的目的地，就在开门的时候加一个“门外就是目的地”的期待。还有，如果清明梦里遇到黑得看不见的情况，也可以同理摸门开门，只要认定门外是大白天，推开门就是一个青天白日了。

开门术简单实用，用途广泛，因此，也是蚂蚁推荐大家掌握的一项基本技术。

另外，在出体困难时，也可暗示自己身为灵魂状态，模仿电影中灵魂出窍的场景坐起来出体；或者暗示有人在旁边拉你出来等，这些方法本质上都是借助潜意识来帮助梦体脱离。

调整起身术

有时候你会发觉自己连身体的四肢都感觉不到，什么扳床沿、开门术等技术根本使不上，这说明梦体活性不足，可以进行调整。念头聚焦在头部，召唤出梦鸣，然后用意念放大梦鸣信号，此时耳边的梦鸣声音会越来越大，直到听见刺耳的轰鸣声。此时你会突然觉得头一沉，这就是最好的时机了，什么也不用想，立刻像平常一样直接起身就可以了。

清醒入梦

清醒入梦和梦中知梦，是获得清明梦的两大方向，这两者的主要区别为：一个主动，一个被动。清醒入梦的目的是通过临睡时一系列技术主动获得清明梦，知梦过程在梦友预料之中；而梦中知梦则发生在完全入梦以后，梦友无法事先预料如何知梦。

经常看到有人将方法分类，比如这个属于清醒入梦，那个属于梦中知梦。其实，具体要看实战，同样的一种方法，如果睡前一直练，主动等到扳机或信号到来，那就是清醒入梦；如果不等扳机，练完就睡，当梦体四方神游，就属于梦中知梦了。最简单的暗示法，躺在床上，一直保持要出体的暗示，坐等临界点的出体信号，这就是清醒入梦；如果暗示一会儿就睡觉，就属于梦中知梦。

总而言之，清醒入梦最大的特点就是其主动性，因此也称为主动入梦。一句话概括清醒入梦的本质，就是“主动扳机”。

扳机，指的是能引发梦友疑梦进而知梦的场景。纵观所有的清醒入梦，都是通过临睡时一系列方法，得到一个预料中的场景——此为主动获取扳机的过程；此场景一出，梦友就知道自己是在梦中——此为扳机知梦的过程。因此，清醒入梦本质上是一个主动制造扳机的过程。

前面提到过清醒入梦和出体是不同的概念，我再解释一下。

◆ 清醒入梦的主要目的是创造主动扳机，包括针对各种不同的扳机衍生出来的很多方法，在含义上比出体要广得多。

◆ 清醒入梦发生在入梦初始阶段，此时梦体多半处于本地状态，所以会经常使用出体技术，此时的出体可以说是清醒入梦的一个步骤。

◆ 出体这种技术，并不专属于清醒入梦。任何本地知梦的情况下，都可以用到出体技术，很多梦中知梦的情况下也会用到出体技术，比如梦中出现鬼压床可以压床出体、第三视角的梦可以梦屏出体等。

主动创造扳机，主动知梦，无需意识培养就能迅速体验到清明梦，听起来很不错的样子。不过，好东西自然就需要付出更多的代价；清醒入梦的弊端也同样明显，其对正常睡眠干扰比较大，更费时耗神，容易造成失眠，难以长期坚持；对于大多数人来说，清醒入梦的难度比较高。

扳机有很多种，主动产生扳机的手段也各式各样，由此就衍生出了五花八门的清醒入梦方法。蚂蚁进行了分类总结，以下方法都可以用于清醒入梦，在入梦阶段主动创造出预计中的扳机。

1.信号法

扳机为传统的出体信号，主要是震动、耳鸣、过电感等；一出现出体信号，梦友应该知道已经入梦。任何清醒入梦法都可能触发出体信号，其中最著名的是门罗出体法。

2.压床法

扳机为压床现象，一意识到压床就应该知道是在梦中。

3.梦屏法

扳机为梦屏有像，一出现梦屏有像，可由此知梦。

4.梦鸣法

扳机为出现梦鸣，出现异常的耳鸣或者其他异响，可由此知梦。

5.梦手法

扳机为梦手出现触感。想象让手重复做一个动作，当梦手突然出现触感时，可由此知梦。依靠此原理可以衍生出很多方法，比如有名的星体绳法，就是依靠拉绳子获得触感而知梦。

6.梦引法

也有人称之为观想法，以想象情节为梦引，当情节自动展开，五感呈现或者有身临其境的代入感时，可由此知梦。梦屏观想法、本尊入梦法、开车入梦法等都可归于此类。

7.切换法

结合信号梦屏、梦鸣、梦手等多种方法，进行组合切换，出现任何一个扳机，可由此知梦。

8.隧道法

扳机为启动了梦界隧道。比如下楼梯的方法，走着走着，一脚踏空，被隧道吸走，可由此知梦。

9.直觉法

扳机为突然意识到梦体在运作。这是一种经验的积累，要求人对临界点状态比较熟悉，对梦体和肉体的区分比较敏感，在入梦阶段一旦出现这种直觉，可由此知梦。

10.反复梦境法

扳机为一段梦境反复出现。通常是为某事非常担心或纠结的心理状态，导致睡不安稳，梦了醒，醒了梦，一段梦境反复出现，如此再次出现时心中可以预知，此梦境一出即知梦。

11.孵梦法

扳机为孵出预定扳机。比如孵噩梦，临睡前想象一些恐怖情节，如果当即出现噩梦扳机而知梦，也算清醒入梦。

12.续梦法

扳机为续梦成功。通常发生在一个梦刚结束又迅速进入下一个梦，而且可以保留一定的清醒意识并续上原来的梦，从而知梦；醒后抓住梦屏知梦也可算是续梦法。

13.忘我法

这种方法常见于专业修行领域。通过入定彻底忘记本我（第一意识）后，梦我（第二意识）将自动出现，就是清明梦状态；如果继续消除第二意识，就是入定的状态，即佛道认为的觉知本源的前提。

扳机为幻象出现或者自动出体——佛道人士会认为是魔像出现，需要进一步破幻入定。其实，我们小时候容易出现的走神发呆、上课神游方外，我认为也可归于此类，本质上类似于第二意识显现的清明梦。

14.暗示法

扳机为暗示的场景出现。常见的暗示法有：抱着强烈的出体意愿睡觉等待信号来临；或者抱着知梦的意愿睡觉等待知梦；或者抱着假醒的意愿睡觉等待假醒。如果在梦中很快出现等待的场景，就属于清醒入梦。

15.催眠法

通过催眠技巧，直接进入梦境，但是保留自身的意识，此为催眠式清醒入梦。

16.梦修法

梦瑜伽、梦观成就法、道家睡功等梦修法门。通常是以脉轮观想、特殊手印或者睡姿等方式清醒入梦。

17.假醒法

扳机为假醒验梦成功。假醒的主要原因来自睡前的暗示，这种暗示潜伏在意识深处，影响到睡眠，将增加中途假醒或半梦半醒的概率。如果能在入梦后出现假醒并能立刻识破，也属于清醒入梦。

为什么会出现这些扳机?

通常，我们认为清醒入梦的扳机发生在梦醒的临界点，也习惯用“临界点”“显梦共存”“醒着入梦”这些词来描述清醒入梦的关键状态。从大方向理解，这是没什么错的，但是，蚂蚁认为在细节上并不十分准确，有必要补充说明一下。

其实，绝大部分的梦友在入梦的时候，显意识就已经丢了，只是在睡前将出体或梦屏等“清明梦意识”植入到潜意识里潜伏了起来——这个才是清醒入梦的真正目的。能不能出体，就看这个潜意识里的清明梦意识能否在入梦后浮出来以及什么时候浮出来。如果浮出来的时候，梦体还处在未出关的本地状态，就会引发出体信号；如果浮出来的时候，梦体刚刚出关，那就是没有出体信号的原地起身；如果浮出来的时候，梦体已经漫游，那就是类似假醒的回体起身。当然，如果再也不浮出来了，就是清醒入梦失败。

所以，严格来说，清醒入梦并非绝对的“醒着入梦”，也不是发生在绝对的“梦醒临界点”，其工作原理和梦中知梦是一样的，即靠潜意识启动的扳机而知梦。只不过，清醒入梦在方法上，需要运用强度更大、更密集、更持续的暗示，以及刻意将清明梦意识拖入梦境潜意识的手段，以求最大化启动预埋的扳机。

也可由此推测出，清醒入梦的本质，是向潜意识主动植入特定的清明梦意识。而出体的关键就在于，能否让此清明梦意识在随后接班的潜意识里占个前排的位置，如此就可能在入梦阶段启动，从而引发提示度相当高的出体信号。通常的方法如下：

◆ 睡前尽量保持清明梦意识，拖到入梦的潜意识阶段。

◆暗示越多越强烈，就能占个前排好位置。

◆回笼觉的时候，睡前暗示更容易进入潜意识，所以要好好利用。

当然，不排除有人能做到全程醒着入梦，一般是发生在多年修行的和尚、道士或居士身上，对心境要求极高，普通人较为少见。

第五章 鬼压床

鬼压床现象

睡觉时，意识突然清醒了，但发现自己全身不能动弹，头昏脑胀很难受，喊不出声，要挣扎好一阵才能真正醒过来。这就是鬼压床，简称压床，也叫鬼压身、梦魇等，医学上称睡眠瘫痪症，也称为睡眠麻痹症，是一种常见的睡眠现象，多发于青少年。

压床的症状有轻有重，常见的症状有：

◆眼睛睁不开。

◆身体像被什么东西压着。

◆有种往下掉的感觉。

◆呼吸不顺，胸闷难受。

◆挣扎时耳鸣。

◆喊话喊不出，好容易喊出声音，醒来发现也是假的。

◆有时挣扎着似乎能动了，等真正清醒后才发现刚才是假的，没有动。

◆有时会看到很逼真的画面（通常是恐怖的影像），偶尔有逼真的触觉（凉、麻、痛等），或是清晰地听到人或物发出的声音，但是身体依然不听指挥。

主流学界解释

主流社会对鬼压床的认识，主要来自科学界的解释，以下是百度百科中对鬼压床的科学解释。

鬼压床，指睡觉的时候突然有了知觉，但是身体不能动。在睡眠神经医学上，这属于一种睡眠瘫痪的症状。睡眠周期依序是由入睡期、浅睡期、熟睡期、深睡期，最后进入快速眼动期（做梦期）。睡眠瘫痪症发生在睡眠周期中的快速眼动期，快速眼动期正是我们进入熟睡开始做梦的睡眠周期。在快速眼球运动睡眠状态下，人的做梦活动加速，身体随意肌开始静止，这种临时性瘫痪有时会导致患者在梦醒后仍然无法动弹。在快速眼动期中，我们的骨骼肌除了呼吸肌和眼肌外，都处于极低张力的状态。这是一种保护作用，可以避免我们随着梦境做出动作，而伤害到自己或是枕边人。而睡眠瘫痪症则是在快速眼动期中，意识已清醒过来，但是肢体的肌肉仍停留在低张力状态，造成不听意识指挥的情形。身体出现不正常状况而大脑无法解释，加上恐惧的幻想，造成幻觉现象。

鬼压床在午休和晚间睡眠时都有可能发生。其实，这种情形跟鬼怪根本无关，在医学上有一个正规的学名：睡眠瘫痪症。

睡眠瘫痪症通常发生在刚入睡或是将醒未醒时，患者觉得自己已醒了过来，可以听见周遭的声音及看到周围的影像，但是身体却动弹不得，也发不出声音来，有时还会有幻觉。多数人在这个时候会觉得恐慌，所幸这种情形多半在几分钟内会自己慢慢地或突然地恢复肢体的动作。因为在发作时的恐慌感觉，很多人在醒来之后会觉得害怕，而本能地认为是被什么不明物体压制所造成，所以才会有“鬼压床”的说法。

蚂蚁观点

鬼压床是清明梦里最常见的课题之一。最开始蚂蚁对鬼压床的科学解释也是深信不疑，谁会没事去怀疑这个呢？但是随着时间的积累，我开始觉得好多现象解释不通，仔细分析后愈发觉得主流科学的解释有漏洞。

即便后来，我心里已经弄清楚这个漏洞的来龙去脉了，但是也心存疑虑，一是我还有些地方没有想透彻，需要临床的验证。二是我觉得在科学如此发达的时代，不太可能出现这样的问题！有可能还是自己弄错了。

直到2016年，我与西京医院睡眠中心合作，做了一系列清明梦方面的科学研究，了解到睡眠与压床的临床方法和原理以后，才彻底坚定了我的个人判断：目前主流学界对鬼压床的解释存在错误。

蚂蚁观点：

1. 鬼压床出现的不能动的麻痹现象，发生于梦体，与肌肉张力没有任何关系；

2. 鬼压床是人体睡眠警报机制的一次警报行为，目的是强制唤醒；

3. 目前鬼压床的临床治疗方案存在错误。

蚂蚁认为，该错误主要源于西方医学界，不但曲解了鬼压床的真相，也引导了大众对鬼压床的错误对待，以及错误的临床治疗方法，更埋没了鬼压床背后蕴藏的珍贵价值。当然，这只是蚂蚁的一家之言，欢迎探讨。具体解释可见本书最后附录文章：《论西方医学界对鬼压床的错解》。

压床出体

世界上恐怕没有人比梦控师更了解鬼压床了。鬼压床，听起来很可怕，实际上它和美妙的清明梦，只有一层窗户纸的距离。只要具备基本的清明梦知识，就能轻松将痛苦烦恼的压床转化为一次愉快的清明梦之旅。

诗云："噩梦去无踪，美梦更出众，若是鬼压床，请转清明梦。"鬼压床转清明梦，是所有清明梦技巧中最方便的途径。

我们来看看鬼压床和清明梦的终极关系？

① 鬼压床是梦；

② 此时意识已经清醒，很清楚自己压床了。

看到这里已经很明显了，鬼压床发生时，人的意识醒了，但实际上还在梦里，呼吸不畅、身体被压、幻听幻视等，都是梦境，只要正确地意识到自己在做梦，就是清明梦。

更确切地说，鬼压床是一种梦态，即本地清明梦。梦友身处本床，却动弹不得，不能自由活动，需要使用一些离床起身的技术才能使梦体下床，从而开展神奇的清明梦之旅。而这种梦体离床起身的过程，就是我们前面介绍过的出体，在鬼压床的例子里称作“压床出体”。

压床出体的方法

① 不要挣扎，相反，应该告诉自己，现在是一个机会，我已进入盗梦空间，我不能醒，我要控梦。

② 不要理会眼前的各种症状，鬼压床不会把自己怎么样，眼前的都是梦境，最坏的结果不过就是一醒。

③ 尽量放松，心理和身体都放松，将注意力转移到对身体的调动上。随着注意力的转移和放松，不适的症状会大幅减轻，恐怖的景象会暂停或消失。

④ 放松的状态下，开始调动身体，你的心里要明白，我现在操纵的是梦体，现实中肉身还在睡觉的状态，那个身体是绝对不会动的。

⑤ 可以通过直接起身、翻身、伸手扳床沿等方法下床，如果不行，则可从小部位动起来，比如先动手指，再到手掌、手臂到整只手，用手抓物，带起全身。

⑥ 如果仍然动不了，则可用一点潜意识引导的技巧。如：想象自己的身体和天花板是磁体正负两极，天花板一下将你的身体吸过去；想象床是一个拉紧的弹簧，突然一下把你弹出去；想象有股强力出现拉扯你，拉手或脚都可以；想象自己是被捆绑的神仙，像电视剧里一样金蝉脱壳。

⑦ 当你发现自己能自由活动了，就是成功解除了梦体麻痹，只要梦体一自由，所有的不适症状都将无影无踪，你会发现自己轻松自在、无比轻盈，神通自足。

刚刚的一切就好似“灵魂出窍”一般，回过头看甚至可以看到床上自己睡着的身体。第一次的时候梦友大多会被这种体验震撼到，次数多了也就见怪不怪了，多半一自由就直接冲过窗户一飞冲天了！

压床很多时候发生在相对较深的睡眠阶段，人想醒都难，挣扎着都醒不了，很多人对此恐惧，殊不知对于梦控师却是一个好机会，其好处表现在：

1. 压床出体成功率高

前面讨论过的清醒入梦的出体多半发生在入梦阶段，睡眠不深，其中一个难点就在于信号好不容易来了，操作离体时却很容易醒，从而出体失败，而压床时想醒都难，不用担心醒的问题，成功率大增。

2.对离体技术要求不高

因为不用担心醒，所有就有充足的时间慢慢折腾，不像门罗出体等对离体的技术要求快、准、狠。压床出体主要是要消除压床带来的沉重感、压迫感和恐惧感以及肉体对梦体的吸附力。恐惧感是心理因素，当注意力转移到出体上面，恐惧感自然就消失了。尽量放松，想象自己是轻盈的，沉重感、压迫感也会消失。一旦身体放松，就可以起身了。

3.出体后的清明梦质量比较高

压床出体后的清明梦通常耗时较长，质量也高一点，主要原因仍然是压床时处于更深的睡眠。

4.连续压床

压床者醒后，如果接着睡往往还会继续压床，这也是很多人梦魇后不敢再睡的原因之一。但对于梦控师来说就是好事了，可以反复利用这种状态从容进入压床态，实现预定的出体计划或者后面讲到的天才态计划等等。

总而言之，鬼压床是一次自然知梦的机会，把握住了就是一次清明梦，而且多半是神勇状态的清明梦。有过此经验，梦友对鬼压床就不再惊慌失措了，反而会满心期待。但是，从今往后的日子里，鬼压床往往会消失无踪，不再光顾，正应了那句："越是盼望越得不到。"清明梦吧曾做过大量统计，清明梦对鬼压床困扰的治愈率是100%，而且立竿见影！这也间接证明了压床的确和鬼无关，与心理才有莫大的关系。

鬼压床是一个普遍存在的睡眠现象，本质上只是一个暂时不适的梦境，醒来就没事了，对身体健康也不会造成不良影响。但是对一些重症鬼压床患者来说，却会对生活造成困扰，甚至成为精神痼疾。对于这些患者来说，清明梦是最好的灵丹妙药。

当大多数人遭遇鬼压床挣扎想醒过来时，梦控师反其道而行之，通过小技巧，将难受的鬼压床转化为轻松自在无所不能的清明梦，化腐朽为神奇，一念间冰火两重天，打开一个新天地。

压床天才态

“压床天才态”的概念首先来自于蚂蚁2011年的一篇追梦日记。

2011年3月23日

10:14a.m.，普通梦，我听到一首歌，判断还不错，我条件反射地觉醒，当时就抓住后面两句，反复哼唱，随手抓起床头的手机，录下来。录完后，我侧身躺在床上，感觉脑袋有点闷闷的，我开始怀疑刚才是不是真的录下来了，搞不好是一次假醒。（类似这种录音被假醒所骗的经历我有过很多次，现在想要骗我不容易。）

于是我翻身抓手机，又录了一次，但还是有疑惑，我再去录了一次，如此三次了，仍然觉得不对，加上脑袋里那种压抑的感觉，我知道自己是处在压床状态了。然后我又去抓了一下手机，这次我把手机一掰，果然掰弯了，确认自己是压床，本来我想挣扎着醒来把那首歌给录了，但是随即想，其实那首歌没有那么好，不要也罢，不如趁压床好好体会一下。

本来有很多种玩法，但是今天我还是想找找音乐素材。我没有启动梦屏，而是直接开始唱歌，我想要一首汪峰的《春天里》那种风格的歌，结果直接进入最佳作曲状态，感觉歌曲随口而出，要什么有什么，行云流水，梦里配乐自然配合，音效随心所欲，浑然天成。我唱的时候想，加点混响吧，更摇滚一点吧，音色变变吧，统统从善如流，太神奇了。虽然以前在清明梦里多次听歌，但是每次都像打仗一样，醒力虎视眈眈啊，不得不抓住几句就赶紧撤。而今天却丝毫不用担心醒的问题，可以好整以暇，唱了一遍又一遍，甚至还有闲情留心歌词部分，这种状态下记梦的能力大幅提高了，如此几遍后我觉得歌曲的副歌部分很给力，一使劲，真正醒来了，赶紧录下来。今天得到的音乐素材质量很高，词曲兼备，有四句，我很满意。

收获

压床的状态=不醒之身+绝对清明+灵感源头。

压床时处于梦境，灵感可以任意调取，而且压床时不容易醒，使得梦控师有足够的时间记下灵感。在这种状态下，如同科幻小说中的“变身”，人的右脑潜能释放，普通人成为灵感泉涌的天才！

如果能好好研究，说不定可以成为开发创造力的一个新模式，而且中国压床者数量巨大，这方面的研究是有一定可行性的。

思考

从梦体理论看，压床是做梦过程中梦体回体的现象。一些常见的梦况，比如梦中出现坠落感，睡觉时全身突然震抖一下，同时有从高处坠落的感觉，都属于梦体回体，也可以说是轻微压床。程度更深一些的回体就是假醒，不过受限不大，梦友可以轻松起身。程度最深的回体就是压床了，梦体受限较大，难以动弹。

如果压床后转出体，梦体离开肉体后，一旦知梦，就产生了回体力，这个回体力也是一种醒力；如果梦体待在原地，不出体，回体力会小许多，因此比一般的知梦更不容易醒。

这个理论可以解释一些压床出体的现象：

◆ 压床发生时，大家普遍的感觉是想醒醒不了，此时梦体待在肉体里，几乎是不醒之身。

◆ 压床者如果想离体转清明梦，会发现很困难，动弹不得。也就是说，肉体对梦体的吸附力很强，梦体不容易出去。

◆ 一旦压床出体成功，离体后就和一般的清明梦没有区别。从许多实例来看，梦体离开肉体后，回体力开始起作用，梦体更容易崩溃而醒。

◆ 压床出体者，容易出现假醒，就是梦体重弹回肉身的情况。

由此带来的想法是：压床对于我是偶尔一遇，但是知梦几乎是每天的事情，如果回体力和“梦体脱离肉身”有一定关系，那么清明梦里主动回体，可不可以复制这种压床状态呢？这个问题值得深入探索（例如收梦术、回体术、梦中压床的研究）。

实战讲解

梦控师遇到压床，常规的方法是起身转清明梦，化压床为一趟神奇的清明梦之旅。而现在，多了一种选择，可以待在原地不起身，利用不醒之身在原地体验，比如可以看梦屏，等图像出来后，练习梦屏触屏法，锻炼控梦的能力。梦屏里可以点击播放歌曲、MV、游戏、网站等，这些都是现实中没有的灵感源泉。等练熟了，还可以翻出想要的场景，自如地梦屏入境，实现穿越功能。

压床是一种特殊的清明梦，压床者已经是清明梦先天第六级以上水平，利用好压床状态，是清明梦升级的一个快捷方式。等到清明梦里的时值增加了，对梦感、控梦水平、梦屏调节等方面是一种进阶，也将进一步加强其他如梦中知梦、清醒入梦的能力。

如果是重度压床，伴随头部不适、呼吸困难等症状，则可先在原地解决此症状，比如放松、调整呼吸等。如果此类症状无法解除，则可以选择出体，只要一出体，这些不适症状立刻就会消失。

天才态探源

为什么会出现这种超觉的天才态呢？

首先，压床是梦，天才态就是梦的奥秘。心理学大师荣格提出了梦是集体潜意识的概念。所谓集体潜意识，就是人类从古到今刻入遗传基因的智慧，是人类的智慧之源、灵感之泉。我们每个人的梦境都处在集体潜意识之中，自动接通了智慧之源。看看梦境给人类带来的灵感实例就知道了：梦本身就是天才态。

可惜的是，大多数人在做梦时不知道自己在做梦，所以没有能力主动使用这个灵感之泉。而梦控师则能够主动利用这座天才的宝藏大山。最简单的例子：可以在梦里掏出手机，播放一首动听的歌曲，这首歌曲不但是你从来没听过的，而且其水平之高可能世所罕见，只要你能记下来，就是音乐大师。同样的方法可以找绘画、建筑、诗词、创意等方面的灵感，此话真实不虚！

另外，西方科学家的研究表明：人在鬼压床（梦魇）时大脑会产生大量的“阿尔法波”，这是一种对人的学习和思考有好处的脑电波。因为在这种状态下，身心能量耗费最少，相对地脑部所获得的能量较高，运作就会更加快速、顺畅。这些研究为压床天才态提供了一定科学依据。

压床时知道自己是做梦，就是清明梦，显意识已经连通了集体潜意识的灵感之源；压床不易醒使得灵感更容易抓取；压床案例在中国数量巨多，清明梦是解决压床的最佳方法；这些因素使得“压床天才态”的实用性大大提高，是清明梦领域一个很有前景的应用。

第六章 梦屏

梦屏2.0

梦屏，是清明梦领域的重要技术，由追梦蚂蚁于2010年在百度清明梦吧发表。该技术体系完整、原理清晰、操作简便，对于清明梦的理解以及在出体知梦及控梦的应用上，产生了良好的效果。下面介绍的是梦屏2.0版本。

梦屏，即我们在闭眼状态下眼前看到的屏幕，平时在清醒状态下看到的是没有影像的暗屏，但是在做梦状态下是能看到影像的，就像放电影的屏幕，所以称为梦屏。

梦屏中显示的内容和梦境的进程相关，刚开始入梦，梦屏最初可能只是一些雪花、旋涡、小点等图像，接着是白屏，然后是模糊的画面，再逐渐变成清晰的画面，最后出现情节。在刚醒的时候，顺序则是倒过来。一般来说，没有经过训练的普通人没有看梦屏的习惯，睡觉时也不会注意到这些，而经过训练的梦控师则可以掌握梦屏的奥秘。

在梦屏中看到影像时，只要能意识到此为梦屏，就能知梦，此过程为“抓屏知梦”。梦屏训练也可以称为抓屏训练。

梦屏通常是在入梦阶段或梦醒阶段训练，因此有梦友认为梦屏的主要目的是在训练时当场抓屏知梦。这是一个常见的误解。的确，当场抓屏是一个非常好的清醒入梦方法，也适合某些体质的梦友，但这不是梦屏的主要目的。梦屏的主要目的，是培养出一个出场率高、稳定可靠的扳机，如此才能越来越轻松自然地获得清明梦。

开始的时候，新手对梦屏不熟悉，不清楚梦屏的规律，需要慢慢学习体会。其实，梦屏最容易被抓到的时机，是梦主的思维还未进入梦境情节中的时候。比如，刚开始做梦时，梦中的画面是飘忽的平面感，信息随机无序，梦里的情节还没定型，此时梦主思维的注意力尚未进入情节中，才会注意到这些画面。如果梦友有一定的梦屏意识，此时就是最容易梦屏知梦的时候，这就是蚂蚁所说的知梦利器——梦屏扳机。梦屏扳机易重现易抓取，是一枚高质量扳机，培养出来了就可以一劳永逸。

梦屏训练是提高梦友对入梦出梦的辨知能力、培养梦屏意识、建立梦屏扳机、增加清明梦的有效手段，而且训练方法轻松简便，见效快，对梦友很实用。甚至，单凭梦屏技术就能够打通清明梦从入门菜鸟到顶级高手的道路，对于适合此法的梦友，是一条捷径。

每个梦大致分为入梦时段、做梦时段和出梦时段。这三个时段都可以用来训练梦屏。

◆ 入梦时段，指的是从开始睡觉到梦境完全出现前的这一段时间。梦屏的训练方法为“5分钟梦屏入梦法”。

◆ 做梦时段，指的是已经睡着，身处梦境的这一段时间。梦屏的训练方法主要是将梦屏培养成通用扳机。

◆ 出梦时段，也即梦醒时分，指的是从梦到醒的时段。出梦时段很短暂，从梦到醒似乎是一眨眼的事情。梦屏的训练方法为“10秒钟梦醒抓屏法”。

梦屏入梦法（5分钟）

梦屏口诀

梦屏有像，必是梦境；闭眼视物，必是梦境。

具体方法

躺下闭眼后，念10遍梦屏口诀，然后看5分钟梦屏，也就是闭眼看眼前的黑幕，留意黑幕中有没有异常影像。如果出现就是梦屏知梦了，如果没有异常，那就专心睡觉，整个训练不超过5分钟。看梦屏时有人喜欢加一些想象，有人什么都不想，两种方式都可以。

说明

一些天赋比较高的梦友，躺下不久就能从梦屏中看到影像，而且意识还很清醒，从而抓屏知梦。大多数人一开始抓不到也没有关系，此训练的核心目的，是把梦屏的种子种下，渐渐把梦屏培养成知梦扳机，让梦友能在梦中抓到梦屏。当梦屏扳机固定到潜意识后，就不再需要任何训练了。

有时抓到的梦屏只是一些小亮点，或者一些模糊的光影、白屏之类的，你也可以操纵这些影像，只要盯住这些异常，深入地盯下去，梦屏往往会整个突然一亮，出现清晰的画面。这个场景将十分震撼，梦友也自然更确定是梦了。

一般梦屏知梦后，梦体处在本地的旁观状态，要获得自由自在的清明梦，还需要让梦体本尊入境——本尊入境法：将注意力集中在梦屏中的景像，伸手去抓梦里的物件，如树、门、车等；或者跳到街上；或看自己的手；甚至可以张嘴去吃梦中的东西等，这些方法会带出本尊，本尊入境后，就是自由的清明梦了。

回笼觉或半梦半醒时，特别是在犯困、有点迷迷糊糊的情况下，人比较容易入梦，此时梦屏出现的速度比平时快得多，抓屏知梦的成功率大增，是重点训练时段！

梦醒抓屏法（10秒钟）

具体方法

每次做梦（无论普通梦还是清明梦），在醒来的时候，不要睁眼，第一时间看眼前的屏幕，像看电影屏幕一样，带着期待专注地看10秒钟。

说明

清明梦的核心是梦中知梦，一般来说初学者的知梦点比较高，会觉得知梦相当难；其实我们每天都能知梦，在梦醒刹那，脑子好像被激活，我们随即知道刚才是做梦了，这个也是知梦。只是这个知梦是后知后觉，没什么用，而被梦友忽略了，挺可惜的。

从梦到醒，时间很短，“唰”地一下，估计一秒钟不到；然而其中的内容却不简单，在这一秒钟不到的时间里，包括了三个步骤：①梦主显意识的突然显现；②梦境中断消失；③梦主意识到醒了。

整个过程基本上显示了人的显意识对“从梦到醒”的反应速度。普通人的反应速度比较慢，等你意识到刚才是做梦时，梦境已经完全消失了。不过反应速度是可以训练的，通过梦屏训练法，梦友可以有效提高显意识的反应速度，在梦境消失之前就意识到是做梦，这就是一种知梦能力。

一句话，此法训练的就是显意识在梦里的反应能力，也就是知梦能力。

训练前，必须明确一点：如果从梦屏中看到平常看不到的影像，一定是梦境。要熟记梦屏口诀：梦屏有像，必是梦境；闭眼视物，必是梦境。

在梦醒抓屏的训练过程中，梦友可能有下面的经历：

1. 什么都看不到

一开始大多是这样，醒后第一时间看梦屏，结果是黑黑的什么都看不到。原因也很简单，因为反应慢，从显意识出现到有意识去看梦屏的时候，梦境已经完全消失。

2. 看到雪花、光点、几何图案、光谱、胶片等

经过一阵子训练，也许几天，也许几周，知梦反应会变快，或许就比以前快了零点几秒，你将在梦屏中看到一些东西，大多是雪花、光点、光谱或胶片闪现等，就像赶上了电影的结尾，说明你现在有了突破，已经能在梦境消失之前截获并调用显意识。

3. 模糊的影像或白色的屏幕

如果能看到模糊的影像或白色的屏幕，则信号更强了，又提高了零点几秒，说明你梦里的显意识刚一出现就能瞬间把握住了。到这一阶段，你的知梦点将显著降低，平时比较容易在半梦半醒的状态下知梦。

4. 清晰的影像

如果能看到清晰的影像，如人物、风景、文字等，这表示你的梦屏条件反射已经建立，在梦里不知不觉也开始应用起梦屏技巧，就如同咬指如泥、扳指贴臂一样，梦屏清晰就是一次成功的验梦，这时的你完全是在梦中，也可以梦中知梦了。

5. 全角成像

这是最理想的情况，从梦屏中看到的不止是一块小屏幕，而是全视角。这种情况很像半明梦的状态，本尊身处画外，应用“本尊入境”法：注意力集中在梦屏中的景象，伸手去抓梦里的物件，如树、门、车等，或者跳到街上，或看自己的手，都可以带出本尊，只要本尊入梦境，就是清明梦了。

6. 假醒

知梦假醒，就是梦见自己睡觉然后醒了。不过是梦里醒了，不是真的醒了。假醒在清明梦里很常见。经常做梦屏训练的梦友在假醒的时刻会习惯看梦屏，这时他将可能发现自己闭眼还能看到影像，这种不寻常导致他识别出这是一次假醒，从而直接知梦。

梦醒抓屏，每次的训练只需要10秒钟，非常简单。10秒之内，该看到的就看到了，看不到的也就看不到了，只要记得第一时间去看就已经达到训练的目的。当然，如果想看久一些，看个几分钟都是可以的。

梦屏训练法的关键点

1.持之以恒

成功之前，要坚持培养出条件反射。当心中有梦屏，潜意识植入梦屏后，梦屏知梦将是迟早的事。梦屏的训练轻松自然，不影响作息，坚持并不难，只需有心。一旦梦屏扳机固定到潜意识，就不用训练了，可以一劳永逸，坐享其成。梦屏将大大增加你的知梦次数，每一次知梦都会促进梦屏种子的成长，形成良性循环。

2.临界体会

要理解，醒时“梦屏有像”是一个特殊的临界状态，在这个状态下人已经对肉体有所感知，同时对梦体的感知还没有完全消失，是肉体与梦体之间的一个平衡状态，也叫“双意识焦点状态”。反复体会梦体和肉体之间的差异对于提高知梦和出体的能力有很大的帮助。经验丰富者能在醒时“梦屏有像”阶段有意识地提升梦体活度，比如说集中意识定住梦屏、召唤出体信号等，从而复活梦体，进入清明梦。

3.回笼觉

半梦半醒的状态下，训练梦屏的效果最好，所以，“刚梦未梦，刚醒未醒”

是重点训练时段，回笼觉是重点时段！

梦屏的其他强大功能

1.状态指示

当梦屏上出现影像时，清晰度是一种状态的指示，越清晰代表着入梦越深，清明梦的状态会更稳定。

2.出体转清明梦

有时候，出体因为某些原因，梦体困在肉身里，死活出不来。这时候也可以利用梦屏技术，往往在注视梦屏几秒钟后就能看到影像，利用上面说过的“本尊入境”法就可以获得清明梦了。

3.梦屏出体

梦屏可以很方便地转出体，如果看梦屏时发现看到的是本地的情况，比如屋子的家具、床、墙、天花板或者自己躺在床上的身体等，这就表明梦体已经回本地了，可以直接用离体技巧起身出体。如果梦屏中不是本地，而是一些光影或白屏等其他影像，则可以想象自己正躺在床上看外景，此时你将体会到卧床的感觉，然后出体。

4. 掉线续传

掉线时，如果状态好，不用动，直接注视梦屏就可以重新获得影像而续传。

5. 稳定焦距

清明梦里经常会出现视觉混乱的现象，视觉混乱不一定是因为能量不足，很多时候是因为梦眼焦距不稳。这时候闭眼看梦屏可以起到稳定焦距的作用，重新睁眼后视觉混乱的情况会好很多。而且闭眼有重聚能量的功效，能帮助稳定梦境。

6. 转换梦境

如果想转换梦境，比如处在一个不喜欢的场景里，或者无法摆脱“牛皮糖”的骚扰，闭眼专注看梦屏，当前的梦境将被梦屏里的梦境换掉，从而转换成功。

7. 一沙一世界

这是瞳术的一种，在梦屏中可以应用Zoom In/Out的神通，将事物缩小或放大，举例：如果凝视一颗沙粒，意念放大，将看到沙粒越来越大，而且里面另有乾坤，又是一个娑婆世界。

8. 梦修养眼术

红黑树，清明梦梦友、小说《梦斗魂》的作者，他在博客中提出的梦修养眼术非常好，配合梦屏训练更是绝佳，边训练边养眼，一箭双雕，推荐给大家。梦修养眼术大家可以自行搜索。

9. 其他高级梦屏神通

属于高级范畴，常见的有“梦屏触屏术”“收梦开屏术”“意念控屏”等。

小结

在平时及睡前应用梦屏，可以培养梦屏知梦扳机；在梦中应用梦屏，可以稳定梦境，转换梦境，施展众多强大神通；在梦醒时分应用梦屏，可以训练知梦反应能力，降低知梦点；回笼屏更是典型的回笼暗示模式，能提高当天知梦率。如果掌握得当，单凭梦屏技术就能打通清明梦的任督二脉，从入门进阶到高手殿堂。

总的来说，梦屏训练轻松舒服，符合作息，简单实用，功能强大，科学合理，适合推广，在此推荐梦友们掌握。

梦屏意识

梦屏训练的核心是梦屏意识。所谓梦屏意识，通俗点说就是：梦屏练到一定程度，你的潜意识会自动发现梦屏，没你什么事了，你只要正常睡觉就行。

所有的梦屏方法，都是为了培养梦屏意识，一旦梦屏意识培养成梦屏扳机，各种方法就可以功成身退，一劳永逸！

梦屏意识才是梦屏的关键，也是梦屏区别于其他出体方法的要点。如果没有这个概念，那就很难全面理解梦屏。

梦屏意识属于知梦意识，是清明梦意识的一种，是治本培元的意识培养。与同属于清明梦意识的疑梦意识相比，梦屏的优点是横跨入梦、梦中、出梦三阶段，兼括出体知梦控梦，见效快，主动性强；缺点是不能培养出全面的疑梦意识，而疑梦意识和梦感才是实实在在的内力。

无缘对面不相识

睡觉时，到了迷迷糊糊思绪漫飞的时段，脑子里出现一些情节画面，接着很快坠入梦乡是非常普遍而常见的现象。

现在梦友知道了这些画面就是梦屏。也就是说，无论你练不练清明梦，我们每天都要和梦屏擦肩而过。但是，在你不认识它之前，你和它永远是“路人”。

只要在梦屏经过时认出它，就是清明梦！知道了有梦屏这个“人”，你就已经有了梦屏意识的萌芽！

现在你开始留意并研究起梦屏了，这就是一种对梦屏意识的培养。很快你就会发现一个经典的问题：你满心期待，它却总是不来；它姗姗而来，你却已失去觉知——当真是无缘对面不相识。

正当主角黯然神伤之时，手持秘籍“梦屏神功”的丐帮老头儿该出场了，天空飘来画外音：“小朋友，我看你骨骼精奇，是个做梦的奇才，一代梦神的任务就交给你了！梦屏神功，只需在觉知中种下梦屏之念，留得此念不失，便可见到梦屏，从而知梦清明。久而久之，此念更将成长为一段刻骨铭心的梦屏意识！此意识堪称造化，一旦大成，别说是觉知尚余的入梦阶段，哪怕是潜意识遮天的梦境深处，也能伺机闪现，助你恢复神识。”

在入梦阶段，梦屏刚出现的时候，你能自然而然意识到梦屏，这个就是梦屏意识。

在梦中阶段，无数画面流转变幻，你能灵光一闪意识到梦屏，这个就是梦屏意识。

怎么培养梦屏意识呢

1.梦屏口诀：“梦屏有像，必是梦境；闭眼视物，必是梦境。”

这个口诀非常重要，一定要扎根于心！有些梦友只注意看梦屏，而忽略了口诀的重要性。蚂蚁友情提醒：梦屏口诀是培养梦屏意识之源，必须重视！切记切记！

只有口诀扎根，才能深入意识；建立思维定式，才能快速反应、精准果断，否则，很多机会将被错过。

在梦屏练习过程中，经常会遇到梦屏有像，但是觉得自己没睡着的情况。你一定要明白，这个是错觉，只有入梦才会有像，梦屏口诀绝非虚言。

有的梦友总纠结于梦屏到底是想象的还是看到的，其实不要想这么多，照着步骤操作，一试便知，成功后就会有更深刻的体会。

2.梦屏训练

口诀扎根的同时，还得在实战中认识梦屏，积累经验和感觉，化量变为质变。

梦屏常规训练为什么5分零10秒就够了？其主要是意识训练，其真正意义在于：尽量在不影响睡眠的情况下，培养出梦屏意识。

实战当场抓屏

尽管梦屏更多地是强调意识培养，但是梦屏应用在清醒入梦中也有很高的成功率，适合新手入门。你可以尝试寻找自己最佳的梦屏时机，试一试当场抓屏。

什么是最佳时机？

先记住梦屏的基本原则：“入梦第一，看屏第二”。

梦屏要入梦才会出现，但是又不能丢了看屏的意识。一般来说，半梦半醒时看屏的效果最好。结合自身作息，何时能很快入梦，进入半梦半醒状态，那就是一个练习梦屏的好时机，比方说睡意浓比较困，或没睡够补回笼觉的时刻。

选好时机

1. 梦态

半梦半醒、迷迷糊糊、思绪漫飞时，脑内容易自然出像。这种状态有很多词汇形容，如恍惚、迷糊、半梦半醒、出神、临界、入梦、走神等，蚂蚁此处用“梦态”一词来形容这种状态，归根结底，这是一种梦体被激活，梦体视觉启动的现象。

大家都有过做白日梦、发呆神游或者上课走神的经历吧。当注意力无法集中，显意识涣散，潜意识出现，思绪自由流淌成画的时候，就是进入了浅层的“梦态”。

有的人睡觉时喜欢杂思漫想，这是一个好习惯；想着想着，渐渐走神，也就进入梦态了。想象自己将以画面形式出现，并且出现五感，如果身在境内，则可能梦中知梦；如果身在本地，则为梦屏。

就如“压床是出体良机”一样，“梦态是梦屏良机”。要想提高梦屏成功率，先想想自己睡觉时哪个点容易进入梦态，并且开始有意识地留意这种状态，培养一种知觉心。

通常午睡或者回笼觉进入梦态概率较高。因此，午屏和回笼屏是梦屏的重点时段。

2.回笼屏

回笼觉阶段的梦屏，简称回笼屏。回笼屏又分为中途自然醒的自然屏、中途尿尿的尿屏、用闹钟的闹屏。几乎所有的清明梦或出体方法都会谈到回笼觉的重要性。

梦屏也不例外，回笼屏成功率较高，原因也很简单：睡到七八分醒但是还有困意的时候，进入梦态快而且不易深眠，画面出得快加上显意识相对活跃，抓到屏的机会自然就高一些。

回笼屏要点：越快进入梦态越好。所以，中途醒后，不要让自己清醒，越困越好，以最舒服的姿势接着睡，稍留心梦屏的变化即可。

3. 尿屏

尿屏属于回笼屏的一种，以起夜小解达到回笼觉的目的。

睡前喝一大杯水或者两杯热牛奶，睡到中途，会被尿憋醒。中途小解后，不折腾，回床直接睡觉，带着看梦屏的意识留意几分钟，有可能在这个过程中就能抓到屏；也有可能迷迷糊糊睡着了后，突然意识到眼前是梦屏，从而梦屏知梦。中途小解后，人比较困，身心更放松，入梦比较快，这个时机梦屏或出体，效果都会更明显。

本质上，尿屏就是以尿尿代替闹钟，但是比闹钟更好更自然。在非必要的情况下，闹钟最好少用，尤其忌讳半夜用。

此法虽好，也要小心。尿床者慎用，家里解手不方便者慎用。另外，有失眠问题的梦友，应该首先解决失眠的问题，必须保证睡眠时间的充足和睡眠质量！

实战操作

时机明白了后，我们再来看看实战的操作。当我们进入了梦态或者回笼屏、午屏、尿屏后，又该如何操作呢？具体的原则仍然是“入梦第一，看屏第二”。每个人睡觉的习惯不一样。梦屏练习，有的人会加以想象；有的人则只看不想，哪个方法能让你更舒服地进入梦境，就用哪一个。

1.守株待兔

最简单的操作就是守株待兔，什么都不想，静等梦屏……放松，注意力不需要每分钟都集中在梦屏上，可以适当将注意力放在呼吸或者丹田处，留一点梦屏意识就行，也可适当加一些催眠方法让自己尽快入睡。

2. 梦引

梦屏有时候会以黑屏先出现，此时不易观察到，如果在关键时候加一点适当的想象，会提高梦屏出像的成功率。那么，什么样的想象最适当呢？因人而异，我比较喜欢的是：一盏灯或者一束烟花。

假设黑屏中有一盏暗藏的灯，你只是去看看灯亮了没有。如果你入梦了，梦体感官启动，就可能会有震撼的奇景出现。你会看到梦屏突然一亮，出现一盏灯，绚烂夺目，光彩照人，非常美；同样的道理，你也可以期待烟花，一刹那的五彩光芒，也十分震撼。

梦屏训练中，这些引爆黑屏、刷亮梦屏的物体，可称为“梦引”。除了灯、烟花、日月星辰等，凡是静态发亮的物体，都是好的梦引。一些梦修法门会用明点或者脉轮点作为梦引。

梦引是个好东西，有诗为证：

梦屏梦鸣梦清明，赏灯赏月赏烟花。
恍惚回神引何在，玄空一点现光华。

3.梦屏“脑洞”入梦

很多人在入睡时喜欢东想西想，自我导演，这就适合梦屏“脑洞”入梦。在留心梦屏的同时，开始构思情节，比如想象自己在开车看风景，或者自己连麦“开黑”等。真正入梦后，梦体感官启动，想象的内容将不自觉地实物化，因为梦主还不时保留着梦屏意识，因此有可能突然意识到自己已经看到真正的画面，并且有了身临其境的触感，从而知梦。

梦屏后的攻略

抓到梦屏知梦后，梦体多半是躺在床上的本地状态，后续可以有多种选择，常用的有本尊入境、梦屏出体、本地控屏。

“梦屏有像，必是梦境。”请牢记并且深信这句梦屏口诀。有时候即使看到梦屏，梦友也仍然迷惑，觉得自己好像并没有睡着。错！那是靠不住的感觉（但这个感觉非常有迷惑性）———真实的情况是你已经入梦了；在闭眼睡觉的情况下，肉体不可能看到东西，梦屏有像，必是梦境，这是确定、一定以及肯定的。

1. 本尊入境

顾名思义，就是进入屏中。如果梦屏有清晰流畅的画面或者情节，就非常适合本尊入境。

具体操作是将注意力集中在梦屏中的景象，看到画面里的树、柱子、水或人，去抱、去抓、去唱、去摸等；或者走进画面跳到街上；或看自己的手，都可以带本尊入梦。注意，这里说的伸手或者跳出，并不是想象，而是真正去做，要明白此时你已经在梦里，所有的操作都是梦体完成的。

如果梦屏影像不清晰，也是可以本尊入境的，此时可以多加一点点想象力，比如可以想象自己正被埋入沙漠的沙子里，然后用梦手去抓旁边的水壶；或者想象前面有一片湖，跳进去游泳等。总之触感一出，本尊也将带入到场景里。

2. 梦屏出体

梦屏有像的同时能感觉到自己躺在床上，就可以出体。注意，以下介绍的出体技术，并不单单针对梦屏出体，而是适合所有情况的出体。

高手的出体，通常行云流水一气呵成，较少迟疑犹豫，新手可以先借鉴出体“三板斧”：判断活性，如有需要调节活性，起身出体。

出体技巧中，我们需要注意的是梦体活性。如果梦体活性不够高，出体多半会失败。所以，有两点很重要：怎么判断梦体的活性够不够出体？不够的话，怎么调高梦体的活性？

第一，怎么判断梦体的活性够不够出体？

如果有出体信号，事情就简单多了；出体信号本身就表示正在调整梦体的活性，你只需要放大梦鸣，直到梦鸣刺耳或者感觉到头突然一沉，就表示活性已经足够，可以立刻出体，果断翻身下床或者起身就行了。此时应该迅速果断，不要畏首畏尾，越迟疑越不好。

①如果梦手能够触屏控屏，表示活性已经很高，可以立刻出体。

②如果你当下能明显知觉到自己的某个手指头的方位（比方说左手的中指），有一种动一下就会醒的感觉，说明你现在入梦非常浅，梦体活性还需要深化。

③如果你怀疑自己是不是醒着，并不能明确知觉到手指的具体位置，对自己的身体有一种虚无感。那么说明你的梦体已经活动开了，你可以立刻起身出体，起身时，如果带有滞虚感，更说明是梦体。

第二，怎么调高梦体的活性？

你看到梦屏，知道入梦了，也感觉到自己睡在床上，但是好像不能动，左手中指就在旁边，一动就会醒的样子，不敢动，怎么办？

这种情况，有时候是模拟度非常高的假醒状态，如果前面有过回体的步骤，那多半是可以起身出体的。但是有时是梦体活性低，肉体活性比较高的状态。不管怎么说，我们此时都可以进行梦体深化，调高梦体的活性。

调高活性的方法：

①放大信号，留心用耳朵听耳鸣声，如果听不到，那就用意念召唤，只要能调出梦鸣，就可以用意念放大梦鸣，这是调高梦体活性很有用的一招，调出了出体信号，再按照前面所说的梦鸣出体的方式操作。

②深化梦屏，如果梦鸣调不出来，可以继续关注梦屏，加入想象力；如果梦屏能更清晰，更全屏，更流畅，就说明梦体活性在加强，活性差不多了就可以入境或出体了。

③找字，当你看到梦屏的时候，不管里面是什么景象，模糊还是清晰，你都可以去寻找3个红色的大字：清明梦。你很快就会找到的。只要你看清楚这3个字，然后体会一下自己躺着的身体，就可以直接起身出体了。

原理：找字看字的过程，就是一个深化梦屏调整梦体活性的过程，等看清晰了，表示活性足够了，可以直接出体了；如果中途出现信号，是正常现象，可依信号出体，也可忽略之，看清楚字再出体。

第三，果断出体。

不管怎么判断怎么调整，出体过程都不宜拖太久，很多出体失败就在于折腾过久而醒。如果短时间内没有调出信号或达到深化的目的，那么，立刻果断起身验梦往往是一个不错的选择！“快、准、狠”是一种有力的出体风格，远胜拖拉折腾。大不了，你发现自己一动，确认醒了，没事，什么也别想，接着睡。此时，正好是一个回笼觉，没准梦屏不请自来呢，正所谓：放弃是为了得到更好的。

本地控屏

指看到梦屏后，不选择入境或出体，而是待在原地控制梦屏。这里介绍一个触屏翻页术。

触屏翻页术介绍：

看到梦屏里的画面后，先不要本尊入境，而是把梦屏当成一个触摸屏，类似iPhone或iPad，然后伸出手指去触摸屏幕（不用担心找不到手，就像平时一样，动作一出，你会发现很容易就摸到屏了）。摸到梦屏后，可以划指翻页，梦屏真的就会翻页，换一个场景出来。你还可以在翻的时候加深意念，如果是梦匠后期以上水平的梦控师，可随心所欲翻出自己想要的场景。

妙处：

①相当于网游的换地图功能。千金难换的好功能！

②在控梦过程中，也可以使用梦屏。方法不难，闭眼盯着梦屏看，等出来图像后，使用上述触屏翻页术，其实就是换掉梦境，实现穿越的功能。

③梦里找灵感的绝佳途径。你可以加深意念，翻页到网页或者电视节目，想听音乐、看电影还是读新闻，随便你……眼前就是灵感的海洋、天才的宝库，能记下多少就看你记梦的功力了。

后续操作：

梦屏知梦，如果翻页后，对梦屏里的地图很满意，就该本尊入境了，怎样做呢？很简单，你在触屏时，已经有了手感，现在入境就是小菜一碟，随便抓取梦屏里的一样东西都能入境。也可以想象有个分身在梦境里活动，比如跑起来，跑上一会儿，你就会发现是本尊在梦里跑了。

梦屏进阶

梦屏该如何一步步进阶，并且自我评估呢？见下表：

练习阶段	特点	进阶练习
阶段1：种子阶段	梦屏总是黑漆漆的，没有影像。	摆正心态，坦然对待，坚持练习。
阶段2：树苗阶段	看梦屏成为习惯，了解入梦第一。	加入一点想象，让梦屏出现影像。
阶段3：成长阶段	梦屏出现影像。	集中注意力让影像变清晰，尝试抓屏入梦。
阶段4：大树阶段	只要梦屏有像就能抓屏。（到这里梦屏算是毕业了）	意念引导梦屏走向，本尊入境或梦屏出体。
阶段5：开花结果	入梦抓屏。在特定时间段，尤其是在回笼觉里，意识朦胧时，只要梦中画面一出，就能意识到是梦屏。（此时为梦屏小成）	稳固回笼觉出屏模式，加强梦中抓屏信念。
阶段6：根深蒂固	梦屏扳机已经深入潜意识。普通梦里，出现闭眼视物，第一反应是梦屏；出现第三视角的场景，特别是场景画面较大的转换，会有梦屏意识闪现而知梦；出现风景或者文字图片等平面广告式，或者雪花、闪光、白条、几何图案等屏幕式，有抓屏知梦的意识。	进阶练习：无，已经是梦屏大成。

常见问题

梦屏在中国的清明梦梦友中的使用很广泛，有梦友会问一些具体问题，比如梦屏怎么看？什么时候看？失眠怎么办？等等。这里蚂蚁整理了一些常见问题。

梦屏释义

梦境是怎样的一个过程？	梦境就是在梦屏上放电影。如果电影里没有你，你就是观众，也就是第三视角的梦或者本地梦。 如果电影中有你，你就是演员。出体，就是主动从观众转为剧中的演员。知梦，就是意识到自己是演员，是在一场梦里，而不是现实。
梦屏什么时候看最好？	屏幕搭好的时候，我们这里的屏幕就是眼皮。所以，当你睡觉觉得眼皮重，不想睁开时，就是屏幕已经搭好，电影即将上演之时。看梦屏最好的时机，就是迷糊犯困的时候，可以通过“眼皮沉不沉”来判断。
梦屏该怎么看？	你怎么看电影，梦屏就怎么看。在入梦阶段看梦屏，就等于等电影开演，你无需紧盯屏幕，只要稍稍留意即可，心里胡思乱想都无妨。但是，在梦醒阶段看梦屏，就像是等待电影的结局，必须紧盯屏幕，晚个几秒，电影就没了。
梦屏可以怎么用？	既然是屏，就说明可以触、可以点、可以切换、可以开关、可以控，由此可开发出很多控梦方法，比如触屏、控屏以增加梦体活性，判断梦体活性，就是梦屏出体中独有的方法。
看梦屏是要想象还是不要想象？	既然是放电影，当然是不要想象也能出屏。但是想象也可以，慢慢让想象成为电影，让电影中出现你想要的情节。具体取决于梦友自己的睡眠习惯，哪个更容易入睡就用哪个。
梦屏中看到的景象，到底是想象的还是真实的？	梦屏里的景象，是真正的梦境，是梦眼真正看到的。睡前的想象在入梦时可以成为真正的图像，成像前是想象，成像后就是梦屏。

梦屏答疑

练梦屏很难吗？每天要训练多久？	梦屏训练讲究的是轻松自然，没有压力，尽快入睡，每天的训练不需要超过5分零10秒，以培养意识为主。 如果想快一点在入梦阶段抓到梦屏，可以结合回笼觉或者尝试让自己疲劳一点，迷迷糊糊时再睡，看一会儿梦屏，此时入梦快，梦屏更容易出现。
抓不到屏怎么办？	尽管梦屏适合任何人练习，但是每个人资质不一样，投入的程度也不一样，成效也就因人而异。 如果求快速，回笼屏见效较快。如果求长久，就要求培养出梦屏扳机，一劳永逸，永享其成。
多久才能成功抓屏知梦？	新手很想在训练中就直接抓到屏，即“眼中有屏”。但是，更高的境界是“心中有屏”，即在潜意识中植入梦屏，这也是梦屏练习的根本目的。所以，即使你现在不能抓到屏，也不用着急，持续练习下去，当你心中有屏时，自然就能达到眼中有屏。
看梦屏，眼睛不适怎么办？	有的梦友意念太重，眼睛都不知道该往哪儿看，导致眼部紧张。这种情况，我建议暂时就不要看梦屏了，先学会放松的方法或者梦修养眼术，请记住：入梦第一，看屏第二。将注意力从眼睛转移到外呼吸或者内呼吸上来，比如意守丹田；有脉轮知识的梦友可以启动腹轮，感受微爆感，然后渐渐忘掉呼吸。
看梦屏失眠怎么办？	失眠如果不是意念太重，那就是你本来就容易失眠。意念太重，就好好调整，不要急于求成。如果本身容易失眠，那就不要练梦屏了，甚至不要练习任何清醒入梦的方法，实在想练，念几句梦屏口诀或者七字真言就睡觉吧，这也有暗示的效果。
梦屏口诀中“闭眼视物”和“梦屏有像”有什么区别？	两者属于不同的梦况。闭眼视物是常见的一种梦况，前提是闭眼。梦屏有影像，则不一定要闭眼，可以是本来前面没影像，看着看着出现影像，此为梦中出屏，是梦屏练习者出现较多的一种梦况。

第七章 其他方法

以上介绍了清明梦最主要的四种方式：梦中知梦、出体（清醒入梦）、鬼压床和梦屏。也由此衍生更多种方式。

实战中的方法五花八门，让人眼花缭乱。很多新手的梦界第一问都是“应该练哪个呢?”。蚂蚁在此强调，方法不是最重要的，最重要的是理解原理。当你对大多数的方法都能看透看破，明白为什么这么做，优缺点如何，适合何种体质人群时，你就不难找到最适合自己的路，这比任何方法都重要。

目前国内较为先进的技术是以觉知培养知梦和反复梦态出体为主。下面蚂蚁介绍几个比较适合新手的方法，其中有一条普遍适用：所有的清明梦方法，在回笼觉时使用，成功率更高。

简单验梦

简单验梦的方法，适用性较广，对睡眠影响最小，是以验梦为主的清明梦方法，也是最简单实用的清明梦训练方法，只要坚持，就有奇效，一招通关。

验梦又分为主动验梦和被动验梦。主动验梦，也称自发验梦，无须提醒，自己主动想到验梦。被动验梦则指的是通过某种提醒而想到验梦。

主动验梦对觉知的培养效果通常比被动验梦更好，说明验梦意识已深入到潜意识层面。主动验梦通常可以通过设置赏罚机制来督促培养，比如隔一段时间没有验梦会受到一定惩罚等方式。

以下情形是梦控师常见的被动验梦场景：

◆ 设置提醒工具，比如手机或手环等定时装备，定时验梦。

◆ 现实中，想做而又不敢做时，验下梦，比如揍老板，比如表白，比如各种你懂的。

◆ 现实中，情绪上头的时候，验下梦，比如惊讶、紧张、气愤、焦虑、喜不自禁等。

◆ 现实中，时间过得慢、无聊时，验下梦，比如排队等待时。

◆ 现实中，出现反常事件或者验梦标的，如井盖。

◆ 困点验梦，出现非常困、眼皮都睁不开的情况时，验下梦。

◆ 临睡时验几次梦，然后自然入睡。

简单验梦的方法，必须达到一定强度才能起到训练效果。通常我们建议的是日均400次以上的验梦并至少坚持两周。大量实战案例证明，高强度验梦意识的培养，是新手最简单有效的成功手段。

催眠入梦

清明梦和催眠关系比较密切，甚至可以说，清明梦本身就是一种自我催眠。梦中知梦所应用的反复暗示自己能知梦，就是一种简单的心理催眠行为。而清醒入梦则是通过自我催眠孕育主动扳机的过程。

传统的催眠由催眠师发动，引导被催眠者慢慢进入梦幻之境，清明梦则是自己引导进入梦境。和普通催眠不同的是，清明梦者在成功进入梦境后，还需把握扳机知梦。

最简单的催眠入梦法就是重复暗示，比如“下楼法”，想象自己在下楼，一共100级台阶，每下一级台阶念一下数，先念“1”，下一级台阶，然后默念“我要知道自己在做梦”；再念“2”，又下一级台阶，想象脑袋更沉一点，置身更黑暗的空间，默念“我要知道自己在做梦”；就这样一直念到“100”，下完所有台阶，完工睡觉。这个训练可以在潜移默化中提高做梦者知梦的概率。运气好的话，还没数完就进入了身体睡着而头脑还清醒的状态，脑部开始感觉到震动、耳鸣等出体信号而进入清明梦。

蚂蚁这里主要介绍两种应用较广泛的催眠入梦法：情景入梦法和脚本入梦法。这两种方法都是以自我催眠技巧为主的清醒入梦方法，通过自我引导的虚拟幻想情景入梦，最终达到身临其境而知梦。方法自然舒畅、轻松写意，适合睡觉时喜欢神游的梦友。

情景入梦法

睡前用思绪构建一个简单的情景，比如开着摩托在一条路上兜风，手脚齐用，做着不断拐弯、踩油门等动作。随着梦境产生，这些想象会不知不觉成为真正的梦境，梦主将突然意识到自己获得了实质性的五感，比如视觉、触感或本尊感，从而知梦。

也有人称此为观想入梦法。不过，“观想”一词多用于专业的修行领域，一般由特定的观想对象入梦。而情景入梦法并不以观想对象为主，而是以情景带动梦体入境为主，两者是不同的。

情景入梦法的扳机，主要是触感扳机和梦屏扳机。相对于梦屏来说，触觉更容易让人体验到身临其境。因此，在运用此法时，构思的情节中最好是带有不断变化的触感（比如上例中的手脚并用），梦主应该时不时注意一下触觉。在刚开始的想象里，是不会有实质性的视觉和触觉的，一旦入梦，则画面显现，触感明显，此为情景入梦法的关键。

构建的情景可以照自己兴趣发挥，实战中类似的方法有CS入梦、跑步入梦、自摸神功、魔琴法、星体绳等。

情景入梦法是以梦友的想象展开的，因此也被梦友俗称为“脑洞”入梦法。一般来说，“脑洞”的情节不宜太复杂，防止梦友的注意力被吸引，而直接进入普通梦。

脚本入梦法

睡前听催眠CD是典型的脚本入梦法，这些CD一般都具有催眠脚本，梦友需要跟着CD里的音乐、台词展开想象，比如“放松……你正在一片草原上，蓝天白云，充满花香，你看到一片湖泊，走过去……”听着听着，梦友就渐渐被催眠引导入梦了，这种方法对于催眠体质的梦友来说尤其见效。

催眠CD的功能主要是辅助梦友进入特定的梦境，一般来说是不足以知梦的。不过，在此基础上保持着对本尊感的警觉心和入梦知梦的意识，就有可能获得清明梦。

每个脚本都有一个目的，实现就代表着入梦了。与情景入梦法以五感触发为扳机不同，脚本入梦法的扳机为自我觉察，即“突然察觉到当前情节正是目的脚本，自己已经成功入梦”。举例来说，很多人听过廖阅鹏先生的“前世今生”催眠CD，并且不少人宣称“真的看到了前世”。对于清明梦梦友来说，看到前世就是脚本的目的，自己已经被催眠入梦，从而知梦。

实战中，并不一定需要催眠CD，也可以通过自己的想象构建脚本，相当于催眠领域的孵梦。比如，将脚本目的设置为：如果一会儿我真的在玩“英雄联盟”，那就表示自己入梦了。反复暗示几次后，就可以尽情地想象自己天下无敌的情节了。

一般来说，和情景入梦法比较，脚本入梦法的知梦难度更高一些，但是脚本入梦法的思维相对发散、自由，容易入梦。两者各有优缺点，适合相应体质的梦友。

出体呼吸法

出体呼吸法的原理主要是基于制造“有出体信号的梦态”。

前面介绍过，我们在睡觉时，只要做带有出体信号诱导效果的“清明意识”的暗示，就有机会制造出“有出体信号的梦态”。通常实战中普遍出现的是梦鸣、梦震和梦屏这三种通用信号。

出体呼吸法可在一息（一呼一吸）中完成清明意识的植入和三种通用出体信号的诱导，并且将此意识融于自然的呼吸中，同时也适合入梦（不管哪种方法，入梦都是梦态的先决条件）。

基本步骤：

① 可于睡眠的任何阶段进行（回笼觉更佳），放松入睡。本方法对放松的要求较高，如无法放松，可以听一些帮助放松或者催眠的音频。

② 吸气时，留意梦屏是否出现影像，呼气时，共振诱发梦震、梦鸣。这样的呼吸方法称为出体呼吸法，或控梦呼吸法。

③ 吸气时操作：保持眼皮的放松，观察眼前的梦屏是否有影像。梦屏就像电影院的屏幕，现在还没有播放电影。一旦进入梦态，梦屏就会上演电影，出

现影像。

④ 呼气时操作：参考“气得耳朵冒烟”的漫画图，想象呼出的气从耳朵冒出来，并且一路引发耳膜的震动和轰鸣。

⑤ 如果初学时无法做到呼吸与意念的协调，也可以只进行上述的呼气操作，忽略吸气操作。

⑥ 渐渐放慢呼吸的节奏，整个操作与呼吸融为一体，自然入睡即可。

⑦ 本法讲究的是意念和呼吸配合自然默契。要避免意念太重，保持眼睛和脑部的放松，意念渐渐融于自然的呼吸中。

⑧ 一旦后续出现梦屏、梦震或者梦鸣等信号，你立刻会知道是梦态，可出体。

出体呼吸法是一种融技术与意识一体的方法，也适合日常呼吸时练习，一旦形成习惯，出体率自然会提高。同时，出体呼吸法还是原地识别梦态时诱导信号的常用方式，也可将基础呼吸技术运用于任何出体方法中。

困态出体法

困态出体法，是一种以制造反复梦态为主，操作简便，成功率较高的出体方法。

生活中，我们会出现困倦，然后小睡几个小时的情况。因为人比较困，所以我们知道自己很快就会睡去，这种比较困的状态，称为困态。好好利用困态会获得反复梦态而出体。这种利用困态出体的方法，称为“困态出体法”。

具体步骤：

① 营造出有点困，想小睡一会儿的状态。不用脱衣服，搭条毯子就行。

② 做一分钟的出体意识植入暗示，告诉自己：“这次我要利用困态出体，待会儿自己很快就会睡着做梦，但是我一定要出体，我的出体意愿很强，这个意愿一定会在做梦过程中浮现导致反复梦态，那个时候我要抓住机会出体。”反复提醒自己几次就可以了，同时可以做几次出体呼吸法，这一步的总时间不超过1分钟。

③ 顺其自然地睡觉。

后续发展：

如果你真的很困，那么就会很快睡着并且做梦，梦到各种情节都可能。但是你可能会发现一种这样的状态：梦里的情节一转，转为你还是觉得自己比较困，躺在床上没睡着的状态。这个就是我们上面提到的，出体意愿浮现导致进入一个反复梦态的状况。

这时的你其实已在梦态，但是当时并不一定能意识到。不过，梦态的好处就在于此时没有情节干扰，比较容易产生自主意识，（所谓自主意识，就是开始自己思考问题，而不是随潜意识的情节走），所以你很容易又想起自己这次小睡的目的是要出体，此时你要诱导一下出体信号，用出体呼吸法也好，直接想象后脑震动也好，只要尝试一下，很快就会出现梦震梦鸣出体信号，于是确认自己可以出体了。（当然，如果熟练了，不用诱导信号也可以识别梦态而直接出体。）

随后的离床步骤也很轻松，一般直接下床就可以，因为你已在梦中，五感早已充分打开，这次获得的是反复梦态，反复梦态比临界梦态离体要容易得多，而且更不容易被踢。

方法特点：

1. 方便制造出体机会

此方法不受时间控制，无须正常的睡眠时段，无须回笼觉，任何困了的小睡时刻都是一次练习的机会。而且在短短的小睡时间段也许会产生多次的反复梦态，由此获得更多的出体机会。

2. 容易入睡，对睡眠干扰少

出体里关键的第一步是“入梦”。有的人练习出体无法入梦反而带来失眠的问题。但是困态出体法必然很快入睡，不存在影响作息的问题。（如是失眠体质，更应该着重白天的困态出体法，而非晚上睡眠时段练出体。）

3. 操作简单

步骤简单，只需1分钟意识植入，随后一切会顺其自然地发生。

其他说明：

本方法主要是靠暗示制造反复梦态，通过植入的出体意识在梦中浮现，从而影响潜意识造梦而获得梦态。因此，成功几率和暗示强度以及暗示体质相关。暗示强度越高，此法成功率越高。同时，困态入梦快，导致暗示效果更强，可明显增加反复梦态（包括压床）出现的几率和次数。

总体来说，靠此法获得梦态而出体的成功率比较高，通常几次就会成功出体。

反复梦态的出体信号反应可能没有临界梦态那么激烈，信号的自发性也可能不如临界梦态（这与两种状态下显潜撞击的程度以及梦体五感充分的程度等因素有关）。困态出体法主要依靠反复梦态，梦震和梦鸣等信号有时要主动诱导才能产生。

另外，困态指的是由于身体困导致的想睡觉，而不是精神状态的昏昏沉沉。所以，我们在获得困态时，主要靠身体的疲乏，或者睡眠的调节（比如午睡取消后黄昏时感觉困），而不是靠强度大的脑力活动，比如喝酒等方法。

达·芬奇控梦法

达·芬奇控梦法，是以睡眠周期的后3个小时为主要测试时段，用多种综合手段制造反复梦态出体或者知梦的方法。

具体方法：

准备8到9小时以上睡眠时间。以晚上12点到早上8:30为例。

设好闹钟，后3小时睡眠设置为每30分钟响一次，共6个闹钟。如早上6:00、6:30、7:00、7:30、8:00、8:30。

睡觉前做以下三步暗示环节。1. 扳指验梦5次，心里暗示:我一会儿进入梦境，到时会验梦知梦。2. 心理暗示：我一会儿进入梦境，到时会有闭眼视物的梦屏情况出现，一旦察觉，当知是梦。3. 心理暗示：如果发现自己比较困或者思维不太清晰，比如记不得自己在想什么，思维比较发散，当得知自己或许已是梦态，可扳指验梦。

正常睡觉。如已熟练掌握出体呼吸法，配合出体呼吸法入睡更佳。

如果睡梦中出现出体信号或知梦扳机，已是清明梦。

如中途醒，不管是闹醒还是其他原因而醒，先不要睁眼也不要动，心中想着这可能是一次梦态，进行原地梦态识别或者扳指验梦。

如发现的确是现实，回到步骤3，暗示后再正常睡觉。

如发现是梦态，可直接出体。

注意事项：

之所以称为“达 · 芬奇控梦法”，是因为借用了达 · 芬奇多相睡眠的典故。本方法应用了多段睡眠和意识植入等多种综合手段，优点是梦态多、机会多、见效快。但是缺点也明显，多次中途闹醒的手段对睡眠干扰比较大。不建议频繁使用，推荐在周末或者睡眠时间比较宽裕的情况下使用。

另外，音量太强的闹钟会破坏梦态，所以闹醒手段不宜太强，以能唤醒自己的最低音量最佳。

音频辅助

随着清明梦研究者和开发者越来越多，相关的辅助工具也越来越多，其中音频引导是比较适合新手入门的辅助手段。

通常新手只需要掌握一些基本的原理，就可以由控梦音频来引导自己获得清明梦了。使用方法很简便，按照说明播放音频，根据音频引导操作就可以了。

左图为资深梦控师龙鸽老师开发的一款App，里面包含了目前一些主流的控梦音频，推荐给新手。
该App名称叫“同学快起床”，在各大应用市场可以下载。

梦控手环

这是一款能帮助新手快速入门与进阶的智能科技手环，是由蚂蚁团队自主研发的控梦辅助产品。

梦控手环具有原理清晰、操作简便、功能强大、适用广泛的特点，市场的反响和效果绝佳，蚂蚁在此对这款手环做个简单介绍。

手环的主要功能是日间的觉知培养与夜间的极速控梦。

觉知培养

在清明梦领域，公认的最有效方法就是觉知的培养。清明梦的成功几率和觉知培养的强度以及专注度几乎成正比。

但是在实际生活中，我们很难达到真正有效的强度。梦控手环采用了专利算法，可轻松让梦友的觉知培养效率达到10倍以上，而且培养的是针对潜意识最有效的自发性觉知，从而实现最根本最关键的觉知层面的提升。众多用户反馈也证明，只要觉知练习的强度上去了，知梦率普遍大幅提升。

极速控梦

手环的夜间极速控梦功能，是一种强大的信号知梦以及梦态出体的工具，也是打造个人专属扳机的利器。

其原理为：当合适的震动信号，出现在合适的睡眠时间点，每个人都可以知梦或出体。

每个人都有自身的睡眠规律以及自身的入梦点。当手环在这些入梦点震动时，就可在梦中接收到信号而知梦，可能会出现假醒的梦态出体，或者醒后迅速入梦的梦态出体。

极速控梦提供了强大的自我调节功能，能让梦友根据自己的情况对信号进行学习和调整，从而帮助梦友精准找到自身的“入梦点”，实现“合适的信号”出现在“合适的时间”。这相当于找到自己专属的控梦钥匙，从此梦界大门将畅通无阻！

白天觉知培养，晚上极速控梦，一个是长期进阶的根本，一个是快速入门的技术。两者好比手环的阴阳双鱼，内外兼顾，相辅相成。

知梦机

未来最能辅助获得清明梦的工具，当属知梦机，即睡觉时戴上就能帮助梦友知梦的设备。

知梦机的原理是通过外界设备向梦里发出信号，让做梦者在梦中接收到信号从而知梦。这种能传递到梦中且有可能被梦主识别出来的信号，我们称之为信号扳机。

知梦机的难点有以下几点：

1. 信号不易入梦

睡眠后人体各种感官有屏蔽效应，外界信号不容易入梦。

2. 信号难以识别

潜意识有强大的解释和加工功能。很多信号（特别是梦境异常信号）即使入梦后也会被潜意识曲解变形，便梦主难以识别。

3. 缺乏普遍性

信号的有效性通常因人而异，因梦而异，缺乏统一性和普遍性。

2019年，蚂蚁团队于西京医院睡眠中心做了一系列的信号扳机测试，取得了很多宝贵的数据，并据此设计了国内第一款知梦机，暂命名为“梦界一号”知梦机。

“梦界一号”具有睡眠监测功能，并综合了5种最有效的扳机，尤其是首次使用了提示度非常强的梦体呼吸扳机，解决了信号不易入梦、难以识别、缺乏普遍性等传统难题，其效果已经远远超过了同类产品。

我们在2021年完成了所有测试并且逐步推向市场，现已成为清明梦领域突破性的产品。

控梦篇

闭上眼 用心分辨
穿过黑暗隧道的终点
声光影 慢慢出现
城市沙漠迷宫山水旷野
飞上天 没有地平线
日月星辰就在我的身边
有个魔力 忽隐忽现
我在我的梦里游戏人间

这里的世界虚无缥缈
上天入地呼风唤雨昼夜颠倒
这里的世界怪事不少
过去和未来在一起燃烧
这里的世界没有烦恼
心里想的马上就能得到
这里的世界玩的就是心跳
芝麻开门唯我独尊回到唐朝

别说没有桃源仙境
我们的心都被蒙蔽
别说梦想只是空想
谁又了解其中秘密

第一章
控梦神通

控梦包括神通和延时两方面，在这一章中，蚂蚁先介绍神通部分，再介绍延时部分。关于控梦神通，有三个原则：

确保安全	如果进行有危险性的动作，请先验梦。
信则有，不信则无	如果梦友相信自己有某项神通，那么他就真的有，能不能在梦里施展出来取决于经验和状态；如果自己都不相信，那就真没有，畏首畏尾之下神通难以施展。所以，即使没有什么经验，也必须有这个自信。本书介绍的所有神通，无论大小，都是每个梦友自身就具备的能力，所需要的只是不断去尝试，总结经验技巧，将自身的能力开发出来并纯熟运用。
制定规则	梦友可以自己设定梦界的规则。举个例子，如果飞得艰难，设置自己的目的地是相吸的磁铁，立刻就能飞速前进；如果墙太坚硬，将其设置为豆腐渣，就能一击即碎。规则就在你心中，善用规则者，控梦神通无往而不利。

梦友达到一定水平后，完全可以自己开发控梦技术，结合自己的想象力和知识背景，在实战中创作领悟，每一个梦友都可以开创出专属的控梦技术。本章将介绍常用且具有代表性的技术。

梦痴神通

梦痴神通，难度不高且用途广，梦界自助游必备技能。一个字概括梦痴神通为：“玩”。

飞翔

飞翔是人类灵魂最深处的愿望，是人类最向往的超能力之一。也许你曾做过飞翔的普通梦，但是清明梦里的感觉绝对是不一样的，如果要我来选十大人生必须经历的体验，在清明梦里飞翔会首先入围。

现在就来体验一下前所未有的自由吧！飞翔术有很多种，足以挑战你想象的极限，你可以像大鸟从高山大海上掠过，俯瞰万家灯火；可以像超人，飞出地球绕几圈；还可以像一片羽毛，自在地飘浮；甚至可以以一种纯意识的形态飞翔，自由地去任何地方。关于飞翔的姿势，各人有各人的玩法，有阿童木式、燕子三抄水、太空漫步、蛙泳式、子弹式、超人式、蜘蛛侠、轻功式等。梦友可以自己去试验、揣摩、体会，经验多了自然就飞得得心应手，不亚于飞鸟。还有一些特殊的方式，比如生出翅膀或驾驭坐骑飞翔，又或者想象自己是一把飞剑，去体验增速、无坚不摧的感觉。

初学者可能飞不好，飞不高或飞不快，甚至飞不起来，除了缺乏信心的因素，还可能是状态受到限制，加上经验不足，飞起来就力不从心了。这种情况下可以先找一个斜坡助跑，加速度再飞起来，或者找一个高楼悬崖之类的掠起滑翔。一般来说，只要心里存有意念，斜坡、悬崖这样的地点跑一会儿就会如愿出现。高级一点的技巧则可以通过坐骑道具，或者设定风力、磁力等来助力飞翔。

对于初学者，有条件的话，蚂蚁建议多试一试飞翔，原因有：

① 验梦后，可能心里还是会有一丝疑虑：到底是不是梦呢？而飞起来可以彻底打消疑虑从而全心投入。

② 飞翔可以作为状态的指示器，如果飞得很勉强，飞不高，飞不快，说明状态不好，或许很快就会醒，这时可以做一些提高状态的措施，比如直接找井盖刷新。

③ 走路总归太慢，飞翔绝对比走路快，而且能很快换景，从高山到平原，从市集到大海。

④ 要想看天上或外星的风景，只有飞起来才可以；要想下海入地，一般也是先飞起再落下。

⑤ 想打开梦界隧道，飞起来后大叫出体是一个方法。

如果只是在低空飞行，看到的只是平时的景象，山水江河、城镇原野等，但是一直向上飞可能会遇到一些不一样的景象：

◆ 状态不佳的话，飞得不会很高，而且可能飞不起来。状态好一点，可以飞在云端，见到别的飞行物或者人。

◆ 飞到一定高度，可能看到空中城市、大型的飞行物等，天象十分壮观，有时能看到霞光满天，可以在这里的建筑物上降落。

◆ 再高一点，飞过一定界限后，可能到达一些特别的空间。

⑥ 荒漠空间。四处是死寂的星球，心里会升起恐惧感，建议离开。

⑦ 太虚幻境。身体悬浮在虚无的白气中，会有放松的感觉，待在那里会有入定的状态，不错的。

⑧ 黑暗星空。无穷无尽的黑暗，只有头上点点星光，身体呈自由落体或自由飘浮。建议闭眼打坐或瞬间转移。

⑨ 恐怖空间。银灰色为主，四处茫茫但有压力感，感觉有雷电欲袭，心里极度恐惧。建议马上离开、下飞或瞬间转移。

穿墙术

有部动画片叫做《崂山道士》，里边讲一个书生学会了穿墙术，“谁家有金，谁家有宝，俺穿墙过去，俺穿墙过去，拿了就跑”。让天下小孩悠然神往。现在你也可在清明梦里一试了。梦体虽然感觉很真实，但是实际上是意识体，管你金墙银墙铜墙铁墙，都不能阻挡你的穿透。穿墙术方法很简单：先验梦，然后对墙冲过去，眼前一黑，就到对面了。同样的，穿玻璃、穿栅栏、穿树木，什么都可以穿，甚至可以穿人或动物，如果不穿透，留在人或动物身体里，会是什么样呢？这个蚂蚁卖个关子，梦友自己实战一下就知道了。

穿墙在清明梦里是应用得比较多的方法，特别是本地的出体，要想到外面去，嫌下楼或井盖麻烦的话，最简单直接的方法就是穿墙而出。

穿墙有时会场景大变，这种情况常发生，特别是穿墙时感觉像通过一个很短的黑暗隧道，通常梦里的隧道都是具有瞬间转移也就是穿越的功效。

找人

在梦中和自己想见的人相见，是多么美妙的一件事情。方法有很多，比如“转角遇到爱”，期待你要见的人就在街的拐角，来个浪漫的邂逅。还有“小马哥找人法”，先随便拉一个路人，将此人当成偶像剧里失忆的主角，抓住他的双肩，边摇边大声呼唤你要找的人的名字，具体动作可以借鉴一下马景涛在影视剧中如拨浪鼓狂摇加咆哮神功，感情越投入成功率越高，很快你就会发现手中的人变成了你要找的人，如果接着想找另一个人，如法炮制即可。

还有更简单、成功率更高的找人术，就是“背后牵手法”，以为那个人就在你身后，先不要转身，直接手朝后去牵其手，一牵必有。

吃东西

对于吃货来说，没有什么比在梦里大快朵颐更痛快了，在这里可以无所顾忌地大开吃戒，什么都可以吃。吃货梦友可以见什么吃什么（友情提醒：普通的石头、草、桌子、电视之类的，可能不怎么好吃）；普通梦友可以到超市、餐馆胡吃海塞；小资梦友可以周游世界吃各地的佳肴；神级梦友可以去仙山龙宫找宝贝吃。一般来说，清明梦里的味觉不如现实，但是有时候会出现极品，蚂蚁这辈子吃过的最好吃的东西，就是在清明梦里吃到的。

吃东西还有补血安神之功效，梦里还可使用采气吞纳法，对梦能有一定补充作用。将梦中物张口一吸吞到肚子里，万物如天、地、日、月、星、山、水、花、草、树木皆可吞纳；吞纳时要掌握一个原则，多吞清灵壮秀之气，别在污泥浊水、秽气之处吞纳。如果运气不错，在梦里遇到仙丹、灵芝、人参果之类的好东西，更不要客气，好的东西吃了后神清气爽，状态更佳。

照镜子

照镜子是很实用的一招。

梦中人相由心生，镜子是观心的好工具，从镜中相就可知自己当时的心态，一目了然。

照镜子可设计发型，头发可以拉直烫卷等，可命令镜子出现自己最年轻俊美的相貌。外貌协会的人会很喜欢这个功能。

“魔镜魔镜，谁是世界上最爱你的人？”魔镜的功能直通人心。

另外，进入镜子还有换景、切换次元功效，这些就是更高级的功能了。不过，镜子里有可能出现意想不到的场面，胆小者慎用。

梦匠神通

梦匠神通，有一点难度了，考验梦友显潜配合的能力。一个字衡量梦匠神通就是：变。

自身变化

这个变化，如同孙悟空72般变化。变化的方法很简单，发出变身的意念就行了。但是不是真的就变了呢？还需在实战中自我检验。

清明梦里的变化很神奇，梦友不是简单的Cosplay，而会真正出现内在的变化。比如说，变成狗以后，视角会像狗一样，狗眼看人低；变成老鹰，则在飞翔中拥有真正的一览无遗的鹰眼；变成老虎则四肢奔腾飞跑；变身菩萨则金光普照。当然，变化也不是这么容易的，经常会变不出来或者出现意外，比如说，梦友想变成女人，可是出现该变的地方没变，不该变的地方变了的情况，变成人类史上从没出现过的奇怪物种都是有可能的。

改变梦境

改变梦境也叫换景。初级的换景只是将当前的梦境换掉，高级的换景则是将当前梦境换成特定的目的梦境。初级换景属于梦匠神通，高级换景属于梦侠神通。

换景神通非常实用。有时梦友会进入到一些不好玩的场景，比如太冷寂、太阴森的地方，或者无穷无尽地重复梦境，还有被人追杀纠缠等，这些情况可以换景再战。

换景的方法，最推荐的是跳井盖启动隧道，还能顺便休息补血。

回头惊喜法也是不错的。假装回头就能看到心中的惊喜之景，这是潜意识比较喜欢的把戏，换景成功率要高一些。

还可以选择穿墙、开门、钻入电视或者镜子等方式换景。不过，如果有跟踪者，这些方法一般是甩不掉的，因为跟踪者也会用同样方法跟来。

瞬间转移也是一种很酷的换景技能。电影里的瞬间转移好像是一闭眼再睁眼就到了，实际在清明梦中，这种方法难度很高。通常潜意识营造场景需要一定时间，凭空出现想要的场景需要很高的控梦水平。清明梦里常用的瞬间转移功能，比较像“缩地成寸”的神通，即瞬间到达前方的目的地。比如说，你看到前方有一个楼阁，跑过去要一段时间，也可能发现自己永远跑不到。如果想要立刻到达楼阁处，就可以向身边的一棵树或墙冲过去（如果没有树，想象身边有棵树也可以），先在心中认定冲过树后就会身处楼阁旁，于是会眼前一黑，然后到达。这种方法的成功率比较高，原理是借助潜意识之力。

还有一种高大上的换景方法叫做梦屏法，将梦境当成梦屏，直接翻页、换台或者干脆用抹布将梦境抹去。这需要梦友的梦屏技术非常娴熟，此法牵涉到维度转化，实际上已经属于梦侠神通。

你是想出演恐怖片受害人，还是当万众瞩目的英雄，每个人口味可能不同，没关系，不满意就换，换到满意为止！

照片换景

实战中，要构思自己想要的景。成功率最高的，蚂蚁认为还是通过照片换景。在此介绍一个好用又简单的技巧：朋友圈换景术。

① 掏出手机。（现代人手机是必备品，基本是一掏必有）

② 点开朋友圈。（不需要复杂操作，只要往手机上一点，心里想着是看朋友圈就可以了）

③ 浏览朋友圈，寻找不错的美景相片。（基本上很快就会发现美景）

④ 点中相片，心想：我要进入此场景。

⑤ 抬头看，你就已经身处此美景了。

该方法不止是换景，同样也可以从朋友圈照片中约出人物，抓出物件，等等。原理很简单：相比抽象的语言和意念，潜意识更容易理解图片，也就更容易接受梦控师的指令，造梦更完美。

无中生有

无中生有指的是从梦境中变出自己想要的东西，这里有一个口诀："变不如找，找不如摸。"

想要某件东西出现，光用意念召唤，难度比较大，不如四处找一找。而找的方法，用摸或抓会有更快更真的效果。其原理就在于触觉和潜意识的配合最容易成功。比如想找枪、手机、零食等，直接从口袋里掏就好了；想变一头牛出来，假装自己在摸牛毛，就能直接将牛摸出来。同理，摸人也一样。

无中生有不光能用在控梦神通上，在其他方面用途也很多，比如出体时，想象前面有个门把或扶手之类的可抓物，一把抓住起身往往比自己腾挪折腾更快更省事；掉线时想象前面有个门，一摸一开，手感在梦境出现；状态不佳找井盖时如果视线效果很差，可以直接在地上摸出井盖并跳入。

道具

道具的使用能加强命令的效果，这方面常见的道具有遥控器、魔杖、咒语等。如果想让梦境中的物品消失，可以这么操作：在梦里先掏出手机，双手将手机一拉，拉长成遥控器（一般会立刻变成你家里的遥控器），对着物品按按钮，说声“消失”。这样的表达方式往往比喊话更有效。潜意识主要还是形象思维，对抽象的意识型命令（如语言、文字、思想）理解起来有一些困难，道具可以使得命令更鲜明、更具体、更有画面感、更容易让潜意识理解并执行。

召唤道具不难，小的道具就从口袋里掏，比如掏出手机拉长成遥控器或魔杖等，宝剑则从腰间抽出，不用想太多，手抽剑出，心念越自然成功率越高。

还有的道具是辅助神通的。比如飞翔时的飞毯，远距离输送的自动伸缩桥，上天入地的电梯，等等。

梦侠神通

“所想即所得”，是控梦神通的最高境界，显示出显意识调动潜意识的强大能力。梦侠，基本上已经摸到了这个境界，可以复制出任何神通，功力的区别只在于想象力、真实度、清晰度和成功率。

梦痴、梦匠像是游客，并不知道后面会发生什么，而梦侠在控梦上拥有更多的主动性，具有引导情节、创造情节的能力，此时才能真正地全面控梦。一个字衡量梦侠神通为：导。

次元转换

前面讲过换景，如果能直接换到自己所希望的目的场景，所想即所得，即梦侠神通。次元转换和换景不同，它和具体场景无关，它是将整个梦体或梦境换一个状态，为方便理解，甚至可以称为换梦。

梦境次元转换，常见的是维度转换，将梦境三维转二维，甚至继续转一维、转无维，反之亦然。

梦体次元转换，最常见的是出体转清明梦，或清明梦转出体。出体起身后，瞬间自动转清明梦，而清明梦转出体，则可以通过主动激发出体信号获得。

造梦术

电影《盗梦空间》向我们展示了登峰造极的造梦术，造梦师能够搭建一个事先设计好的梦境，事无巨细，小到玩具，大到城市，让人瞠目结舌。电影虽然比较夸张，但却不完全是科幻。梦中搭建出一座城市并非不可能，梦界有名的“天空之城”就是由梦控师创建的。

要明白，真正创造梦境的不是显意识，而是潜意识，造梦术展现的是显意识调动潜意识的能力。实战中，像城市这种级别的场景，要一念间直接创作出来，难度非常大，一般用间接的引梦方法。比如回到过去，跑在小时候家乡的路上，或通过隧道去看奥运会等，由潜意识自行一路搭建。小一点的，比如建筑物级别的，宫殿花园之类的，则可以在念力下直接无中生有，拔地而起。梦山是山、梦水是水；四季变幻，眨眼立现。

NPC的故事

NPC，全称为Non-Player Character，即游戏中非玩家控制角色。NPC分三类：第一类是有智慧的NPC，第二类是有思想的NPC，第三类是没有思想的NPC。

普通梦里，NPC通常以第二类身份出现，即有思想的NPC，在普通梦里遇到的人基本上都有自己的意识和性格。而在清明梦里，将会出现第三类NPC，即没有思想的NPC，他们要么对你一味追杀，要么痴呆木讷，完全无法交流。

第一类NPC则在梦中比较少见，这类NPC的智慧远超过梦主本人，会说一些梦主认知以外的事情，并给梦主带来特别的感悟和心灵上的震撼。他们的话值得重视，在清明梦领域，属于指导灵的范畴。

不可否认，普通梦里的NPC普遍比清明梦里的NPC更有人性，富有感情色彩。原因在于每一个NPC其实都有潜意识的背景设定，而且和梦主有千丝万缕的联系，都是有故事的人。但在清明梦里，这种联系就断了，使得清明梦里出现很多第三类NPC，尤其是梦友主动召唤出来的NPC，显得陌生呆板，缺乏思想，失去不少乐趣。

如何让清明梦中的NPC更鲜活，是控梦研究的一大难题，解决方法之一就是将NPC的故事补上，迅速脑补自己和NPC之间的故事，然后用意念传递给NPC。通过这样的设定，NPC立刻就成了熟人，你们之间建立了故事渊源，人物也就鲜活了许多。这个方法相当于控人术，属于梦侠神通，用处挺多，比如冷面追杀者突然成为你失散多年的兄弟，路边摊吃面的妹子居然是12点前和你跳完舞就跑掉的灰姑娘，压床的“飘飘”是你上辈子养的猫穿越阴阳寻找主人。

梦尊神通

梦尊以上级别，清明梦已经达到稳定，潜导已经成为朋友，醒力自讨无趣，醒梦和谐的新境界可以领略到清明梦游戏更高的乐趣。没有压迫感，不用急匆匆，时间上能量上保持充足，逍遥自得。不再打打杀杀疲于奔命，可以闲庭信步看彩霞清风，游历世界，也可潜心看自己、看梦境、看过去未来。

在控梦神通上，梦侠已经能够施展所有技能，梦尊只是比梦侠功力更强些。梦尊的独特之处在于控梦收放自如，不再拘泥于戏，既可以游戏梦界，也可以跳出戏外。比如梦观、收梦、破梦、信息界探询、指导灵交流等，严格来说，这些不属于神通，而是对梦的本质或者未知的一种探索，蚂蚁在后面的《探梦篇》里会做详细介绍。

第二章 控梦延时

控梦延时，顾名思义，就是延长待在清明梦里控梦的时间。时间短、秒踢、分踢现象，绝对是梦控师心头的痛点。本章蚂蚁将简单介绍一些常用的延时术，在后面的《控梦十讲》中，读者能更深入地理解这些延时术的原理和应用。

手感延时

很多时候做梦者开始知梦时，找不到自己，好像游离在梦境之外，不知道从何开始。这时候需要的是抓出手感，手感一出，就找到了本尊。手感等触觉有稳定梦体的作用，是常用的延时技巧。

新手在知梦时以手触地，或摸墙走，或拍打全身，都是对付秒踢最常用的手段。在清明梦中状态下滑时，用手抓东西，手感与梦中物件的联系能够在一定程度上帮助梦友维持在梦境里。

如果清明梦里有一个控梦主题，此主题能不断触发触觉，有一定延时效果。

大大延时术

利用梦体变大，增强触感与本尊感，加强与梦境联系的延时术。

我常用这个方法，当感觉梦体状态需要稳固一下时发出指令，一下子将自己的身体变得很大，这种变化可以稳定梦体。

原理：1.触觉面积大了，触感增强；2.梦体意识加持，增强了本尊感；3.充实了梦境空间，巩固了梦体和梦境之间的联系。

刘备延时术

一种行走间的延时术，利用的也是触觉延时，名称来自刘备双手过膝的典故。

具体方法：把双手踩在脚下，然后站起身，双手将被拉长，过膝过脚，直到梦友在直立状态下，双手也能按在地上。这样一来，梦友在梦里是直立行走的，但双手双脚都着地，也有人形象地称此法为长臂猿法。如果想获得更好的手感效果，还可以将手掌变大，成为巨灵掌。

原理：众所周知，手感在清明梦里非常重要，具有延时功效，但是脚感却几乎没有什么作用，在清明梦里行走时，脚感几乎可以忽略。所以我们以手代步，行走时就有了持续而稳定的手感，巩固了梦体和梦境之间的联系，达到延时的功效。

掉线续传

梦里眼前一暗，影像消失的那刻称为掉线，掉线是清明梦常见的梦况之一。掉线不一定会醒过来，掉线只是失去影像，这是因为梦里的视觉系统失去了焦点。如果不做处理，很容易马上彻底醒过来，有经验的梦友则能够判断出自己只是临时掉线的状态，并且能够重启梦中视觉，再接上清明梦，继续清明梦之旅，这就是掉线续传。

掉线的时候，梦体感官基本失灵，此时的关键，就是重启梦体的感官，一般来说，调动触觉或视觉是最简单有效的。以下几个是常用的掉线续传方法：

联想	掉线时，别睁眼，别动，让意识待在梦境里，虽然梦里已经没有影像与情节，这时可尽量用主动意识去联想情节，坚持下去就柳暗花明，重新出现影像而续传成功。（此法关键在于掉线时的联想，这里面有一些小技巧，要随机应变，比如说掉线时感觉自己睡在床上，就可以想象上面有个蚊帐触手可及，向上一摸，往往真的就摸到一个蚊帐，抓回了手感，继续保持手感摸一阵，就可以慢慢看到影像出现了。）
环顾四周	在掉线没有影像的时候，带着期待的心情四处看，开始尽管什么都看不到，但是这种调动将会启动视觉，一会儿，梦境里就会出现影像，续传即成。
掏手机	续传口诀为："看不见，掏手机。"具体方法是：掉线时，做一个从口袋里掏手机的动作，手机一现，影像即出，续传即成。其实掏钱包、看手表等都可以，最好是自己平常熟悉的物品，而且最好是一个颜色鲜艳、能发光发亮的物品，在黑暗中有比较大的反差更容易找回视觉。不用思考，无需等待，一个掏手机的动作，同时可以调动触觉和视觉，立刻恢复梦境。
扳指	扳指通常都是好用的。对付掉线、假醒更是扳指的强项。新手如果还没有掌握太多的技巧，记住"有困难就扳指吧"。朴实无华的一招。

掉线续传是最重要的延时手段之一。理论上来说，只要不到生理醒来的时辰，都可以无限续传延时。上面列举的这些续传方法简单实用，但是真正到了高手阶段，其实无需太多技巧，只需在掉线时静等就能续传上。高手凭经验，当场就能判断出自己是处于可续传的掉线状态，还是不可逆的要醒状态。只要判断可续，就必然能续传回来。而新手一般判断不出是可逆还是不可逆，需要在实战中多体会其中的差别，这点对控梦很有帮助，梦友要多体会。

隧道刷新

控梦时很容易因状态不稳导致掉线踢出。因此，在状态下滑时能主动刷新状态，是延时技巧之一，只要熟练掌握了这个技术，控梦延时问题就能一举解决。梦界隧道是最常用的刷新方法，操作也很简单，找一个井盖，跳下去，就能启动隧道，隧道效应能转换梦境，恢复状态，相当于重生之术。井盖是如此重要，对于初、中级梦控师来说，反复练习井盖术，直到拥有在任何梦况下都能迅速下井的能力，是提升控梦水平的捷径。

其他延时

自动调焦

清明梦里常常会出现影像模糊、焦点错落等不稳定状态，这个时候很容易醒。可以先抓一个东西保持手感，然后想象一下自己的眼睛是一台照相机，命令它自动调焦，当重新定焦时，影像将会恢复清晰。如果这个方法无效，有力所不逮的情况，乃梦能耗尽的预兆，可以使用井盖刷新梦能。

连续起身

有一种清明梦比较常见，做梦者知梦时发现自己正睡在床上，于是需要一种起身的方法出来。如果强行起身的话，一则易醒，二则被子会拖在身上，变成很重的累赘。这时要静心想象被子已经不存在，轻轻翻身下床，爬几步抓到手感，如果这时候还没影像的话，就开始跑起来，一般跑一会儿就能看到影像，神奇的清明梦之旅就开始了。连续起身法就是连续使用这种方法，当一段清明梦快结束，影像消失时，想象自己回到了床上，再重新起身。

识别假醒

有时候梦友会遇到假醒的情况，自以为出局或已经醒了，而实际上却还在梦里，并没有真正醒过来。如果此时识别出是假醒，就又可以继续清明梦，反之则十有八九坠入普通梦了。

假醒和掉线不同，掉线的时候，梦友很清楚自己掉线了；而假醒的时候，梦友往往不清楚自己是假醒，反而会以为自己真醒了。因此，识别假醒的难度，是远高于掉线续传的。

如果有验梦的习惯，每次醒来都验梦，自然就能识别假醒，但是实际上很少有人能真正养成这种习惯。高手常用的识别假醒的方法，往往不是因为验梦而知道是假醒，而是基于经验判断出是假醒从而验梦。因为假醒和真醒有微妙的区别，只有高手才能体会出其中的差别。

调低知梦档

显控易醒，潜控易沉。如果能在显控和潜控中自如切换，那控梦就是随心所欲的境地了，但是对于一般梦友来说，基本上没有这种可能。

在实战中，调低知梦档能使得梦友在清明梦里待久一些，常用的方法是装傻卖呆，停止任何清明梦任务，尽量不去主动思考，跟随梦里自发的情节，忘记自己知梦这回事情。不过，对于调整知梦档来说，调高容易调低难，装傻卖呆其实不易。

第三章 控梦十讲

《控梦十讲》是蚂蚁于2011年8月开始在百度清明梦吧发表的控梦系列文章，我用游戏模型系统来全面阐述控梦原理和实战。

源代码

> 我有一个梦，我想我飞起时，天也让开路，我入海时，水也分成两边，众仙诸神，见我也称兄弟，无忧无虑，天下再无可拘我之物，再无可管我之人，再无我到不了之处，再无我做不成之事，再无……
>
> ——《悟空传》

清明梦好比一个天下无双的虚拟超现实游戏，知梦只是登录了游戏，控梦才是真正的重点。要想玩转一个游戏，有个所有玩家都懂的道理，那就是：先吃透游戏的攻略，再积累实战经验熟能生巧，一步步从菜鸟升级成高手。

谁都没有清明梦的源代码，因此也不存在所谓的官方攻略。此游戏博大精深，精妙无比，难度很大，其规则更是前所未有，匪夷所思，不同于任何现实中的游戏。要想破解此游戏的攻略，只能靠无数次的实战、无数次的经验教训，不断总结验证，逆推源代码。

每一个梦友都是从菜鸟起步的。菜鸟的特征很明显，既不知己，也不知彼。进入游戏后，不知道对手是谁，也不知道自己血量多少，地图情况也没弄明白，任务更是一无所知，心情容易激动兴奋，常常不知所措，知梦后糊里糊涂冲了一阵子，然后就被秒了。这就是每个梦控师都经历过的熟悉而悲摧的菜鸟秒踢现象！

一段时间后，梦友能控制情绪了，大致对梦境有了点感觉，也能做一些简单任务，但是一旦遇到新问题，就很不稳定，虽然大部分时候是被秒踢，但有时候却状态奇佳有如神助，这就是梦控师的起伏期。

经过新手期、起伏期，再到稳定期、突破期，梦控师一路进阶靠的是实力。实力就是对规则的了解和对技术的运用，是梦控师纵横梦界的唯一倚仗。

《控梦十讲》就是蚂蚁逆推清明梦源代码所得之控梦攻略。通过此攻略，梦控师将对控梦各个方面有全面的认识，知彼知己，不盲目战斗，快速全面提升控梦实力，进阶梦侠甚至梦尊阶段！享受清明梦的其乐无穷！

粉墨登场

背景介绍

梦界，乃是一个玄妙无比的上古阵法，内含极其厉害的禁制。入内者先被禁神术封印神识，再被幻象牵引沉溺，轻则丧失清明，重则神识湮灭，千万年来，概莫如是。然而，偏有一群人，视梦界为游戏，专门研究禁制破解之术，居然能在梦界恢复清明，破阵控梦，玩转梦界。这群人就是传说中的梦控师，也叫清明梦玩家，他们研究的方法统称为清明梦攻略。

先看看游戏里都有什么厉害角色。清明梦目前是单机版，如果照现实中单机游戏分析，以为对手是梦境里出现的形男色女、超级BOSS、仙魔鬼怪、闲杂人等，那就大错特错了。这些都是梦界阵法中的幻象，障眼法而已。真正的幕后老板是梦界三人组：一是封印神识的禁制，二是制造幻象的幻象师，三是被梦控师激活的梦界弹出系统。

由此，主角们已经呼之欲出，那就是“禁制、幻象师、弹出系统”，如果用我们所习惯的方式描述，相对应的清明梦四大主角为“显意识、梦意识、潜意识、醒力”。

四大主角亮相

1. 显意识：梦主的觉醒

清明梦攻略中定义的显意识，是一种主控意识。凡能主动控制的意识，都为显意识。日常生活中，我们脑子思考想事的方式就是显意识。知梦后，梦主可以自己主动思考想事，操纵梦体，控制梦境。这种主控意识也称为显意识。

2. 梦意识：禁制的力量

梦意识是一种被控意识。普通梦里脑子也会想事，但是这个意识不是自己主动控制的，而是完全受情节引导，受梦境控制而非控制梦境。此种被控意识即梦意识。

梦意识不是什么新生事物，而是在梦之禁制作用下，显意识被禁神术封印的结果。梦主不但失去主控意识，而且智商、情商、思考、记忆、推理等能力都会有所下降，说白了就是脑子会不好使，溺入幻象，认知发生扭曲，沦为梦之傀儡。

梦主思维受禁制的程度也有高低之分，这与梦体的活性高度相关。如果梦体活性非常高，那么受禁制影响会小一点，存在感会比较强，梦意识的思路相对清晰，此时的知梦点也较低；如果梦体活性低，那么梦意识会模糊混杂，甚至湮没，完全是一桶糨糊。

知梦就是解除封印，使梦意识复苏为显意识，成为小宇宙爆发的梦控师。当然，实战较复杂，在强大的梦界禁制中，往往做不到完全解除封印，梦控师很多时候处于梦显并存的混合意识状态，混合的比例对应了游戏中清明度的高低。

3. 潜意识：神级幻象师

前文说道，中了梦界禁制后，梦主没有选择，沉溺幻象之中，梦意识跟着剧本走。任凭梦境多么光怪陆离、时空颠倒，情节多么天马行空、散漫无序，梦主都全盘接受，情节到哪儿就是哪儿，完全是一副梦在当下的状态。

这个制造幻象、负责剧本、牵着梦意识鼻子走的神秘人物，就是潜意识，一位伟大的幻象师。整个梦境的舞台都是潜意识的杰作，有人甚至怀疑梦之禁制也是他布下的。

潜意识意味着巨大的潜能，这已经是学界的一个共识了。但在现实生活中，人们对潜意识的开发是非常艰难的，显意识和潜意识主动交流的机会几乎为零，这种能力只属于极少数的天才，百度百科“潜意识”里也提到：像爱因斯坦、爱迪生等天才人物，一生中运用了他们潜意识力量还不到2%。

清明梦提供了一个显意识和潜意识直接交流的平台，是一门清晰实用的技术，其务实的路子和心灵鸡汤、成功学完全不同。清明梦对潜意识的开发堪称前景远大。

4. 醒力：梦界弹出系统

梦友解除封印，显意识复苏，必然将遭到禁制的反制。如果禁制不能重新将显意识封印成梦意识，就会启动弹出系统，伺机将梦友驱逐出梦界。这个系统相当于梦界保安的角色，从游戏拟人化的角度，我们称之为醒力。

醒力非常强。到底有多强？下面一段摘自梦界兵器谱：

青冥剑：排名第三

使用者：醒力

梦界评语：暗黑帝国第一刺客、绝顶高手、非常可怕

此“人”精通隐身藏匿追踪兼读心术，擅长暗算伏击，不出手则已，一击必中。手中逆天级的青冥剑，“一招出，血光光，梦中玩家哭断肠”。实战中，梦侠以下几乎无抵抗能力，即使梦侠级别，被击中后的当场复活率也不超过三成。

实例

说了这些，梦友们应该有概念了，下面结合例子看看四位主角是怎么出场的。

在梦里，你看到一个女孩，心生好感，便上前搭讪，说道：“小姐姐，知不知道什么是清明梦啊?”女孩说：“神经病，看看我是谁。”瞬间变成一条蛇。你吓一跳，突然想到清明梦吧里的教程，起了疑心，随即验梦，扳指咬指捏鼻子……哇，真的是梦，你马上想起多年的愿望，对那条蛇大叫一声：“给我变回妹子!”咣当，一个仙女若隐若现，你激动不已，然后眼前一黑，醒了。

分析

开始自然是普通梦，你在梦之禁制下，显意识被封印成梦意识，被梦控制而跟随情节幻象走，十分投入地梦在当下。你看到女孩时的心理活动和搭讪的话，属于梦意识部分。而女孩、女孩说的话、蛇等，都是潜意识导演的情节，属于潜意识部分。然后，你起了疑心验梦知梦，此举冲破封印，使得显意识复苏，随后你尝试控制梦境，属于显意识部分。接下来的蛇变成仙女，仍是潜意识的幻象。如果你随后和仙女卿卿我我，很有可能重新被情节吸引，失去主控能力，显意识重新被封印成梦意识。但是，这次的情况是你很激动，破绽明显，醒力出手，你被弹出，Out了。

知彼知己

清明梦四大主角“显意识、梦意识、潜意识、醒力”已经粉墨登场，下面我们来分析各方关系，知彼知己，方能百战不殆。

四大主角中，不用说，显意识一角自然是梦控师本人，其他三人为梦界三佬。

资料显示，清明梦有两个战场，一明一暗。明战场是梦境，暗战场是梦体。其中梦体更是主战场。

在梦体战线，你死我活，主要对手是醒力，它心狠手辣，乃梦控师天敌。而在梦境战线，梦控师则和潜意识周旋，风花雪月之中暗藏心魔陷阱，一个应付不当，将导致防卫空虚，破绽露出，梦体失守。实战中，很多梦控师往往不适应双线作战，太投入于梦境而忽略了梦体这个暗战场，此乃致命疏忽。

谁是敌人？谁是朋友？其实，梦界的人际关系远没有现实社会这么复杂，这里分享一下蚂蚁个人总结的梦界相处之道：

和潜意识做朋友

潜意识，外号潜老怪，其遮天手在梦界兵器谱中排名第一。梦界评语：“梦界老顽童，神通深不可测，亦正亦邪。”

在梦境战场，你真正的对手是心魔，它潜入潜意识幻化成形，扰乱你的神识，诱骗你的感情，耗损你的能量，阴险至极！

梦中常见的心魔有好色、恐惧、贪婪、暴虐、自闭、沉溺、占有欲等。每个心魔都是一怪，突破心魔就是打怪升级，“梦中一切皆幻象，既来之则安之”，鼓励梦友勇敢面对心魔，珍惜打怪机会，一举升级。何时第一个念头不是找妹子，遇到“飘飘”能问声你好，少用暴力多交流，轻松突破封闭空间，惊涛骇浪如走平地，那就恭喜你，升级了！

回到潜意识。为什么要和潜意识做朋友？

◆ 你在梦界的吃喝玩用，一切都是潜意识提供的，饮水思源，不能忘本！

◆ 潜意识让心魔现形，实乃助你一臂之力，只有了解自己的弱点才能打败弱点，真正得到提升！

◆ 潜意识具有神级实力，和他交上朋友，则有如神助，梦控师才能真正随心所欲纵横梦界，反之则将处处受其掣肘。

◆ 对抗醒力，如果不靠潜意识帮忙来创造出有利于梦控师的天时、地利、人和等元素，必然凶多吉少。

◆ 最重要的是，潜意识源于你，为你而来，他才是你真正的实力，得潜意识者得梦界！

潜意识背后是全人类古往今来代代相传的集体智慧的结晶，梦境就是一个巨大的潜能宝库。不过，潜意识未必会尽全力，有人梦境奇幻无比，灵感如泉涌，有人则平庸无奇暗淡无光，相差甚远。通过对清明梦的练习，多数人的梦境会变得越来越清晰，气势恢宏，潜意识可以通过清明梦的开发，逐步激发出真正的神级实力。

话说回来，和潜意识结交没那么容易，得靠实力。初学者的清明梦里频繁出现纸人、橡皮人、毛坯片场、混沌空间、偷梁换柱等场景，代表着潜意识还不买你的账。如何真正成为潜意识的知交？和潜意识联手纵横梦界，那可是梦界一门大学问，后面再说。

和梦意识做兄弟

梦意识和显意识同出一源，一个被控，一个主控，两者阴阳共生，相互转化。普通梦里，梦主是完全的梦意识，知梦后，部分梦意识转化为显意识，梦主成为拥有了主控能力的梦控师。但是在禁制作用和情节诱扰下，显意识随时又有可能重新转化为梦意识，坠回普通梦。大部分游戏时间里，梦控师处于梦显共存，互相转化，你中有我、我中有你的状态。梦显之间的比例，就对应了清明度的高低。

一般来说，梦显比例，在知梦的时刻就已经决定了。“显多易踢，梦多易沉”，指的是显意识比例高的话，清明度高，容易被踢；而梦意识比例高的话，清明度低，容易沉入普通梦。

一旦醉了难清醒，清醒又难装醉。清明度过高或过低，都容易使得梦称失衡。所以清明梦度保持在一个相对平衡的比例是最有利于控梦的。

和梦意识做兄弟，实际意义是培养梦显双方相互转化的默契度。控梦次数多了，梦意识也会潜移默化具备控梦思维，梦显的转换将更为自然，将梦显比例保持在一个平衡状态里。

严防醒力

醒力是梦控师的心头噩梦，无数清明梦折于他手。这厮的功夫太过蛮横，有逆天法宝，兼躲在暗处，对付他只能以防为主、以静制动、以柔克刚。

醒力出手虽然诡异，不过也是有规律可循的，并且他也有弱点。了解他的出手规律和弱点，对于梦控师很重要。

醒力一般何时出手？实际上，他随时都可能出手，只不过是概率问题。在以下情况，梦控师出现破绽，醒力出手的可能性极大。

心不稳	专指意识不稳定。也包括情绪、专注度方面的不稳定，诸如情绪起伏、瞻前顾后、想东想西、贪得无厌、杂念太多、犹豫不决、手忙脚乱、不知所措、急躁无章、心慌意乱、恐惧狂喜、情绪过度等。
手不稳	专指梦体不扎实。缺少存在感，或者说本尊很虚很飘，梦友很难顺利完成技术动作，比如出现飞不高、控制不了方向、控梦艰难、有苟延残喘的感觉等。
脑不稳	脑袋沉重、思考费力、头昏脑胀等。
眼不稳	专指梦境不稳定。视野局促，视线模糊，梦境色彩感和立体感不强；变换视角时，梦眼不能聚焦，出现目眩感，容易黑屏等。
息不稳	专指呼吸不稳定。知梦后，呼吸肌开始由被动操作转变为主动操作，控梦时间一长，容易出现呼吸急促不稳的情况，从而招来醒力。
游戏卡壳	“心、手、脑、眼、息”配合不当，容易出现游戏卡壳的意外，比如突然间下一个画面跟不上，动作脱节，意识停顿，中断死机等，醒力将出手。
召唤必打	心中召唤醒力，比如担心会醒或者想到醒等，一个念头就会将醒力招惹上门。
心魔配合得手	当梦友在梦境战场，被心魔干扰，就更容易露出破绽，比如出现情绪波动、突发事件、血量剧耗等，都是醒力下手良机。
肉体状况	当肉体出现状况，比如光线、声音、呼吸、性冲动、肉身五感、生物钟等，造成肉体反应，醒力会出手。

防醒力，贯穿了整个控梦篇，此处大概介绍一二。

亡羊补牢	破绽难免出现，最有效的方法是第一时间意识到自身破绽，不等醒力出手就立刻转换，把破绽补上，做到这一点需要积累长期的作战经验。
和梦意识合作	梦意识是梦界体制内的人，梦界有句话，“醒力不打梦意识”。好好利用，增加梦意识比例，使醒力投鼠忌器，是一个有用的手段。

续表

让醒力失去感应	清明梦练熟了，经常会出现不醒之身状态，此状态下显意识和梦体、梦境三位一体，醒力将失去对显意识的感应，梦友暂时无醒力之忧。
训练“心、手、脑、眼、息”的稳定	“心、手、脑、眼、息”是稳定梦体和梦境的五大要素。进行针对性训练，提高梦友对梦体五感的掌控能力以及对梦境的适应程度，将大大减少自身破绽。
提升气场	强大的气场将有效震慑醒力，信心满满、动作果敢、意念强大、无所畏惧，是醒力对梦侠及以上梦友有所收敛的原因之一。
利用梦境	学会各种对付心魔的方法，不被心魔困住，随时注意能量状况，必要时收梦转换。巧用梦境中的道具法宝，多开拓利用加持之境，获得不醒加持，补充梦能，刷新状态。
复活术	突然被击的高手复活率不足三成，但是复活术不可不知。在醒力一击之下，可能出现三种结局：一是被击掉线，梦体还在梦境，只是视觉消失，可试掉线续传；二是被击回体，梦体回床，要注意识破假醒，本地出体；三是被击出局，肉体感官全面启动，这种情况很难复活。

自我分析

和潜意识做朋友，和梦意识做兄弟，严防醒力，同时，梦友也应该对自己的情况做个客观分析，心中有数。

控梦一途，犹如游泳，靠实战中成长，讲究循序渐进。刚开始梦友主要靠状态，运气成分高，清明梦质量时好时坏，多有反复，一般在5分钟以内。随着经验逐渐丰富，梦友掌握各种延时和控梦技巧，对梦体梦境渐渐熟悉，状态趋向稳定，达到10分钟以上的高级阶段，梦友将能频繁获得不醒之身，梦界应变能力强，如果能超过20分钟，控梦就算有成。

每个梦友资质和努力的程度不同，进度自然会不同，对一般人来说，想要达到控梦自如的程度，可能要花一至数年的工夫。总之，坚持+方向正确=胜利。

梦体能量

淡定哥为何被秒杀？牛皮糖为何甩不掉？起身时为何滞重？飞翔时却像狗爬？5分钟不到为何头昏眼花？井盖下为何杂物丛生？逃跑时为何屡屡被抓？百岁老人为何健步如飞？中国版特斯拉如何打造？为何想穿越唐朝却来到混沌空间？四大巅峰何日重现江湖？……这一切的背后隐藏着什么？请跟随我们梦控师的脚步一步步揭开真相……

我梦由我不由天

梦控师借助梦体身临梦境，和角色扮演的RPG游戏类似。RPG游戏中有个非常重要的设定，就是主角的血量（或称HP值），比如仙剑中的李逍遥，行走江湖时头顶上方显示一个血量条，一旦血量不足，可以赶紧吃药补血，血量用光，就出局了。

RPG游戏的攻略，基本上都是以血量为核心展开的。清明梦具有类似的特点，为了让控梦更加直观易懂，蚂蚁引入了梦体能量的概念。

梦体能量就是梦控师的血量。梦控师行走在梦界的过程中，梦体能量随梦的进程变化，任何梦中活动都会影响到梦体能量，当梦体能量为零时出局而醒。

但和普通游戏不同，梦界不会显示血量值，梦控师看不到血量的信息，也无法知道一路来血量的变化，这其实是非常要命的一件事。

纵然上天入地呼风唤雨、快意恩仇、豪情万丈，可摆在梦控师面前的事实是：梦控师无法看到血量条，等于睁眼瞎，极其被动，往往不明不白就被KO！这个设计直接将控梦的难度提升到“极难”！

“我梦由我不由天”，游戏再难也有通关者。真正的高手在玩游戏时完全可以不看血量条，凭着对游戏的了如指掌，一刀掉几滴血都清清楚楚，达到了“心中有条”的地步。同样的原理，也可应用于清明梦。如果能够掌握清明梦里血量变化规律，并且有意识地应用在控梦中，凭经验和感觉能对血量进行大致的判断，就能对控梦起到很大的指导作用。

梦体能量简称梦能。梦能的作用，是为了保证梦体的稳定性、五感接收能力和本尊感。

梦能低	梦体不活跃、存在感弱、五感较迟钝，感知和活动功能受限；头脑不清楚、昏胀；活动不灵便、滞重；视野不清晰、模糊；接收到的梦屏黑白或模糊，断断续续；梦里活动少，情节短而单一，神通难以完成，梦境质量低。
梦能高	梦体很活跃，存在感强，五感灵敏，头脑清晰，有较强的感知和活动功能，梦屏高清，情节长而有趣，神通容易成功，梦境质量高。
梦能归零	说明梦体在梦界无法被hold住，被踢出，Game over!

总梦能与当前梦能

关于血量，有两个值最重要，一个是满血值，另一个是当前的血量值。

1.总梦能

总梦能，代表梦体所能达到的最大梦能值，即满血值。这个值越大，说明梦体越强，我们可以拿梦体的梦能和肉体的力气作比较。

小时候肉体的力气很弱，长大后，随着肉体成长，力气也越来越大，岁数大了，则年老力衰。梦体的梦能，小时候很强，长大后，劳心动脑消耗梦能，加上缺乏梦体训练，梦能越来越弱。

如此可知，为什么小孩子更会做梦？为什么这么多“小时济济，大时了了”的落灵根？长大后，梦体衰弱，总梦能下降了。

大多数人的梦能相差不大，符合正态分布。经过专门训练的梦控师，梦能远超常人。清明梦有训练梦体、提高梦能之功效。

2.当前梦能

当前梦能，即当前血量值。玩游戏的人都知道这个最重要。

入睡后，梦能积累到一定程度，梦体成形开始活动，就是做梦了。随着梦境的深入，血量达到某个值后不再增加，这个值是多少，取决于当时你梦体的状态。一般来说，梦友在梦界达不到满血的状态，除非梦体达到很少见的巅峰状态。

人一晚上不止做一个梦，每个梦的状态又不同，有的梦发生在深度睡眠，梦体的状态就更稳定，血量更足，反之浅度睡眠的血量少些。

普通梦里，达到一定血量后，血量条将保持相对稳定，直到梦醒时分，血量迅速归零。清明梦的情况较复杂，知梦时有一个“解禁效应”，会出现冲击血量条的情况，当前血量可能一下子增加，也可能一下子减少。反映在知梦时刻，梦境一亮或一暗，五感有不同程度提高或削弱。如果冲击较大，还可能引发梦境次元转换，启动梦界隧道，出现信号、吸力甚至回体的现象。

由此也可解释，同一个人为什么有时候精彩多梦，有时候模糊杂乱，甚至没有梦。就是因为梦体状态的差异，如果本身总梦能不高，白天又劳心焦虑，心事重重，做多了额外消耗梦能的事，就更难保证状态了，如果梦体难以获得足够的梦能，梦境将浑浑噩噩，甚至干脆没有梦。

梦能血量规律

① 普通梦：梦意识主控，血量相对稳定，醒力不出手，醒时血量迅速归零。

② 清明梦：显意识参与，开始耗血，显意识参与越多，耗血速度越快。

③ 血量越少，越容易遭醒力打击，一击下，血量多半迅速归零。

④ 如果中途坠回普通梦，血量将恢复到普通梦的正常水平。

一般状态的清明梦，大致在5分钟内，梦能将损耗到一个警戒程度，梦境开始恶化，梦体不稳，醒力出手可能性大增，梦境随时会崩塌，这也是大多数清明梦不超过5分钟的主因。如果显意识运用了动脑强记、情绪波动逻辑分析等，耗能将明显加快。

有一种情况叫做潜意识知梦，也叫潜控。梦主虽然知道是梦，但是知梦属于潜意识的情节安排，梦友实际上并没有主控的显意识，这种情况和普通梦一样，不怎么耗血，时间可以很长，严格讲不属于真正的清明梦。梦友在清明梦过程中，由“显意识知梦”不知不觉转化成“潜意识知梦”，是常有的事。

很明显，显意识会造成梦能加剧损耗。为什么呢？想必与脑部细胞的活动参与及化学物质作用有关，如果科学能够发现这些根源和机理，就有可能靠科学辅助手段，自主调节显梦比例，达到可控的不醒之身，效果将类似于电影《盗梦空间》中的清明梦强力药，开启人类控梦新纪元！

控梦血量原则

提高总血量

总梦能和人的精气神有关。它会消耗大部分日常的妄念杂识，劳心耗神压力大、睡眠质量差、亚健康等都会有影响。

首先，保证睡眠质量。梦体的自由成长，需要深度睡眠的保证，床要舒服，睡眠环境要好，安静适温。

其次，白天少操心，杂七杂八的事少想，放松心情，适当锻炼，少做耗神费脑的事情，有空多做想象力开发练习，给“潜老怪”补充营养，少打游戏少熬夜。打坐冥想、气功脉轮、静心修行等方式都是有帮助的。

坚持做清明梦是快速提升梦能的好办法。坚持记梦，多在清明梦体会梦体梦境，多开拓梦境长见识，多调动潜意识等。总梦能的提高表现在梦境越来越清晰多彩、越来越神通自足，梦醒后让人感觉更加神清气爽。

耗血要慢

1.和谐互动

一是万能的触觉。它能明显稳定梦体，缓解血耗，甚至加持血量，凡能和梦境产生互动联系的，都有类似功效。

二是不要急。梦友常常急切地想完成一件事，反而需用额外的血量来控制意念，加速血耗，结果欲速则不达，行走梦界，最重要的是一个“稳”字。

三是磨合。清明梦是显意识与梦体的磨合，要达到和谐，需要足够的磨合期。

2.减少显意识比例

降低显意识，增强梦意识，就能缓解血耗而延时。不过，意识不是想减就能减的，而且也容易坠回普通梦。此法说易行难，只有梦尊级别才能够实现潜控和显控自然切换。

3.不醒之身

五感和谐，心、手、眼、息与梦境合一，梦能充足，高度清明，自在无拘，可获不醒之身，这是控梦者追求的终极延时术！不醒之身对梦友的要求比较高，新手急不来，十级梦侠以后，不醒之身会自然出现且次数增多。升级吧，梦控师！

刷血补血

总耗血不是办法，有没有办法刷血补血呢？当然有。

为什么耗血？就是显意识和梦体两人八字“相克”，搭在一起就内耗。如果暂时分开两人，耗血就可能停止甚至回补，这种情况称之为“加持”。如果过程中发生梦境次元转换，血量将重刷到一个值，这种情况称之为“刷新”。

那怎么用分开来避免内耗？

答：当显意识指挥不了梦体，两人各干各的，就算是分开了。

常见的分开之境有：

隧道	梦体失控，梦友顺其自然，闭目养神即可补血，等待隧道停止，新梦界中血量将刷新。
虚空	梦体失控，梦友顺其自然，闭目养神即可补血，此状态还可能激发强烈的能量反应。
压床	指挥梦体有难度，梦体紧拘本地，是一个慢耗血的加持状态，不易醒。
假醒	往往是一个梦境次元的转换，有刷新效应。
梦中梦	同假醒，梦境次元转换，有刷新效应，同时因为清明度低，耗血也慢。
回体	同假醒，梦境次元转换，有刷新效应。
梦屏	如果是本地梦屏，梦体不在境中，显意识无需耗神指挥梦体，有一定加持功效。
收屏	闭眼收屏，主动切断五感，意守补血，也有一定加持功效。

在这些状态下，经常还会伴随出现梦鸣、震动等出体信号，代表着梦体活性调整得比较剧烈，刷新效果往往更好。

另外，掉线也是一种特殊的分开之境，如能续传成功，也有刷新功效。但是掉线属于被醒力击中后被迫分开，等到掉线发生说明已经晚了。梦控师应该时常注意状态，一有状态恶化的苗头就主动加持转换，不应坐等掉线。加持转换的方法首推启动梦界隧道，后面会有专门的章节详细讲。

注意：加持时，梦控师暂时甩掉梦体包袱而得到喘息的机会，但是“心”这一点却凸显出来，此时招来醒力的主要原因往往是心境的波动。所以加持时守住心境，还需要多次锤炼。

还有一种是强行补血，最直接的方法是用意念提升梦能；其次是吐纳调息；再次是吃“包子”、吃“神丹”；或者吸收梦元素，借梦境神通。这些方法都属于临时补血，有无效果很大程度取决于当时的情况，推荐试试。

后话

尽管梦体能量仅仅是游戏模型中的虚拟值，但是蚂蚁却不认为这只是一个无中生有的东西。相反，一旦清明梦进入更深的研究阶段，梦体能量将有可能成为未来的主要研究方向之一。

从实战角度看，控梦很容易体验到精神力量的消耗，说明的确存在着某种能量层面的因素；从科学角度讲，梦中的每一个行为和思想都和能量有关，能量是一切活动的基础。尽管以我们目前的科技水平，还无法检测出梦中的能量波动值，但是并不代表梦体能量就不存在。也许未来，科学家将弄清楚梦境的能量变化，通过梦体能量将高难度的控梦变为一个量化可控的过程，这才是真正的科学控梦吧。

控梦之路

控梦三点

实战中，控梦可由三个要素决定：状态、情节和技术。此为控梦三点。

状态	指梦体的稳定性。此乃行走梦界之决定性因素，控梦之根本。
情节	指清明梦的内容。好的情节有助于维持状态的稳定，而差的情节则起负面影响，甚至导致状态崩塌。
技术	指实战中对状态和情节的把握，对控梦原理和技巧的应用就是技术。

人各有梦，梦皆不同，实战梦况复杂梦情多变，控梦作为一个前沿阵地，究竟有何门道，下面来看一段“路边社”记者对几位梦控师的采访。

记者：哪位大大能给大家介绍一下控梦的原理？

庄子：清明梦的一切孽缘都是因为显意识这个天外来客突然降临到了梦界，打破了梦界原有的平衡。控梦就是要建立一个梦界新秩序、新平衡，达到显潜和谐、显梦归一。

记者：天外来客？？什么鬼？？

龙哥：还是我跟你解释一下吧，做梦是脑神经系统在显意识关机状态下的运作，当清明梦者的显意识启动，进入梦境系统时，会引发系统的排异反应，控梦就是克服这种排异反应，从排异—适应—默契—融合，一步步增强梦境状态下脑神经系统对显意识的接纳与互动的过程。

记者：哦，请问你们组有没有讲白话文的？

牙牙：你去了火星，却没有火星户口，于是他们的城管将你当成异形，见你就追杀，等你混得像个火星人了，拿到户口本，就能待在火星了。

记者：有点明白了。那么，怎样才能学会控梦呢？

美静：一个字“泡”，泡水能游泳；泡群能知梦；控梦则要泡梦，升级是在梦里泡出来的。

记者：泡梦升级！精辟！再请问一下，你觉得控梦的魅力在哪儿？

Joy：显意识指令，潜意识营造，所想即所得。因为潜意识神级的营造能力，可以打造出人类最极致的体验！

记者：羡慕羡慕，期待今晚我也能控梦一把，迫不及待想睡觉了。

小玉：经过这次采访，你已经有了清明梦种子，夜夜美梦不是梦！

以上纯属戏说，借此表达一些观点。控梦不是遥不可及的神话故事，也不是随手就来的小儿科，而是从生理到心理、从理论到实践、从技能到本能、从意念到潜能等各方面都涵盖的一项人体系统工程。梦控师控梦就是从无到有建立和完善这项工程。

四大巅峰

实战中控梦能达到怎样的高度？以下是蚂蚁实证过的控梦高级状态，可称控梦四大巅峰：绝对清明、不醒之身、超级拟真、天才态开启。

绝对清明

完全明白自己是在梦里，思绪非常清晰清楚，行为完全自控。

在形象思维方面，如对周遭的感悟、梦境的观察、细节的领会、影像的接受等，可以达到媲美现实的程度。个别情况下，可以获得超出现实的感知，达到纤毫毕现、运筹帷幄的程度。

在逻辑思维方面，可以回忆起日常琐事，还能分析推理、阅读思考、数值计算等，但是在思考深度上和现实有一定差距，主要原因是持续性不强，持续深入的逻辑思维和脑力运作将很快影响到状态从而难以持续。这方面，特斯拉和后期的门罗是超强者，资料显示他们在清明梦里能进行比较长且深入的逻辑思维。

不醒之身

广义来说，任何不易醒的状态，都可以称作不醒之身。普通梦里就是不醒之身，压床时很难醒的状态也可以说是不醒之身。本处特指清明梦的控梦状态下的不醒之身，有两种情况。

1. 醒力无从下手。这种是非常稳定的清明梦状态，状态非常好，通常本尊感强，清明度也高，就好像操纵真正的肉身一样，自由自在，几乎感觉不到什么醒力。

就像古龙小说里面，当一个高手处于巅峰状态下，一举一动都没有破绽。在这种状态下，被醒力袭击的概率远低于平时。哪怕是被袭击，往往也是瞬间复原，即使掉线，也能瞬间续传。

2. 打不死。这种不是上文描述的非常好的状态，而是比较平常的状态。醒力会来袭击，但就是打不死。无论醒力怎么打，都只能打到掉线，然后又可以通过技术续回来，这种不醒之身往往持续很久，理论上可以达到正常睡眠结束。

超级拟真

梦境方面：充分激发潜意识，梦境大气恢宏，高清细腻，真实感和清晰感都是巅峰制作，如现实般地逼真，但是神幻绚烂得多，呈现诸多世间不可能见到的大场面。梦中人物不像程序化的NPC，而是声音笑容有灵有肉，言谈举止流畅自然，触之与真人无异。即使使用创梦改梦等神通，也能达到意到景到，潜显合一。

梦体方面：五感逼真，眼、耳、鼻、舌、身、意、息等全方面激活，可以模拟出肉体的任何动作和感受，并且收发自如、神通自足。

天才态开启

可以在梦中主动打开集体潜意识，调动出非凡的创造力，灵感自然流淌，浑然天成。

科学史上公认的最强的两大天才：一个是达·芬奇，一个是特斯拉。特斯拉能在清明梦状态里进行超前的科学实境模拟，堪称现代史清明梦第一强人。

达·芬奇睡眠法，则是达·芬奇的秘诀，长期以这种方法睡眠，知梦概率应该很高，蚂蚁推测达·芬奇也是清明梦高手。从他们俩所展现的匪夷所思的创造力、无数的发明设计、超越时代的奇思妙想，我个人认为与他们利用梦中的天才态有很大的关系。

磨合脉络

巅峰状态并不稀奇，即使是新手，在状态神勇时也不难体验到，难的是长期性和稳定性。这里的关键在于磨合。

控梦包含两方面，一个是控制梦体，另一个是控制梦境。

控制梦体，是显意识和梦体之间的显梦磨合；控制梦境，是显意识和潜意识之间的显潜磨合。

老手相对于新手，为什么能获得更稳定和高质量的状态？为什么梦域更广，更能随心所欲心想梦成？主要是显潜磨合得更好。

控梦的磨合必须在实战中积累，获取经验值的方法就是尽量多待在清明梦里，当梦友的总控梦时间累积到一定程度，比方说10分钟、100分钟、1000分钟，自然会发现状态有所突破，而且越来越稳定，磨合精进，控梦升级。

提升总控梦时间，除了提高知梦率以外，延时是最为重要的课题，可称得上控梦的核心。因此清明梦有两大关卡：一是知梦关，二是延时关。

蚂蚁在此说说自身的经历。知梦关我攻克得比较早，知梦的原理比较简单，要么把握入梦阶段梦屏或出体，要么清明梦种子发芽后梦中知梦。我在2004年练习清明梦的半年之内，知梦率就已经比较高比较稳定了。真正费劲的是延时关，这条路我基本上是摸着石头过河，走了不少弯路，开始时进展很快，后来到了一定阶段，再想提升就比较困难，总觉得很被动，哪个地方差了点什么。后来，我着重研究了隧道和虚空，才取得这方面的突破，在与醒力的对抗中能掌握主动权，延时关算是打通。回过头看自己的控梦历程，一条脉络开始凸显，延时的要诀，就像水中之石显现了出来。

这条凸显的脉络，就是泡梦过程中显意识和梦体磨合的各个阶段，大致为：相克→相磨→相持→相换→相合→相通。

相克

和大多数新手一样，控梦初期全凭状态，经常被秒踢，偶尔能神勇，血量迅速用完拉倒，梦境很容易崩塌，梦体对显意识明显不买账，只要显意识超过一定比例，醒力汹涌难挡。

相磨

随着泡梦次数增多，显意识和梦体度过相克期，磨合作用初显，秒踢少了，耗血慢了，控梦进入起伏期，对情节性依赖严重，有时如有神助，有时苟延残喘。更普遍的还是控梦一段时间后会出现梦体不稳、突然掉线的现象。

相持

随着实战中的经验逐步积累起来，控梦进入相持阶段。显意识开始能用各种控梦技巧加持梦体，比如心、手、脑、眼、息的深化技巧，显潜调节的迂回技巧，掉线续传识破假醒的续梦技巧等。控梦时间得到一定保证，状态比较稳定。但是，总的来说，控梦仍然处于被动防御阶段，不具备向醒力叫板的资格，多数的清明梦都是心有不甘地被醒力终结。

相换

长期的相持后，出现了一个转折点，我找到了一件和醒力的青冥剑相当的重量级法宝，那就是梦界隧道，也称为井盖法。隧道最重要的功能，就是转换状态和情节，化被动为主动，显梦分离，消除破绽，让醒力的青冥剑无从下手，无招胜有招。

相合

这个阶段，可以说真正在生理上适应了，显梦不再明显排斥，秒踢很少见，不醒之身的状态开始多了起来，控梦的时间一般较长，梦境无论是场景还是信息都比较稳定。

在这个阶段，最典型的是梦尊级别梦控师。

前面说过，梦尊级别在控梦上的收放自如，最大的特点就是“显控潜控自发转换”。达到这个级别后，控梦延时就不再是问题了，也无需太多延时技巧。

那么，“显控潜控自发转换”，是怎样达到的呢？

这个没有捷径，完全靠积累，当你控梦时间越来越长，自然会达到这个程度。一旦你控梦时间比较长，就容易从“显控转潜控”，一个假醒或者被某件事吸引住了就变成潜控了，这很常见。而清明梦积累到梦尊这个程度，控梦意识是非常强的，潜控了一会儿，又会很容易意识到自己在控梦，从而重新“潜控转显控”，这一切都是自然而然发生的。所以说，梦尊是“知梦控梦成为本能，清明梦融入血脉”的梦控师。

相通

这里的相通，指的是心有灵犀一点通。在此阶段，显意识和梦体有了一定的独立性，同时又互有灵犀。显意识可以独立于梦体存在，并且具有自由召唤梦体的能力。需要梦体时，显梦合一，本尊立现；不需要时，则梦体消失，独留一念。

蚂蚁认为，这个地步象征着显意识对梦体收放自如，是最高级的控梦技术之一。此法技术难度非常大，属于专业梦修领域。

另外提一下，我们有时会看到高手讨论梦观的话题。梦观就是尽量不参与梦境，规避意识对梦境的干扰，以期能客观地观察梦境，达到探索梦境真源的目的。当梦体存在时，梦观是很难做到的，因为不得不顾忌到梦体的状态，难以两全。如果能以纯意识体验梦境，无心无我唯存一意，则更能达到梦观之境。真正做到明心见性的梦观，已经是控梦大成的级别。

梳理总结

脉络一通，梳理一下，就可以回到开头所说的控梦三点：“状态、情节、技术”。

状态方面（要诀在于：判断、分合）

对自身梦体的状态要有清晰的判断。当需要加强梦体时，用“合字诀”，显意识深化梦体，加强本尊感，比如通过触觉延时、意念延时。当梦体成为累赘，有崩溃迹象时，赶紧用“分字诀”，显意识果断与梦体分开，不去指挥梦体，让梦体自动随境复原，比如常用的启动失控隧道、放空梦体、人造假醒等。

要在实战中熟练掌握“分合”，并不是件容易的事，特别是在状态判断、时机选择等方面需要大量的实战经验。

情节方面（要诀在于：熟悉梦况、随机应变）

情节，指的是梦控师和梦界的互动，说白了就是各种复杂梦况的临场应对。

好的情节对于维系状态非常有帮助，相反如果没有情节，则很容易和梦境失去联系而被踢；如果情节不利，比如陷入纠缠、迷阵恐诱等，也很容易出局。

对于梦控师来说，应该对清明梦的常用梦况及其处理方法有所了解，利用好的情节，规避坏的情节，好时顺其自然，坏时灵活转身，经验丰富后自然能达到心中有数随机应变。

技术方面（要诀在于：把握原理、积累经验）

空有理论没有用，清明梦是一门实战学科，必须掌握扎扎实实的技术，才能真正为控梦保驾护航。清明梦的任何技术，如果能植入到潜意识，在控梦时就会事半功倍、成功率高。因此，除了在控梦中多练多用外，平时多研究多思考，针对各种梦况培养出本能的控梦第一感，也很有帮助。把握原理，举一反三，在实战中积累经验，不断练习提高，是技术派的不二真理。

一个时间比较长的清明梦，状态一般是以下三种之一：

◆显潜磨合度高，极佳的状态。

◆一般的状态，五到七成的清明度，情节很好。

◆状态不好，或者情节糟糕，但是通过强横的技术，刷新状态，转换情节。

实战中，以上三种基本上是兼而有之的，一句话概括：“稳定状态，熟控情节，技术护航。”

控梦之道

每个梦控师的情况各不相同，不存在一模一样的控梦之路，但是每一条成功之路必然都蕴含着相同的规律，这些规律就是控梦之道。掌握这种规律的价值远远超过掌握无数的方法。方法太多反而让人无所适从，掌握了规律则可举一反三。无论是知梦、出体、梦屏，还是控梦，都是如此，世间所有学习体系概莫如是，一句话：“把握原理，灵活应用，结合自身，对症下药。”

该出手时就出手

前四讲偏重于理论和概括，从第五讲开始介绍具体战术。

本讲介绍的是控梦里最基础的技术：触觉。触觉通常是由手来完成，所以也称“手感”。一句话概括手感的作用：在有梦体的情况下，稳定梦体；在没有梦体的情况下，带出梦体。

原理

控梦最主要的就是稳定梦体的状态。

“本尊感”是描述梦体实际状态的清明梦专业术语，指的是“我”在梦界的存在感，代表着梦体感官所能发挥的百分比以及梦体本身的稳定度。梦控师通过本尊感的强弱来判断实战中自身梦体的状态。

本尊感强则代表着梦体存在感强，视觉清晰、头脑不昏沉、自觉能量充足。相反，梦境模糊、梦体飘忽、难以聚焦、头沉脚滞，就是本尊感弱的表现，代表着梦体的状态处于崩溃的边缘。

如果本尊感比较强，情节配合也不错时，不需要过多的控梦技术。控梦技术主要应用在状态下滑或者情节不利之时。

稳定或者调整梦体状态的主要方法有：

① 利用梦体感官维持或加强本尊感。

② 利用念力或情节调整。

③ 利用特殊技巧直接刷新状态。

这里主要介绍第①点：利用梦体感官维持或加强本尊感。

实战中，主动调动梦体感官，摸、说、唱、闻、看、听、吃、动等动作，在一定程度上有助于维持本尊感。其中，能起延时功效的是触觉，最常见的方式就是“手感”。

原因有以下几点：

触觉，是最接近于现实的感官。冷、热、滑、糙、干、湿、软、硬等触感，都很接近现实，是梦体五感中最强大的。

触觉，最能让梦友真真切切体验到梦体的存在感！同时也是梦体和梦境直接发生作用的点，不仅能稳定梦体，也能稳定梦境。

触觉，主动性强，容易操作，手感只需一摸就能获得，而其他重要感官如视觉、听觉就被动得多。

触觉，是较后出局的感官，往往在听觉、视觉、嗅觉等各种感官完全出局后，仍然能主动获得手感，从而维持在梦中。

触觉，尤其是手感，在梦体无存在感的情况下，能直接带出梦体，也就是本尊入境，这在出体、梦屏以及掉线等场合非常重要！

应用

触觉在控梦中的应用是多方面的，如下：

1.新手克服秒踢关

新手秒踢，如果不是情绪波动问题，多半是因为梦体太飘，本尊感弱，梦体和梦境的联系太松散。常见的方法是迅速蹲下抓地、爬、拍打，体会手感，将梦体和梦境稳定下来。如果瞬间黑屏，连抓地都困难，就果断扳指不放（可防掉线），跑起来，通常跑一会儿视觉就会恢复。

2.出行常备

控梦免不了要出行，梦里有各种各样的出行方式，有飞、走、跑、飘、游、开车、坐骑等，甚至有更奇葩的方式。很多情况下，梦友在旅行中途就掉线（本尊不用则飘）或沉入普通梦了（意识不用则浑）。如果在出行途中，能时不时调动一下手感，对防掉和防沉都有很大帮助。于是就诞生了这方面的一些延时技巧。

刘备式：用手走路，保持手感。

巨灵掌：将手变大，扩大手感。

坐骑：一来省力有趣，二来手抓坐骑可保持手感。

开车：开车是我个人很喜欢的出行方式，省力不说，还能听听广播，手把方向感带来的手感和专注力都能起到不错的延时效果。

小物件：出行途中，手里拿点手机、石头、棍子之类的小物件，时不时感受一下手感。

摸摸：看到梦中的东西，时不时摸一摸，或者梦里经常扳扳手指，都是延时好习惯。

3.掉线续传

具体技术前面介绍过了。掉线其实就是梦体五感的消失、本尊感的消失。续传就是调动五感恢复本尊。最方便的续传手段，就是调动手感，手感出则梦体出，联想抓物以及掏手机、敲地等都是这个原理。

4.出体及入境

如果知梦时梦体处于本地状态，常见的就是出体和梦屏。出体时的扳床沿出体、开门起身，梦屏里的触屏入境，原理都是基于手感带出梦体，并且使梦体的本地受限状态转化为自由状态。

5.找人或物

在控梦神通方面，手感作用也很明显，所谓“变不如找，找不如摸”，想要某件东西，利用摸或抓的方式，会有更快更真的效果。从兜儿里掏神丹或者掏手机，都是这个原理。再比如出体时，想象前面有个门把或扶手之类的可抓物，一把抓住拽起身往往比自己腾挪折腾更快更省事；掉线时想象前面有个门，一摸门，手感出梦境现。

6.扳指

扳指，不仅可做扳机和验梦手段，其本身也是一个触觉的应用，有稳定带出梦体的效果，还能防假醒，加上扳指在操作上具有持续性、不影响出行的特点，所以在清明梦中的应用比较广。

举几个例子，在一些需要信心的场合，比如穿墙、飞跃或战场，梦友可以扳指不放，在扳指的保证下，心中明确是梦，将气场和信心提升到高点，从而无所畏惧。又比如在一些易假醒的场合，（如隧道、迷宫或掉线时）也可以一直扳指，此招可有效防假醒，让假醒无所遁形。

很多被秒踢的新手可能刚一知梦就眼前一黑，这个时候果断扳指也可以有一定概率保住触觉从而续传，至少可以防假醒。

如何导演这出戏

背景

普通梦如电影，一切按潜导的剧本走，而清明梦则加入真人秀的成分，剧情由梦控师和潜导共同合作，结局充满变数。

实战中，潜意识和梦控师，哪一方是剧情的主控方，取决于梦控师当时的清明度。潜意识主控情节为“潜控”，显意识主控情节为“显控”。很显然，潜控易沉，显控易掉，潜控比显控时间上一般要长得多。清明梦有长有短，主要是潜控和显控的区别。

梦体状态的不稳定甚至崩溃，源于显意识和梦体的冲突，而潜意识则是稳定梦体的因素。如果梦控师能掌握清明度的调节，想高就高，想低就低，潜控、显控自由转换，那么，这就是最强的控梦术，没有之一，其他所有的控梦延时技术顿时弱爆了。

但是，清明度是不易调控的，想要主动实现潜控、显控的自由转换，几乎不可能。只有梦尊级别的高手才能实现清明度的自发调节，靠潜意识来实现潜控、显控间的自然转换。

蚂蚁对清明梦情节方面做了分类：

1.巅峰清明梦

清明度很高，状态巅峰，而且非常稳定，情节以显控为主。潜导配合度高，神级造梦，五感逼真，可以自主做很多事情，完成预定任务，体验到自己想体验的愿望，几乎无所不能。

这种梦的感觉是无与伦比、显梦合一、显潜双强，属于质量极高的清明梦。

2.清明大梦

清明度适中，状态神勇，非常稳定。潜导发挥出巅峰实力，梦控师拥有超强的神通力，其效果堪比好莱坞大片。此等梦情节紧凑复杂，时空大开大合，极其玄妙，充满各种各样奇特的超常经历，梦中人有很丰富的感情，梦控师在情感上很投入。

这种梦的感觉是酣畅淋漓、百感交集、浑然天成，属于质量很高的清明梦。

3.清明美梦

潜控为主，清明度一般，状态稳定。和清明大梦比起来，情节没有那么劲爆，大体只是寻常生活，吃吃玩玩逛逛街，偶尔使使神通等技能。由于是潜控，时间比较长，梦控师压力不大，玩得顺畅。梦感清晰、情节好的半明梦也可属于此类。

清明美梦的感觉是在享受梦界生活，轻松写意，属于质量不错的清明梦。

4.清明好梦

显控为主，清明度良好，状态也比较稳定。潜导的能力一般，场景不算恢宏，情节不太紧凑，梦中人有时出现呆板的NPC感，梦控师自主性较强，神通较强。显控使得时间不会很长，内容大体是走走飞飞，东翻西看，遇到什么玩什么，以体验为主。

清明好梦的感觉是在梦界猎奇，谁玩谁知道，属于质量还行的清明梦。

5.清明小梦

显控为主，状态不稳定，很快出现勉强的感觉，梦体五感出现状况导致情节模糊中断、容易掉线，或者是梦感不清晰的半明梦，朦朦胧胧知道自己在做梦，容易沉入普通梦。

清明小梦的感觉是到梦界一游，虽不满足但也有所收获，属于质量一般的清明梦。

6.清明短梦

状态非常不稳，很快被踢，几乎没有情节可言；或者清明度非常低，知梦意识很快消失，情节转入普通梦。

刚刚上手的新人，清明短梦概率较大，常遭遇新人墙。多学习多实践，就能体验到清明小梦，状态神勇的时候做个清明大梦也是很有可能的。

清明小梦是一个瓶颈，估计不少梦友在此折翼。坚持下去，提高知梦率和控梦术，熬过这一关，取得足够的经验值，清明好梦就在眼前。

清明好梦，也是一个瓶颈。很多老手以为就是尽头，止足不前，猎奇感一过，有梦友甚至发出清明梦不如普通梦好玩的感慨，多挖掘自己的潜力，这个瓶颈就可突破。

清明美梦，比较常见，很多梦中知梦，但是清明度又不是很高的情况下，会出现这种美梦。

清明大梦，往往取决于恰逢其时的清明度和潜意识的强大发挥，需要靠运气，但是并不罕见，清明梦做多了，就不难体验到。

巅峰清明梦，潜显默契度要极高，状态要绝佳，对于显意识和梦体磨合成功的高手，会比较多见，对于新手则有点可遇不可求。

清明美梦及以上，通常醒来都是神清气爽，心神愉悦。

合作

好的情节有益于维系梦控师的状态，也直接决定了清明梦的精彩程度和质量，相反如果没有情节或情节不利，则容易出局。

梦控师和潜导该如何合作，打造出好的情节呢？

潜导

片场所有东西，几乎都是靠潜意识一己之力完成的，潜导的能力，是决定情节的主要因素。想要导出一部好戏，首先要问问自己：导演功力如何？你的潜意识强大吗？

巧妇难为无米之炊。潜意识对场景的展现也要基于它本身的素材库，库里有的才能进行加工和展现。古人就不太可能梦到飞机、大炮、高铁、手机这些现代化的东西，因为库里没有。所以说，还要问问自己：潜意识库里都有些什么？素材丰富吗？

如果你的普通梦平淡无奇，清明梦里也经常乏味无聊、NPC呆板无趣、特效五毛，那么，先想想，是不是自己的梦境潜意识方面有点弱，需要先提升。

年少时的梦为何奇幻多彩，而成人的梦渐渐平淡无味？没有了童真，没有了想象力，没有天然纯净的心灵，就不再会有奇幻多彩的梦了，潜能逐渐丧失。想象力开发，素材补充，喂梦以及练习清明梦等，都是训练潜意识、提高潜能的有效方法。

好梦还需潜神造，潜神也要好材料。抓住这一点，就抓住了好梦的关键。

梦控师

由于知梦，梦控师在剧情决策方面有了发言权，关键时候可以引导剧情、改变剧情，甚至激发出潜导的更强发挥。

梦控师参与剧情决策主要通过两点：一是控梦意识，二是念力。

控梦意识，就是要知道什么时候该出头，什么时候该随波逐流，剧情是好是坏，自身状态如何，心里要有数。控梦意识的培养并不难，多熟悉各种状态和剧情，经常给自己布置任务，实战中多应用，事后多分析，控梦意识自然会提高。

显潜和谐

显潜之间，一般来说是此消彼长，显强则潜弱，显弱则潜强。潜意识主导的梦境中，梦控师很容易失去清明梦。而显意识主导的梦境中，潜意识会被弱化，所以清明梦里易出现孤单无聊、NPC呆板的梦境。不过，达到一定级别的高手，显潜较和谐，能出现显潜双强的效果。

显潜沟通

控梦是显意识负责指令，潜意识负责执行营造。想达到好的效果，两者需要一个良好的沟通。首先我们要确保潜意识真的理解你的指令。

潜意识的特点就像小孩子，对语言、文字等逻辑性的东西不太容易理解。不理解的时候，通常就不执行，你会发现指令无效，或者经常曲解，呈现出一些意想不到的东西。但是潜意识对图片、影像等就相对容易理解了。所以，有时候发现指令不好使时，可以自我脑补一下画面感，让潜意识明白你想做什么。

还有一点，显意识下的指令越具体越好。潜意识和显意识有很多区别，它就好比一个海量的库，你自己都不知道里面存了多少信息。潜意识还可以多任务海量数据并行处理，比如我们在梦里，可以瞬间知道很多信息，这个是和显意识的不同之处。显意识则更多地是一条一条处理信息。往往显意识的一条命令，潜意识在海量的库里搜索，会有多种内容匹配，呈现出来就是五花八门、稀奇古怪的所谓的意识流。所以说，指令越具体，匹配越精确。比如下指令“我要吃好吃的东西”，就不如更具体的指令“前面路边就有一盆热气腾腾的火锅”。

另外，潜意识对直觉、觉知、信念方面有心灵感应般的接收能力。所以，更高级一点的沟通方式，是以一种直觉的方式、情感的方式交流。梦由心生，有时候可以直接通过你的心来改变整个梦境。当你的心情改变时，梦的整个基调都会改变。这个技巧在导演清明美梦、清明大梦的时候尤其有用。

实战应用

清明度粗调

知梦时，刚刚从普通梦里觉醒，显意识比较弱，不能确定是不是梦，此时推荐提升清明度，可以大叫“我在做梦”“唯我独尊”，直奔主题或进行验梦等来增强显控，这对于加强本尊感，以及随后的梦境设计、执行预定任务等都有好处。当然，这样会增加掉线的概率，所以可同时用触觉稳定梦体防掉线。

接下来，有任务且能记起的就去做。如果发现情节不好或者在一个很孤寂乏味无情节的梦境，可以尝试去开拓情节，奠定神通精彩梦的基调。

如果已有一些情节，随后的重点应该是延时以及更好地享受剧情，此时推荐降低清明度，增强潜控。方法就是尽量交给潜意识控制情节，让自己随梦逐流，减少主动思考，行动跟随本能，多与梦境特别是NPC互动，尽量去热闹的地方，不要过多留意梦中细节，也别总想着记住情节。

开拓情节

有的梦友做了一阵子清明梦后，会到瓶颈期，这时觉得无趣了，还没有普通梦好玩。一个重要原因就是情节单调，特别是本地出体，基本上没有情节，自己一个人在小屋里。梦中知梦要好一点，往往是在已有情节中知梦，但是如果清明度很高，潜意识也将弱化，也容易出现梦体五感不强，梦境孤单无聊的情况。

解决这个瓶颈，梦控师可以尝试主动开拓出有利的情节。

1.出体

出体时清明度一般比较高，加上一开始情节上的不足，所以出体多为显控，易掉线。开拓情节对于出体来说尤为重要。如果没有相关的任务，不建议待在屋里，应该去户外走一走，可以开门或者直接飞到外面，或利用隧道等换景，场面越开阔越热闹，越能调动潜意识的发挥，得到有利情节。

2.引梦

利用念力拓展情节，甚至直接构建和引导情节，可以主动打造出潜显合作的清明大梦。举个蚂蚁的梦例：

最近想做一个70年代的梦，知梦后，我在一条路上，我想象着后面会有一辆那个时期的卡车驶过来，等车来了，一上车，那个时代的气息就扑面而来，车里满满的NPC，非常活跃。我掌握了方向盘，副驾驶还殷勤递烟，电台播的是那个时代的歌曲，诸多细节如衣服上印的语录都是那个时代的烙印，看得分明，很容易就融入到情节中了。因为知梦，我在梦中会有更深的感触，这方面的体验是普通梦所不能比拟的。

引梦是靠念力引出梦境。首先念力要强大，梦引要选好，如此才能充分调动潜意识；其次潜意识也要强大，素材要积累够，才能丰富细节，其中NPC的活跃度尤其重要。由念力引出情节的氛围和走向，潜导完成细节铺陈，也就是“与潜意识共舞”。

这种引梦，我本人经常使用，比如竹林中一拐弯，遇到瓦岗寨的兄弟们在等我；逛街留意墙上民国的广告，带出一堆民国NPC；找老同学去学校教室找更容易等。

引梦不难，往往是从点到面，从一个人到一群人，从一个角色到一部戏，从一个细节可以引出一个时代。比如三国的梦，不需要大力去造梦，直接构建一个三国比较难，但是通过一个细节就可以引出来，比如竹林中一拐弯，那里就是桃园，刘备他们正在结义。接着潜意识会一步步渲染出气氛、人物，自然就进入三国的情境了。

比如想见到某明星，用引梦术的效果会比直接召唤更好。可以兴奋地推开某扇电影节大门，里面正是走红毯环节，和一堆粉丝一起喊明星的名字，这样出来的明星更生动鲜活。

3.创梦

比引梦更厉害的是创梦，几乎是念力直接命令潜意识现场造景，对潜显双方的要求更高。潜显默契达到一定程度后的清明梦老手，在状态奇佳的情况下，不难实现。举个蚂蚁的梦例：

2011年10月9日

10:11，鉴于最近假醒比较多，今天井盖任务时为防假醒，我在下坠中一直扳指贴臂，并且呼唤水来，有掉入水潭的感觉，出来时是一个开阔的荒地。我看到地平线的月亮中有个人影，带翅膀，我手一招，那人迅速飞过来，到我面前，但是我就是看不清他的容貌。他开口说了两个字，就消失了，我也没有听清楚他说的是什么。

接着我想了一下任务，开始做创梦的实验。很简单，就是想象要什么，然后转眼去看。我今天实验的是春夏秋冬，实验很成功，出来的景色非常瑰丽，四季分明。而且这些景色完全不是我想象的，我不过是下命令，根本不知道到底会呈现什么，这些全交给潜意识大神了。尤其冬季出现的那个水晶宫殿着实让我震惊，宏伟精致、巧夺天工，美得让人窒息，我还特意摸摸那些水晶柱，手感滑润，晶莹剔透……

后来在梦屏中看明信片，一张张翻过，风景不错，起了记心，看到制作人叫史莉莉，记住此名后醒来。

五感

清明梦中，有很多梦友会觉得五感不强。其实，潜意识和梦体配合，几乎能模拟现实中的一切感觉。除了和梦体状态相关，五感不强一定程度上也是清明梦里潜意识弱化的结果。要想获得逼真全面的五感，首先梦体的状态要好要稳定，其次也和潜显比例有关。

在清明梦中测试五感，大体是触觉最直接、最逼真；视觉也可达到高清，但是容易聚焦不稳；而味觉好像不怎么发达；至于嗅觉，甚至有人认为梦中是没有嗅觉的。而实际上，所有的五感，其模拟度都是可以无限逼近现实的，视觉经过练习可以和现实中一样随时稳定聚焦，味觉和嗅觉等则需要潜意识的全力发挥。

拿味觉举例：清明度高的显控情节中，吃东西的口感比较粗糙，有时甚至味道和现实不符，比如吃面包味同嚼蜡。即使运用念力可以想甜得甜，想苦得苦，但是仍然无法吃到细腻的原味，稍显不足。（巅峰清明梦里显潜双强除外）

但是在以潜控为主的清明梦中，同样是吃东西，只需用念力控制自己手中出现想要的食物，比如说不同味道的冰激凌，接下来就可以大饱口福了，几乎原汁原味。

吃到任何自己想吃的东西，而且味道逼真，这种口福是普通梦里很难得到的，而清明梦友只要睡前做点暗示，在当晚的清明梦中就可能应用上，不管显控还是潜控，都是很棒的体验。类似这种独有体验的情节在清明梦中可以设计出很多，这也是清明梦的一大魅力。

灵感

潜意识是创作之神，可以提供源源不断的新鲜灵感。如何在梦中得到自己想要的灵感，这属于情节设计的范畴。和引梦类似，氛围和梦引是调动潜意识的关键。

显意识一盛，灵感就容易中断，所以在设计情节中，多用迂回的梦引法。

比方说：想听歌，可以听自己手机里的歌，也可以找辆车打开电台，这都是常用方式，效果不错；还有看演唱会、画展、表演之类的。场面宏大热闹，也是非常好的找灵感方式。

你也可以突破常规，设计一些更震撼的效果，比如将整个天空当音墙，音响效果会怎样？空气可以化为实质吗？

最强悍的，就如特斯拉在出神状态下的试验，这种大手笔、大气魄，匪夷所思的程度，也只有在梦中可以设计并试验到。

实战中，只有想不到，没有梦不到！

入侵NPC

通常发生在“电影梦”中，梦控师知梦后，就好像进入到正在进行的电影里，NPC正沉浸于电影情节中，此时的梦控师好像是来自未来的入侵者，可以游走于电影中，却不太会干扰电影的进行。梦控师可以近距离观摩剧中角色，甚至为所欲为。一般来说，只要梦控师的意念没有对电影情节造成太多干扰，NPC基本上仍然会沉浸在电影中，对梦控师视而不见，不加抵抗。

因为这种“电影梦”潜意识发挥超强，打造的真实度通常非常高，NPC一般真实带感，而且情感丰富，和真人无异，所以这是一次和心目中的明星偶像亲密接触的逼真体验。

提升普通梦

清明梦里对梦的控制、对神通的应用、对灵感的追求等属于意识层面，潜移默化会影响到普通梦。清明梦神通高强者，在很多普通梦里也会信心十足、神通过人。梦感的提高将加强梦境的清晰度，拥有更逼真的体验感；潜意识的提升，将使得情节更宏大精彩、酣畅淋漓。

这些造就清明梦最实用收益之一，就是对普通梦的帮助。梦友的普通梦将变得越来越精彩，使得做梦成为一种享受。

念力与神通

这一讲主要是控梦神通方面。

念力最直接的应用就是神通。控梦神通可谓数不胜数，比如飞翔、隐身、穿墙、瞬移、瞳术、穿越、无中生有、呼风唤雨、变化、分身、灾难体验等。总之，科幻电影、小说、动漫里的各种招数、各种超能力，都可在梦中施展。

神通的施展和念力直接相关。念力不够的情况下，比如意愿不明、想象力不足或信心不足，就会影响神通的施展，出现似是而非或是莫名其妙的场景，愿望难以达成。

一些简单任务，比如查看梦体、观察梦境、跑步唱歌等，这些不涉及神通，可以轻易完成。而涉及神通方面的任务，比如梦神热线、井盖任务、找人、指导灵、梦回唐朝等，都需要念力支持。

有一点要提醒，控梦的根本是状态，不是神通。即使某次神通施展不开也没什么大不了，飞不了就走，变化不成就玩别的，不要在一棵树上吊死，因为神通失败而导致状态崩溃，这就得不偿失了。在梦中，胜固欣然败亦喜！

念力 = 意愿+信心+想象力

意愿

意愿，通常是通过心愿、语言或者行为动作表达出来，比如说呼风唤雨，梦控师在梦中大叫风来雨来，又比如龟派气功中对敌人摆出龟派气功的动作，都是由梦控师直接表达出神通的意愿，接下来则由潜意识模拟执行。

1.潜意识必须能理解梦控师的意愿，越明确越具体越好

如果一个意愿含糊不清，那么潜意识也就只能自行理解自作主张了，结果多半不靠谱，很多情况下干脆拒绝执行。

比如说，你想玩玩孙悟空的72变，你说“变”，但是变成什么呢？你没有告诉潜意识，那么多半是什么也没变成，也没准潜意识听懂孙悟空了，天上掉下个猴子。

同样的，无中生有神通，你想从兜儿里掏东西，最好得明确表示出自己想掏什么，是手机，是药丸，还是哆啦A梦的任意门？

2.神通越有画面感，越容易成功

比如说，“呼风唤雨、黑夜变白天、翻山倒海”，这些就是画面感强的神通。梦控师在表达意愿时，心中可以很容易想象到神通出来后的画面效果，而且画面不复杂，这种效果潜意识容易理解和营造，所以说这类神通难度并不大。

在神通施展时，直接想象所要的效果画面，引导潜意识执行，将大大加快潜

意识效率，这也是控梦神通方面的一个技巧。比如说唤雨神通，在大声叫“下雨”的同时，想象电闪雷鸣瓢泼大雨的画面，这将加速一场淋漓暴风雨的到来。

再比如说，梦控师不断大声喊出“世界末日”的意愿，想象地震塌陷、到处大火的场面，很快将会得到震撼性的“2012末日”体验。

3.越熟悉的神通，越容易成功

熟能生巧，这句话也适合于梦界！

刚开始试验陌生的神通，可能不太灵验，但是随着经验的提升，潜意识理解得越来越快越来越准，施展神通也将越来越纯熟。

比如飞，开始时飞不好很正常，慢慢熟悉了，就能越飞越好，甚至总结出一套自己的飞行方法。再比如说，梦控师想变成女人，可是他没有做女人的经验，潜意识在这个领域也不熟，那么第一次尝试时极有可能出现意外，该变的地方没变，不该变的地方变了，成为泰国人妖还算好的了。总之，变身很雷人，初试须谨慎！

但是，随着多次尝试，慢慢熟悉，多积累经验，就能驾轻就熟了。

信心

信心方面的原则：“信则有，不信则无。”所以，梦友即使没有什么经验，也必须先树立自信，培养自己知梦后“无所不能大无畏，我的地盘我做主”的自信心。

自信加状态，我称为气场。状态好且充满自信，就是气场强大，而状态弱信心不足则是气场弱小。

气场弱时，潜意识将使一些毒招诱使梦友出局，梦中会经常出现骚扰物或障碍，常见的有四种，需要梦友警惕，我称之为潜导手下的“梦中四毒”：

追捕者	潜导在各个点悄悄埋伏下一些特工，有可能在人群中或者路上相遇。他们唯一的任务就是对你死缠不放。 对付他们，最简单的方法是装死，向旁边暗处一扑，闭眼什么都不想，风头过了再说。级别高一点的可以使用金蝉脱壳、井遁等脱身术，或当他们不存在，思考其他问题，他们也将自动被梦清洗掉。高手还可以通过控人术，控制他们的头脑，化敌为友。

续表

恐怖力量	说白了就是来吓你的，潜导找来一堆跑龙套的，扮成妖魔鬼怪、僵尸、毒虫，怎么吓人怎么来，不少胆小的梦友心有怯意，被迫使用回城术而出局。
迷魂阵	在这一招里，潜导充分利用魔术中的障眼法以及梦友对地理环境的不熟悉，把梦友引诱到梦中迷宫，梦友在迷宫里无法脱困，大量消耗能量，醒力以逸待劳，一棍出局。 一旦辨认出迷魂阵，比如开不完的一重重一模一样的门，永远走不出的重复场景等，请立刻井遁。
山寨道具	梦中人拿橡皮人或纸人充数，其他道具舞台特效方面的偷工减料、滥竽充数就更不用说了。

对付“梦中四毒”最好的办法就是提升控梦级别，让自己拥有强大的气场，让潜意识配合不闹事。梦侠以上四毒避让，梦尊以上四毒罕见。

想象力

想象力强则控梦强，这句话非常有道理。想象力给了潜意识发挥的空间，也给了显意识指挥的手段，好的想象力是解决控梦难题的金钥匙！

想象力最突出的功能就是，主动构造出画面，引导潜意识立刻呈现结果。一般来说，这个画面越简单越具体越熟悉越有利于潜意识执行，这种方法可称之为“想象引导法”。

“想象引导法”的应用在清明梦中可谓比比皆是，能使神通事半功倍，上面唤雨的例子里，想象暴雨场景引导潜意识执行就是一例。

还有很多我们已经熟知的应用，比如掉线时通过联想使得梦境重现，比如本地清明梦（压床梦屏出体）时，想象有人在旁边拉你起来，或者想象身下有洞掉入隧道等，都是“想象引导法”的经典案例。再举几个例子：

问：飞行中，发现远处有个仙女，心向往之，但等你飞过去可能就没影了，怎么办？

答：想象一下拉住她手的画面，然后直接伸手去拉。

问：路上拦了一辆车，发现里面什么都没有，怎么开？

答：无中生有，想象脚下就是油门，一踩即开。

问：梦中睁不开眼睛，身体也动不了，手也不能伸，没触觉没视觉，怎么办？

答：方法有很多，比如可以想象自己被埋在土里，一动身体就能触碰到土，触觉回来了，手感自然也就有了，有了手感后，接下来就简单了。

上面的例子，不是唯一答案，实战中可以有很多种答案，关键是把握原理并灵活运用。

还有一些神通，非常考验想象力，不但要念力充足，而且对于想象力的素材要求极高，比如“唤龙”神通，在梦中召唤出一条龙，并且骑上去驰骋天下，那是最畅快不过了。蚂蚁尝试过多次，刚开始召唤出来的龙，基本是小得如蛇一般，或者是市场可见的纸龙。后来我研究了一阵子龙文化，渐渐召唤出来的是比较大的龙，而且已经能飞，可以作战，但是面貌还是模糊，如土龙、大蟒蛇之类的。到了后期，我召唤出来的龙，就有点儿像传说中的真龙了，麟角金身。当你真正看到这样的龙时，大体就能体会“叶公好龙”的心情了！

状态和念力相互影响

念力和状态，可谓控梦的两大关键。念力主要用于梦境神通方面，而状态主要用于梦境维持方面。可以说“状态决定控梦之根本，念力决定控梦之细节”。

状态和念力是相互影响的。如果状态不佳，梦体感官迟钝，那么念力将很难发挥；而状态好时，几乎是念到梦到，无所不能。有很多梦友遇到梦境模糊或者神通无法发挥时，认为是自己想象力不够或信心不足，根据大多数案例结果显示，其根本原因是状态不佳。

反过来，念力也能调整状态。常见的有：暗示给自己补能量，吃神丹，喝药水，模仿游戏里的路边捡包子，使用补血卡，吸收梦元素，采气吸能等。

以神奇药水为例，当你神通使不出来的时候，可以做个喝药水的动作，告诉自己已经喝下了万能的神奇药水，马上见效。注意的是，目标神通越具体越好。比如飞不好，目标神通就是飞；比如视觉不好，目标神通就是千里眼，等等。

潜意识对直觉、信念方面有非常强的接受能力。此处蚂蚁还要介绍两个新方法，这对状态的调整幅度比较大，甚至能彻底刷新状态，达到全新境界。

一个是借梦境神通，一个是信仰之力，都很有意思，值得梦友一试。

2011年4月14日

7:03a.m.，今天的清明梦非常好，超过一小时，最关键的是有一个很有意思的现象。这次对梦中的灵气，有特别的体悟。

梦太长，我把关键的地方描述一下。开始时，有两次湖水加持，就是感觉状态下滑飞冲过湖水时，出来后有种焕然一新的感觉。后来，我处在一个繁华的城市，当时状态极好，场景惊人的逼真和清晰。且说我进到街边的一个小店，柜台没人，我仔细打量，很寻常的小杂货店，墙上还供着财神爷，然后我听到有人回来了，而且马上知道是一个道术高手。我不想被他发现，于是从后门走，刚一飞起就被感应到了，那个高手带着他两个女儿齐齐追来，我们飞翔的速度都极快。看样子摆脱不了，而且自己的状态有下滑趋势，我突然起了一个意念，借了他的灵力，真的就只是一个意念而已，当即就发现不一样了，对方一下子不见了，而我感到精气神充盈，状态一下无与伦比，堪称迄今最强……接下来我重回到原来的城市，当时是冬天，梦中时间变幻，经过几个寒暑，做了不少事，我一直保持不醒之身和绝对清明。非常棒的体验。

注：今天的现象值得深思，梦中如果碰到高手，可以借助梦中人的灵力，一举将自己提升到前所未有的状态，真是挺神奇的一件事。此事让我想起了徐公子神游里风君子的绝招“借神通一用”，真绝了！

“借梦境神通”的方法很简单：念口诀“借梦境神通”，或者简单发出一个“借”字就可以，说的时候信心要足，干脆有力，意愿要专注。

要想让此法发挥更大功效，最好是有一个借的对象，这样潜意识更能找到发力点。在上面的例子中，我是向梦中一位高人所借，如果在梦中遇到仙人、大神等，虔诚向他们借也有奇效，实战中，也可以直接向梦神借。

2012年2月15日

4:00a.m.，激动的一个梦。梦里自己在和一种邪恶的东西做斗争，那东西钻到我脑子里，摆脱不了，我突然想到师父，记起他说过梦中有什么事的话就想他，这么一想，立刻醍醐灌顶，一下轻松爽快，彻底刷新。

我发现自己正在做气收丹田的动作，手中出现两个气团，我双掌下压，感到很强的反弹力，这股力使我倒飞起来，我一阵狂喜，这就是我追求已久的一种状态。飞到一定高度，我喊了一声“破”，上面就开了，我进入另一层空间，唱诗班天籁般的歌声响起，光芒四射。说实话，我当时觉得这就是天堂，有种神圣又幸福的感觉。我在自然飞行状态，居然没有忘记任务：查看梦境的3D程度。我远看近看，左看右看，的确是3D，真实度很高，远景近景都和现实感觉一样。

当时我知道是梦但是又期待不是梦，那种感觉太激动了，无法描述。飞进一个堂皇的宫殿时，一堆巨石从天而降，但是都砸不到我。我看到有的巨石还刻了头像。忽然一群人靠近我，都是西方人，有天使也有一些我不认识的怪物，他们对我很亲密。我进去后，看见里面有一大堆人，他们对着我一起唱起歌来，歌曲很美妙，我的职业病又犯了，居然在如此宏伟的场合怀疑这首歌是不是梦里的歌曲，我当时不太确定（其实我经常告诉自己，只要是怀疑，就必然是梦中的歌曲，先记下了再说），但是这次我少有的判断失误了。我认为这首歌在现实中有，于是放弃了，这首歌没唱完我就醒了，因为我看见自己全身突然发出光芒，心震之下醒力来袭，瞬间出局。

藏传佛教中，有上师梦中加持的说法，当弟子坚信一位上师时，就能借此在梦中获得强大的精神力，这个力量我称之为信仰之力，或许是清明梦里最强大的力量之一。在我的清明梦中，也体验到了类似的精神力量，堪称醍醐灌顶。

“信仰之力”的方法很简单：就是在清明梦中，特别是困境时，发出意愿，请求上师加持。

注意的是这是一种清明梦的技巧，与宗教无关。但是，如果梦友有宗教信仰，则更能发挥出此法的功效，甚至在清明梦中得到超凡的宗教体验。

如果梦友本身并无宗教信仰，没有上师，那么，梦神也行，心中的女神也可以，其基本原理就是激发潜意识中的信仰之力，这种力量的潜能不可小觑！

借梦境神通，以及信仰之力，犹如黯然销魂掌，有时候故意为之不一定有明显的效果，往往在机缘巧合下，事情正好发展到此时，福至心灵使出，功效最好，此时得到的体验也最震撼。

井盖的秘密

井盖，城市里常见道路等上面的覆盖物。井盖的秘密，不专属于忍者神龟，资深一点的梦控师都知道，井盖是梦界隧道的入口。

梦界隧道，清明梦领域最神奇、最光芒四射、最不可思议之一，梦界休养中转补血穿越之圣地，梦侠速成之术。其用途极广，可谓控梦最实用法宝，梦控师不可不知。这一讲，就详细介绍关于井盖和隧道的那些事。

梦界隧道，也可以称为黑洞，启动或进入隧道后，梦友有时会被莫名的吸力牵扯着失控飞行或下坠，有时则是自然下坠，整个体验有点像科幻片里穿过黑洞进行时空旅行，到达另一个平行世界，开启一个全新的梦境，无比奇妙震撼。此乃清明梦巅峰体验之一。

梦界隧道的功能极其强大，主要有以下几点：

补血充能	调整梦体，让梦体恢复或者刷新状态。
梦境穿越	如同时空旅行，抵达另一梦境目的地。
快速遁逸	迅速脱离当前之境，重启梦境。
特色玩法	在隧道里，有很多独特有趣的玩法。

这里面最重要的是第一个功能，补血充能刷新状态，这是控梦延时的绝招，蚂蚁先说一下隧道控梦延时的原理。

隧道延时原理

前面讲过，控梦是显意识与梦体的磨合之路，除非已经磨合到一定程度，否则两者之间的冲突永远是主旋律，梦体耗血很快。

在实战中，新手只要显控一多，必然会出现状态下滑，梦体开始五感下降，会累、会昏、会不稳。老手耗血会慢一些，时间会长点，但是情况也差不多。

如果显梦磨合度比较高或者潜控，则梦体耗血很慢，可以保持较长时间稳定的梦体状态，容易出现巅峰清明梦或清明大梦。

显意识和梦体之间的冲突，就是造成梦体状态易崩、控梦难的根本原因。各种延时方法，无非就是缓和显梦冲突，让梦体不至于血尽出局。

- 降低显意识，如显控转潜控。
- 加强梦体，如触觉等五感延时。
- 利用潜意识设置缓冲，安抚双方，如使用延时丹。

然而，最彻底的解决方法，是分开它们俩，分离显意识对梦体的控制，即“显梦分离”，如此才能全面停止耗血，并且依靠梦体的自我补血功能恢复状态。

分离显意识对梦体的控制，就能阻止耗血，这个在实战中有不少案例，我来说几个：

沉了	潜意识成功驱逐显意识，沉入普通梦后，显意识出局，梦体将很快恢复血量，而且非常稳定。但是沉入普通梦显然不是梦友所希望的。
梦中压床	压床时梦体很难活动，此时显意识也属于控制不了梦体的情况，重度压床几乎就是不醒之身。
虚空	清明梦中主动关闭显意识，关闭五感，如果成功，可进入虚空状态，虚空状态下显意识和梦体都处于关闭状态，极度舒适，能迅速满血。
隧道	进入隧道这种密闭空间，尤其是召唤出水后在水中做重复性单调划水动作，可明显减少意识活动，降低潜意识和显意识的使用度，实现显梦分离，被踢几率会大大降低。头昏脑胀者在隧道里就能恢复过来，状态得到刷新。

梦中压床和虚空，都不太容易操作，而隧道则是简单易行，适合所有级别的梦友，所以用途极广。井盖任务，就是专门为梦友们设计的方便法门，利用日常熟悉的井盖来打开梦境隧道入口。容易操作，潜意识配合的成功率高，不怎么耗脑力，对新手尤其适合。

井盖任务

方法

知梦后，找一个下水道井盖，打开盖子，看到洞就跳下去。

技术讲解

① 一般来说，当你想找井盖时，环顾四周就能发现，特别是在户外，你会发现井盖到处都是。

② 也可以直接在地上画个圈，把圈当成井盖掀起来。

③ 最简单的找井盖法，是“摸井法”，即凭手感在地上一摸，摸出一个井盖。

④ 打开盖子，这一步根本不需用力，像掀开一张纸一样，易如反掌。（掀盖如纸，实际上此步骤已包含验梦）

⑤ 跳下去，一般用头上脚下的姿势就行了。也可以用倒栽葱头下脚上的姿势，倒栽葱会加速，更容易引发吸力从而召唤出失控隧道。

⑥ 推荐梦友一定要召唤水，只要想一下温暖的温泉水或冰爽的井水从天而降就可以了；想更舒爽的话，可以召唤出激流玩“隧道漂流”。

⑦ 水中划水下滑即可。也可以自建规则引发下行动力，比如召唤出一股劲风将自己吹动，或者想象自己在电梯里，一按按键就自动下行。

⑧ 如果你想穿越到指定的目的地，可以像坐火车一样，带着前方就是目的地的心情向外看。

跳下去，会发生什么事情

① 一般是身体自然下坠，也有可能出现吸力加速下坠。

② 可能出现梦鸣、震动、头皮发麻、过电等信号反应，坚持一会儿就会消失。

③ 隧道可能有光，也可能是黑的，有时候可能给梦友一种恐惧感。

④ 隧道可能停住不动，梦友可以用手按旁边的墙壁滑行。

⑤ 全程时间有长有短，梦友最好耐心等待，不要挣扎强醒。

⑥ 过程中有可能出现几条隧道自动交接，顺其自然就好。

⑦ 当光亮和场景出来的时候，有点像地铁到站，可选择出站，也可不出去。

⑧ 过关秘诀：顺其自然，尽量放松。

提醒：如果出现信号或者吸力，都是正常的调整，不要害怕，隧道经历通常是平静愉快的。如果有恐惧感，告诉自己：这是梦，你绝不会有任何损伤，尽量放松，顺其自然。

井盖任务中可能遇到的问题	解决方法
井盖下面不是洞	掀开井盖，发现下面还是井盖。小潜够调皮的，其实，根本不用看，掀开后就跳下去，只要心里想着是一个洞就行。
井盖下面是实心的坑	仍然跳下去，想着是个无底洞就可以了。如果还是遭遇实心，那么双脚使力一跺，就可以跺空下坠了。
井盖太小，钻不进去，跳不下去	跳的时候，想象自己变小或者洞口变大，正好合适。也可以用手将井盖掰大再跳。
井盖下有水	其实有水更好，能加强触觉。如果没有水，蚂蚁推荐梦友主动召唤水，水可以是冰水或者热水，热水温暖体贴，冰水沁心彻骨，激流惬意爽快，对状态调整有奇效。
井盖下面很脏，影响了跳欲	可以想象一下井里是清澈的湖水，再看之，也许就干净了；也可跳下去后召唤牛奶浴，沉浸在干净舒服而芳香的SPA中。
停在井盖中，无法启动速度	可以用手撑墙，手动启动，持续用手触墙也具有很好的延时效果；可以召来大风和大水推动自己，或者用规则引发动力。
下坠的速度太快或者太慢	太快容易引起慌张而醒，太慢容易卡住。速度控制的方法：1. 靠手触墙控制；2. 创建规则调整动力；3. 可改变姿势，比如改头上脚下为头下脚上；4. 可改变空间，想象井底空间变幻，空旷之井用倒栽葱更容易加速，甚至召唤出吸力。
井盖综合征，不敢跳，有阴影，害怕井盖下面有东西	用意念打开喷火护罩，跳下去，启动双脚喷火，笼罩全身，如天神下凡，烧尽一切黑暗。实战中用此法可除隧道恐惧症等心魔，横扫一切牛鬼蛇神，而且失控下落中还会感觉到全身被一股暖意包围，舒服惬意。
井盖总是不停，想出来了	对井盖施展乾坤大挪移，用手转之，变下坠隧道为直行隧道，然后可以自行跑出去，或者直接将井壁掀开后出去。

续表

跳下去，马上醒了	熟练度问题，一开始不熟悉，会遭遇情绪踢。随着井盖的熟练度加强，在井内被踢的现象将会变得越来越少。
梦体呼吸乱了、重了	召唤水，重新打开呼吸；或者召唤风吹鼻子，获得新鲜的空气，保持放松，很快就能调整好呼吸。

梦侠速成法

蚂蚁认为，井盖是梦侠速成之法，因为此法能解决梦侠道路上的几大瓶颈。掌握此法，就等于通过梦侠考核。其攻克的瓶颈有：

1.无所畏惧

梦侠，最基本的要求是梦里气场强大，无所畏惧，隧道能极大的锻炼梦友控梦的信心和胆识。而且，井盖法也称为井遁，可以应付梦界一切梦况，任何时候，任何状况都可一遁了之，可谓梦侠行走江湖的护身符。

2.延时功能

一旦觉得状态不好，就应该立马跳井盖延时。跳下去就可以松口气了，至少在失控这段时间里，你是休整充能的状态。对井盖玩法得心应手的梦友，在井盖内会保持不醒之身。

3.质量保证

我研究多时的清明梦中途充电课题，答案就在梦界隧道。经过多次实践，可以确定，隧道的过程就是一个补充梦能的过程。无论进隧道前状态如何，每次出隧道，都会焕然一新，面对的新梦界也是超级惊艳、清晰无比。有隧道体验的清明梦，醒后都是神清气爽。井盖任务，可以保证梦侠级别的清明梦质量。

摸井法

在我的个人实践中，手感和隧道都是非常直接有效的延时术。两者的完美结合就是我要介绍的井盖提速版，摸出井盖跳下去的“摸井法”。

步骤很简单，三步走：

① 摸出井盖（只需想象地上有一个井盖，去摸就能感觉得到）

② 掀开井盖

③ 跳下去

这样做的好处在哪儿？

缩短找到井盖的时间	天下武功唯快不破，时间就是生命。通常找井盖或者画井盖，耗时为3～10秒，而摸井法，可将找到井盖的时间控制在1～3秒内，这几秒可谓生死攸关，大大降低了新手的井盖门槛。
提高找到井盖的成功率	变不如找，找不如摸，通常摸出来的成功率比较高，这一点梦友一试就知。
提高了下井的成功率	井盖是刷新状态“保命”的，往往是在危急时刻使用，但是很多梦友在状态崩溃时却来不及执行井盖，因为那时候基本上已经视线模糊、寸步难行了，但是手感却不会这么快消失，其稳定的延时效果有助于梦友留在梦境中，并获得足够时间完成下井。
随时随地快速启动	由于不需要视觉，只需要手感，所以此法应用程度很广，几乎可以随时随地启动，哪怕已经黑屏掉线。另外，隧道用处很多，比如在遇到困境险境时，被追赶纠缠或者进入迷宫等，摸井法可以快速逃离现场，穿越而去。
手感不死	熟练掌握井盖的老手，可以获得“手感不死”的强悍技能。即任何情况下，只要手感尚存，就能轻松打开隧道，转危为安，继续控梦。

特色玩法

1.井盖SPA

井盖任务，遇水更健康，我推荐大家在跳下去后，试试用意念召唤，大喊一声“水来”，此时会有黄河之水天上来，迅速淹没全身。

在水中，如果出现憋气感，打开呼吸，就自然了。泡在水里下沉的感觉非常棒。如果想要SPA的感觉，可以命令水温升高，还可以命令水变成牛奶或各种香薰浴。水火交融的包裹感不易掉线，只需全然放松，保持着这个状态，纯当是做SPA享受，一片安静，十足的水疗效果（你还可以将自己变成软软扁扁的泥巴，会更享受）。泡一段时间，你自然会感觉状态恢复，血量充足，梦境的声光影将重现，接着继续你的神奇梦幻之旅吧！

2.水上乐园

这是蚂蚁认为最有意思的玩法之一。躺下来，想象自己躺在水上乐园的滑梯上，再召唤一股激流冲击下来，然后各种拐弯冲浪、激流勇进等，只要一个意念，前方弯道就能随心所欲，刺激、惬意！还有沿途各种美景异境，爽翻了！这个应用倒不一定需要跳井盖，但是蚂蚁一般都是在井盖下玩此招，所以将其放在井盖应用里。

3.平行世界

当隧道中遇到光亮场景时，说明到达一个出口了。很多时候，梦友会觉得隧道如同无边无际的无底洞，并不只有一个出口，而是每隔一段就有一个出口，对应一个不同的梦界。无底洞就好比无限的波段，每一个光亮的地方就如同一个工作着的频率，对应一个可以感知的世界，跳出去就可以体验到。

4.筑梦空间

隧道是一个独特空间，不一定要出去，在隧道中待着就可以打造自己专属的筑梦空间。如同敦煌石窟一样，你可以在墙上找寻古迹真迹，甚至可以在里面创造出建筑物和人物，次数一多，你将发现你的隧道越来越有明显的个人标签，说明在梦中，你创造了属于自己的筑梦空间。

井盖任务总结

① 刚开始的井盖任务，会有心魔，出现不如意状况，排除了，就是升级。

② 要真正熟练掌握井盖，一般需要一二十次的尝试。

③ 下井后，如感到恐惧，可用意念打开护罩，或者脚下喷火，百毒不侵，可除一切心魔。

④ 井中多利用水、火、风、电梯、滑梯、力等元素。

⑤ 过关秘诀：顺其自然，尽量放松，保持淡定。

⑥ 井盖功能：第一是加油，第二才是穿越。任何时候，状态不稳就可马上启用。

⑦ 尝试过多次就会熟能生巧，百分百成功。

⑧ 随时随地5秒下井，即在5秒内完成“找井掀盖下井”，井盖法才算大成，

练成后受益无穷。

⑨ 井盖是避风港、加油站、穿梭机、万灵丹，能应付清明梦中多数场面，乃最实用的控梦法宝。

⑩ 井盖有回体功能，可能出现假醒。如想防假醒，可以跳下去后，一直扳指，这样即使假醒也能立刻识破。

⑪ 建议中级梦友反复练习，在一个清明梦里，跳井后，切到另一个场景，不久择机再接着跳一个，争取三连跳。这个练好了，基本上能应付一切梦况，清明梦质量和控梦时间都将取得较大的突破。

⑫ 练熟后，甚至可以省略找井盖的步骤，直接想象一个洞口跳下去。

最美的风景在巅峰

《控梦十讲》的内容讲得差不多了，最后，蚂蚁谈谈自己的一些感触和想法。

控梦的确是一件很难的事情，绝大多数人坚持不下来，主要有三个坎：一是知梦坎，知梦率不够高，一阵子的热情敌不过次次爽约，渐渐不感兴趣；二是控梦坎，无法保证控梦的时间和质量，多次控梦失败后，萌生退意；三是三年之痒，到了一定程度，觉得清明梦不过如此，没什么意思，清明梦渐行渐远。

知梦坎，没什么好说的。清明梦的核心是意识，意识的培养和巩固在于长期的坚持，逆水行舟不进则退，没有一个正确的心态和不是真正的热爱，是无法稳定获得高知梦率的。

而且，光有心态和热爱是不够的，要成为业界高手，就需要付出更多的时间和精力，有时候代价还是挺大的。以蚂蚁为例，从2004年起，我的生活几乎被清明梦颠覆。多年来，我每天的睡眠时间大多在10小时以上。由于大多数精力花在对清明梦的探索上，我的学业、工作和家庭都受到一些影响。

当然，我的付出也是有回报的。不仅有大量的清明梦出体经验，还对清明梦的各个领域都有研究和探索。知梦率也完全在自己的控制之中，获得清明梦的规律已经非常简单：只要有意愿，如果睡够，基本就能知梦；如果睡不踏实，基本就能出体。

控梦坎，如果有稳定的知梦率，目前的技术完全可以帮助每个梦友突破控梦坎，哪怕只将梦界隧道练熟练精，也能一举过关。能不能跨过控梦坎，就在于梦友是否有恒心，花一年甚至更多的时间，将控梦技术从秒踢提高到分踢，再提高到5分钟、10分钟甚至半小时。

三年之痒。玩了几年清明梦，知梦和控梦都达到不错的地步，有的梦控师开始觉得清明梦没有什么意思了，也许认为自己已经通关了，清明梦不过如此。三年之痒很容易发生在一些有几年经验的清明梦老手身上，这种情况比较常见。有人认为，三年之痒是一种疲劳现象，但是蚂蚁认为，三年之痒其实反映的是梦控师的控梦水平还不够。

真相是：清明梦是不可能玩腻的。当你真正拥有那种自由自在的清明梦时，哪怕只是最简单的四处走走，看看草地，看看云朵，看看花草树木，都无比快乐。更何况高质量清明梦能够带来无穷的可能性和非凡的体验。在一个人有限的生命里，清明梦的探险是无限的，前面永远让人期待。

如果觉得清明梦没意思，实际上是因为控梦水平不够，无法在梦中获得稳定而自在的状态，总是被醒力压迫而慌忙不安，或者想象力匮乏，使得控梦无从享受。三年之痒，不是清明梦的原因，而是梦控师自身的原因。

当我们进入控梦领域，就好比是打开了一个全新的世界。这个世界给我们带来太多的不可思议，太多的大开眼界，而这些又会融入我们的潜意识，回馈给我们更加超凡的梦境。梦控师的梦，不管是清明梦还是普通梦，都会越来越精彩。

用一句话作为本讲的结束语："最美的风景在巅峰，梦道永无止境。"

梦是我们身边的宝山

探梦篇

可惜大多数人不识宝山

清明梦给了我们探索宝山的钥匙

第一章 梦之灵感

美景、美人、美酒、美梦是人生四大灵感之源。本章重点谈梦。梦之灵感天马行空、不拘一格，富有极大的创造性，是整个人类文明及科技文化发展的重要推手，无数科学发明和艺术珍品都来自梦的灵感。

本章中，蚂蚁将呈上一些神奇的经典梦例。不过，本章的主要目的不是感慨梦的神奇，而是为后面的主角清明梦作铺垫。在后面几章里，蚂蚁将以独特的清明梦视角解释天才与灵感之谜，并且告诉你，梦之灵感并非天才的专利，也不是只能被动等待。通过清明梦，任何人都可以主动获取灵感，体验到非凡的创造力。接通灵感之源，将普通人升级为天才，助飞梦想，这也是清明梦目前最有意义的用途，是本书《探梦篇》的重中之重。

科技与音乐

科技

外国最牛的大科学家如亚里士多德、牛顿、达·芬奇、特斯拉、爱因斯坦等，中国最牛的大科学家如沈括、钱学森等，他们的成就都和梦有着不解之缘。亚里士多德专门写了《论梦》；牛顿常常在梦中解决问题；达·芬奇开发了独特的达·芬奇睡眠法；特斯拉利用清明梦状态做实验；爱因斯坦的相对论来源于一个梦；沈括号称梦溪丈人，源自一个奇梦；钱学森根据自身梦中体验提出灵感思维。

凯库勒，德国有机化学家，他在梦中发现苯环是化学老师们喜欢的典故。1865年，他发表了关于苯分子六角形环状结构的论文。他自称这个伟大的结论源自一个梦，梦中他看到碳原子似乎活了起来，变成了一条蛇，在他眼前不断翻腾，蛇突然咬住了自己的尾巴，形成一个环。（此梦为科学界四大名梦之一。）

门捷列夫，俄国科学家。1869年，他在梦里看到一张表，元素们纷纷落在合适的格子里。醒来后他立刻记下了这个表的设计理念：元素的性质随原子序数的递增，呈现有规律的变化。这就是著名的元素周期表。（此梦为科学界四大名梦之一。）

笛卡尔，法国科学家，解析几何之父，西方现代哲学之父。1610年，他带着长时间思索而不得其解的问题（如何把代数与几何结合起来）入睡了，梦中一只苍蝇飞来飞去，身后的飞行轨迹形成各种各样的曲线，苍蝇停在空中时留下一个黑点。笛卡尔猛然醒来，一只苍蝇停在空中，就像平面上的一个点，它飞行时形成的曲线可以看作各种图形。笛卡尔豁然开朗，建立了直角坐标系，创立了数学的新分支——解析几何。

爱因斯坦，举世闻名的大科学家。他年轻时做的一个梦成为科学史上极为重要的梦。他梦见他用雪橇沿着陡峭的山坡滑下，越滑越快，当接近光速时，他意识到头上的星星把光折射成他从未见过的色谱。这一景象给他留下了永生难忘的印象，他认为自己的整个科学成就就是对那个梦沉思的结果。此梦为他的成就提供了思想实验的基础，并通过它创造了相对论。

奥托·勒维，药理学家，诺贝尔奖获得者。1921年他做了一个梦，在梦里他设计了一个极为巧妙的实验，这就是著名的双蛙心灌流实验的灵感来源。这个实验的设计和完成具有神奇色彩，证明了神经并不直接作用于肌肉，而是通过释放化学物质来起作用，奠定了神经冲动化学传递学说的基础，成为科学史上的一段佳话。（此梦为科学界四大名梦之一。）

埃利亚斯·豪，美国发明家，他多年来一直为缝纫工作机械化而煞费苦心。一天晚上他做了个怪梦，梦见一个野蛮人举着矛向他刺来。矛头上有一个眼睛形状的孔，引起了他的注意。他醒后从中得到启示，一举解决了缝纫机的针眼问题，从而真正实现了工业缝纫产业化。（此梦为科学界四大名梦之一。）

威廉·沃特斯，英国的自来水管道钳工，1782年做梦发明了生产霰弹的办法。当时生产霰弹的工艺或是用模子单个浇灌；或是先将粗大的铅线截断，然后放到旋转的滚筒里去磨成圆形；或是让熔化的铅水从一个不高的地方流进一只水桶里，结果便得出水珠形的霰弹。沃特斯梦见的是呈球形水滴的雨。他醒来后，觉得应该让熔化的铅水从高塔上注入下面的水池，铅在下落途中便成了理想的球形。于是，霰弹就这么产生了。

路易斯·阿加西，瑞士博物学家，鱼类学大师，冰川学之父。他有一次困惑于一个石块中的鱼化石，接着一连三晚，他都梦见那条鱼，鱼的动物学特点清晰完美。他在半梦半醒之间记录下来，隔天他以草图为引凿开化石表面。当鱼完全显露出来时，竟然与草图完全一致。

班廷，加拿大医学家，一直想解决糖尿病这一国际医学难题。一天晚上他梦见自己从狗的退化胰腺管中抽取残液，这就是胰岛素治疗糖尿病的灵感起源。1923年，他因此获得诺贝尔医学奖，每年11月14日被定为世界糖尿病日，也是为了纪念班廷的生日。

查尔斯·固特异，硫化橡胶的发明人。该发明来自他的一个梦，梦中一个陌生人建议他在橡胶中加上硫黄，果然，这个方法解决了橡胶对温度过于敏感的问题，对世界橡胶工业做出了巨大贡献。

音乐

> 我总是梦到音乐，我创作的所有音乐都来自梦中。
>
> ——莫扎特

音乐可能是最需要灵感的艺术，梦中的音乐往往浑然天成直指灵魂犹如天赐，是最佳的灵感源泉，越是大音乐家，越是深谙此道，不少不朽的世界名曲就是出自梦中。

萨姆·摩根斯坦编著的《作曲家论音乐》中写道：“德国作曲家理查·施特劳斯指出，莫扎特的旋律，他的G小调弦乐四重奏；贝多芬的交响乐、奏鸣曲、弦乐四重奏（降E大调弦乐四重奏，作品127中的降A大调的Adagio）；舒伯特的歌曲，《特里斯坦》的第二幕、第三幕等——这里只举一些最突出的例子。这些音乐是最高情操的象征，它们不是被创造出来的，而是那些幸运者得之于梦。”

塔尔蒂尼，意大利作曲家。他曾坦言，极富盛名的奏鸣曲《魔鬼的颤音》的创作灵感源自梦中。一次，他梦见自己把小提琴交给一个魔鬼演奏，这魔鬼竟然奏出了美妙的旋律，此曲之华美，他在凡间闻所未闻，远超想象。醒后他苦苦回忆，把头脑中残留的音符记录下来，这就是后来的《G小调奏鸣曲》，也被冠名为《魔鬼的颤音》。该曲的结尾部分有许多需要高度演奏技巧的颤音。塔尔蒂尼感叹道："这首曲子是我最好的曲子，可是和梦中之曲比起来，还是差太多了。"

勃拉姆斯，与巴赫、贝多芬齐名并称"三B"的德国作曲家。他说他能主动进入一种梦醒之间的状态，然后音乐就会自动流出成曲，他只需要种一粒以音乐为主题的种子，静待种子开花结果。有国外梦境研究者认为勃拉姆斯进入梦醒之间的状态用到了清明梦领域的清醒入梦技术。

瓦格纳，音乐大师，德国歌剧史上承前启后的人物。他的歌剧莱茵河三部曲（Tristan）中的理论和技术被认为超前时代50年，他给朋友的信中写道："你将听到的是一场梦，我从梦中得到了整个Tristan，这是我可怜的脑袋绝对无法创作出来的。"

舒曼，德国著名作曲家。他是一个具有梦幻色彩的人物，他常常梦见过去的大作曲家如舒伯特等在他的床边为他指点出许多旋律，他有许多乐曲便是在睡梦中完成的。

霍洛维茨，美国最著名的钢琴家之一。他令人瞠目结舌的演奏技巧，可以说是有录音以来最具备完美技巧的钢琴大师。对他来说，钢琴演奏似乎就不存在技术上的难度。他说他曾在梦中发现弹奏复杂音乐段落的技法。

在现代流行音乐中，职业音乐人靠梦的灵感写歌作曲的现象屡见不鲜，只是谈及较少，以下几个例子就来自我们日常生活中较熟悉的一些音乐人。

保罗·麦卡特尼，摇滚乐队"披头士"的成员，被誉为有史以来最成功的传世金曲"Yesterday"就是他在梦中听到，醒来马上记下的。"It all leads forward logically. I liked the melody a lot, but because I'd dreamed it, I couldn't believe I'd written it."

约翰·列侬，摇滚乐队"披头士"的成员，他的一首广为人知的单曲"九号梦"正是源于他的一个梦境中出现一段不停重复的旋律。他也在歌词中写道"很久以前，我有一个梦，这个梦看起来如此真实……"，以此来用音乐和歌迷们分享他的梦境。

谭盾，享有国际声誉的中国著名作曲家。熟悉的人都知道，他有一个自己的世界，他不时地躲在那个世界里自言自语，神神道道。半夜2点，家人都睡着了，谭盾时常从睡梦中神游出来，想到一些音乐的创作片段，用电话的录音机把想法录下来，然后倒头再睡。

王力宏，著名音乐人，常奔波于两岸三地，饭店、飞机成为他最熟悉的地方。王力宏自豪有“3分钟入睡”的本事，他透露以前醒来常常不知身在何处，后来便逐渐享受这种感觉，在睡梦中还能涌现灵感，歌曲《另一个天堂》就是梦中完成的作品。

黄舒骏，中国台湾著名音乐人。他说自己创作的灵感是“睡来的”，他说他的日子平淡无奇，但是随时会被灵感叫醒，从梦中起来创作。当进入睡眠状态时，灵感就会绕在周围，他常常会被几个音符震醒，一跃而起伏案疾书。

窦唯，音乐天才，国内没有任何音乐人如他那般痴迷于梦，他1991年离开黑豹后组建的乐队就叫“做梦乐队”。他的歌就是梦，时而梦魇时而仙梦，时而晦暗时而空灵，歌词中也大量使用梦字，“今朝已在梦中，只为脱离苦海”，梦对他音乐的影响可见一斑。蚂蚁本人很崇拜窦唯先生，专门写过一首歌《梦先生》，表达对他的致敬。

乡村天王约翰尼·卡什的《*Ring of Fire*》，流行说唱天王阿姆的“When I'm gone”，拉丁天后珍妮弗·洛佩兹的“Que Heciste”，保罗·韦伯斯特的世界名曲“*Somewhere my love*”等，都来自梦。

电影与绘画

电影

> 电影就是造梦。
>
> ——姜文

诺兰，好莱坞导演，其2010年拍摄的大片《盗梦空间》的灵感源于他的清明梦。诺兰在接受《洛杉矶时报》访问时说道：“我在七八年前就已经写出了剧本的初稿，但是一直没有真正成型。随着时间的推移，这个剧本细节渗透进我的梦中，我试图像影片里的人一样控制自己的梦境，我觉得《盗梦空间》最大的亮点就是能带大家进入同一个梦境并一同分享这个人的梦。”

乔治·卢卡斯，好莱坞殿堂级大导演。《星球大战前传3：西斯的复仇》在戛纳首映时，他接受记者访问，称灵感是梦中所得。当时记者问：“你是怎么想到要创作星球大战系列的？”卢卡斯回答说：“当时我正在家睡觉，梦中突发灵感，就用了两年时间来写剧本，经过多次修改，然后就开始拍摄了。”

詹姆斯·卡梅隆，好莱坞殿堂级大导演，电影票房全球第一。当问及灵感来源时，他说道，“对我来说做梦也是一种工作”“我从梦中的画面得到灵感，从高中到大学，我都会在醒来之后把梦中看到的画面马上画下来，这也说明这些画面在我的心里已经构思了很长时间，这么多年来，已经形成了我的视觉图像图书馆。”比如《终结者》来自他在意大利时做的一个非常清晰的噩梦。他在《阿凡达》中已经开始运用清明梦技术，当被问到《阿凡达》中一些场景、思想与宫崎骏的作品相似时，他说，也许是两个人都一样靠做梦获得灵感吧。（宫崎骏，日本著名动漫大师，他曾说：“我只当动画是梦的再现。”）

大卫·林奇，美国鬼才导演，造梦大师，电影界的弗洛伊德。构建梦境正是林奇电影的标签，《橡皮头》《妖夜慌踪》《蓝丝绒》《我心狂野》《内陆帝国》等大作如同一场场黑梦，主人公游走在现实的边缘，通过各种不同的途径进入飘忽捉摸、令人心神不宁的梦境。最具知名度的代表作《穆赫兰道》更是梦作巅峰，被誉为悬疑片影史上具有里程碑意义的独特电影，也被称为史上最难懂的电影，简直就是电影版的《梦的解析》。

费德里科·费里尼，意大利著名导演，被称为电影史上最执着的梦游者，毕生24部作品只为了陈述他的一个个梦境。《梦书·费里尼手稿》一书中详尽收录了他自1960—1968年及1973—1990年间的梦，他的电影作品几乎全是直接地记录自己的梦境，如他自己所说：“梦是我唯一的现实。”1963年的代表作《八部半》，费里尼对梦的表现可以与弗洛伊德的精神分析相媲美，片中的11个梦成了电影学院研究的范本。

理查德·林柯莱特，美国影坛最成功的独立影人之一，其代表作2001年的《半梦半醒的人生》被观众称作最具梦幻气质的电影。电影描述了一个年轻人无法从一系列相关联的梦中醒来，他极力想知道自己究竟处在梦境中还是清醒中。但最终他发现自己不断苏醒，又不断重新坠入梦境中。他无法摆脱这接二连三地涌现的梦，开始逐渐理解梦的含义，并试着控制梦和周围的环境，分辨苏醒的人生与梦中人生的区别。

类似的实例还有很多，奥斯卡终身成就奖得主，著名导演罗伯特·奥特曼1977年的名作《三女性》就是根据他自己的梦境发展而来的作品；吕克·贝松把自己17岁做的一个梦拍成电影，成了经典的科幻片《第五元素》；唐季礼拍的《神话》的灵感来自于他小时候的梦境；导演高群书甚至希望能发明一种记梦机，能自动将梦里的灵感记录下来。

很多编剧的灵感也与梦有关，在王家卫的描述中，他的梦也总和编写故事有关系；余华的暴力美学仿梦小说和他自己做的梦相辅相成，他被莫言誉为“当代中国文坛上第一个清醒的说梦者”；《疯狂的石头》编剧周智勇的一番话很有代表性：“编剧的生活，每天就是在各种梦中度过的，剧本写的是什么，每天他就在什么样的梦中度过。”

绘画

> 没有了梦，我们就什么也没有了。
>
> ——毕加索

梦境对于绘画来说是最直接的灵感。梦屏如画，超凡脱尘，所见即所得，而且画面容易在醒后记住。因此，古今中外，梦都是绘画界灵感的主要来源之一，特别是对于超现实主义流派的艺术家，通过梦境画出潜意识更是毕生追求的艺术真谛，毕加索、米罗、达利、恩斯特、马格利特、德尔沃、基里科等都是画梦的大师。

梵高，荷兰画家，历史上最伟大的画家之一。梦作为他的创作灵感，从他的名言就可以看出：“I dream of painting and then I paint my dream.”

达利，西班牙天才画家，超现实主义大师，以探索梦境和潜意识的意象著称，与毕加索、马蒂斯一起被认为是20世纪最有代表性的三个画家。达利坚信，只有梦才能真实地、准确地、有意义地表现其个性。他的奇想绘画被称为“手绘梦境照片”，其最著名的世界名画《记忆的永恒》的灵感来自真实的梦境。

画中那些软塌的钟表，已成为人们心目中超现实主义梦境物象的同义语。

亨利·卢梭，人称为“原始主义”画家。正如他自己所说，梦的单纯的力量，支配着他的景物，他只是忠实地记录了一个又一个奇妙的、神秘的、永远的梦。其代表作有《梦》《睡着的吉普赛人》。

雷尼·马格利特，比利时超现实主义画家。其名言：“梦不是让你睡着，而是要把你叫醒。”

高其佩，清代指画创始人。一次他梦见有位老人领他进屋，四壁挂满名画。想临摹却无纸墨，情急中，见老人手指一盆清水笑而不答。高领会于心，用手指蘸水对画临摹。梦醒后，他就用手指蘸墨在纸上模仿，十分得心应手。从此改笔为指，以指画名世。高其佩曾刻了一块印章：“画从梦授，梦自心成。”

黄玉郎，香港漫画界教父级人物。当被问到灵感从何而来，黄玉郎笑着告诉记者是做梦：“我的好多创意都来源于我的梦，在梦里可以找到我的创作灵感。”

诗词与小说

诗词

> 既寤知是梦，悯然情未终。追想当时事，何殊昨夜中。
>
> ——白居易

所有的诗人都喜欢梦，梦是诗人最好的语言，也给了诗人最多的灵感。可以说，诗人和梦永远是灵魂伴侣、最佳拍档。

在中国古诗词文化中，不但记梦诗数不胜数，直接梦里作诗、梦中得句、梦中得诗现象也蔚然成风，成为中国文化里一道绚丽的风景。白居易、欧阳修、苏轼、苏辙、陆游、王安石、秦观、蔡襄、元好问、王世贞、王船山、林昌彝、龚自珍等都有全篇皆为梦中所得的作品，一般题为《梦中作》《梦中得》《梦授》等。梦中得句的现象则更为多见，其中比较有名的有谢灵运的“池塘生春草”，王炎的“满地红心草，三层碧玉阶”等。

近现代中国诗人，“以梦为马”的海子、“八月的梦游者”北岛、“和梦对话”

的舒婷、“像梦一般的”戴望舒、“活在梦里的人”顾城、“一条河流的梦”的席慕蓉、“装饰了别人的梦”的卞之琳、“旅梦一生”的郑愁予、“我是在梦中”的徐志摩、“醒也听见，梦也听见”的余光中、“梦中吟成白天和黑夜的歌”的何其芳、“经常从半夜跳起记下梦中神来之笔”的郭沫若，几乎都是梦的专业户。

国外诗人亦如是，莎士比亚、泰戈尔、但丁、拜伦、歌德、雪莱、济慈、纪伯伦、裴多菲、惠特曼等都是写梦大师。伏尔泰常常在睡眠状态中完成一首诗的构思，普希金许多著名诗句来自梦中，辛波斯卡被称为“醒着做梦的诗人”。国外比较有名的梦中诗是柯勒律治的《忽必烈汗》，梦中得句是马雅可夫斯基的“唯一的腿”。

谢灵运，南北朝诗人，其《登池上楼》中的名句“池塘生春草，园柳变鸣禽”，历来为人们传诵不绝；其中最著名的“池塘生春草”就是谢灵运在梦中所得。谢曾云，“此语有神助，非我语也！”谢灵运梦中授诗一直为后人津津乐道，李白诗中数次提及“梦得池塘生春草，使我长价登楼诗”“他日相思一梦君，应得池塘生春草”。

欧阳修，北宋文学家，其名诗《梦中作》明确表示是来自梦中的灵感。“夜凉吹笛千山月，路暗迷人百种花。棋罢不知人换世，酒阑无奈客思家。”全诗一句一节，各自独立，描绘了秋夜、春宵、棋罢、酒阑四个不同的梦境，表达出一种超然而又留恋的矛盾心情。陈衍评价：“此诗当真是梦中作，如有神助。”

苏东坡，北宋大文豪，民间盛传其乃文曲星下凡。在其创作过程中，与梦结下不解之缘，他是记载中利用梦的灵感创作最多的文学家之一。比如梦中得诗的《太真妃裙带词》，梦中填词的《祭春牛文》，梦中得句的“乱点余花唾碧衫”等。为此中国台湾的学者罗宗涛还专门写了一篇论文《苏东坡梦中作诗之探讨》。

李白，梦笔生花的诗仙，其绝世名作《梦游天姥吟留别》就是一首记梦诗。“我欲因之梦吴越，一夜飞度镜湖月……半壁见海日，空中闻天鸡……霓为衣兮风为马，……仙之人兮列如麻……惟觉时之枕席，失向来之烟霞。”入梦，神游，出梦，历历分明，可见李白很有可能是清明梦高手，至少已经是清明梦第四级水平，同级别的还有诗鬼李贺的《梦天》。

柯勒律治，著名的浪漫主义诗人，英国文学史上的一座高峰。其代表作《忽必烈汗》就是在梦中完成的。他自述道：“服了镇痛剂后沉沉入睡，在梦中写成一首有二三百行的长诗，醒后记忆犹新，立即记在纸上，可惜只记下50多行，就因客人来访而中断。等送走客人后，梦中其余百余行诗句全部遗忘。”

马雅可夫斯基，苏联著名诗人。他在睡梦中找到“唯一的腿”的神句，也是广为人知的一个例子。诗人为了表现一个孤独的男人对他唯一的爱人的柔情，冥思苦想两天仍寻找不出一个恰切的词语。第三天在睡梦中突然找到了他满意的诗句，半睡半醒地跳下床来，在黑暗中用一根烧焦了的火柴棍儿在卷烟盒上写下了“唯一的腿”几个字。早上起来，他写下：我将保护和疼爱/你的身体/就像一个在战争中残废了的/对任何人都不需要了的兵士爱护着/他唯一的一条腿。

歌德，德国著名文学家诗人。弗洛姆在《梦的精神分析》一书中引用了歌德对梦的赞美。歌德说：“我们知道，缪斯甚至在睡眠时也会拜访你，但他却表现出一种特殊的善意。因为你必须承认你在清醒时刻，要创造如此突出美丽的诗章是非常困难的。”

小说

> 我梦故我在。
>
> ——苏珊·桑塔格

莫言，诺贝尔文学奖得主。他在演讲中说：“很多人问我小说灵感在哪儿，我多次说来自梦境，如《翱翔》《生死疲劳》。当然梦境也是日有所思，夜有所梦，不是凭空做梦。每个作家构思的方法不一样，每个灵感也不一样。我经常在梦中有灵感，我常常梦中醒来，开始写作。”

筒井康隆，日本科幻小说之父。他的封笔之作《梦侦探》描述了人类的梦境、潜意识对现实生存的影响，该书被今敏改编为动画大作《红辣椒》。筒井康隆说：“我的大学毕业论文就是和梦有关的，所以从那以后，经常写一些和梦相关的小说，我的很多小说都是把我的梦境再现了一遍而已。”

卡夫卡，奥地利小说家，被誉为“现代文学之父”，其作品风格很像梦境的描写，是梦与真实的绝妙混合，被称为“梦的呓语”。卡夫卡的题材，来自他每天梦境的记录，这也是他的作品如此奇突诡异、如梦如幻的原因。

埃德加·爱伦·坡（Edgar Allan Poe），19世纪美国诗人、小说家和文学评论家，以悬疑、惊悚小说最负盛名，被公认为推理小说开创者、象征主义先驱，甚至被视为科幻小说的奠基人。他一生饱受噩梦的困扰，而这些噩梦正是激发他创作诗歌、短篇小说灵感的来源。

斯蒂芬·金，美国恐怖小说大师。在1999年遭遇意外交通事故与死神擦肩而过之后，他不断做梦，正是那些绚烂多彩的梦境成就了这位恐怖小说之王。他在接受旧金山媒体访问时说道："我经历事故之后，经常梦见小木屋、搭便车的旅行者，这些都是日后出现在我小说中的基本元素。梦境中出现的影像给予了我的小说充足的养分。"

杰克·凯鲁亚克，美国最著名的作家之一，"垮掉的一代"代表人物。《梦之书》是他后期的代表作，从睡眠中醒来之时匆匆记下的梦境集以凯鲁亚克原始手稿的形式展现了约200个梦境记录，是他那个时代的美国作家在语言和文学上做的最大胆的实验。

伏尔泰，法国大文豪。他说："我知道许多律师在梦中辩护，数学家在梦中寻求问题的答案，诗人在梦中创造诗章。我自己也有如此情形，由此所产生的作品还算是不错的。无可怀疑地，在睡梦中会出现连续的观念，正如我们清醒时一样，那些观念的产生的确不是我们所能控制的。"

村上春树，日本著名作家。他说道："梦是连接现实世界与虚幻世界的媒介。每个人都能在梦境中与虚幻世界相遇，而当醒来时又回到了现实。作家则不同，即使醒来，也可以把梦延续到写作中去。"

鲁迅，其散文诗集《野草》被认为是鲁迅先生梦的影子，是一部奇诡的梦书。在24篇短文中，11篇出现了梦，7篇直接以"我梦见"开头，其中也可以看出有日本大文豪夏目漱石《梦十夜》的影响，两个人都是通过梦境的灵感，以梦为意象语言来表达某种微妙的感觉和深刻的哲理。

倪匡，最多产、多样化的作家，他自称"自有人类以来，汉字写得最多的人"。他曾说过他的灵感就是来自"胡思乱想"和"做梦"。他自己最喜欢的作品是卫斯理系列《寻梦》，蚂蚁也非常喜欢。

黄易，玄幻武侠宗师。他说他非常喜欢睡觉，他的很多写作灵感都来自梦境，其中《寻秦记》和《尔国临格》就是代表作。黄易说："梦是一个很特别的事情，如果把人的精神分成不同的层次，有些人的层次去到宇宙的阶级，当我做梦的时候，有可能会去更高的层次。如果这些层次是超越过我的经历的，我会通过我自己翻译的方法去了解那个层次的东西；如果我可以在梦里看到自己的这只手，就代表你在梦里是有自主权的。而通常在你想要举手的时候，你就会进到另外一层的梦里去。"（通过看手知梦并能换梦，说明黄易有清明梦基础，而他对梦的层次的经历，说明他的控梦级别不低。）

梦的灵感在写作界是古今中外通用、男女老少通吃。大哲学家罗素写作时，每夜都在梦中整页地朗读他的新作；狄更斯坦承自己在睡眠状态创造了许多吸引人的角色和情节；凯鲁亚克的追梦日记《梦之书》被评为"他那个时代的美国作家在语言和文学上做的最大胆的实验"；达尔将童年时的梦写成《查理和巧克力工厂》；梅尔做了一个吸血鬼的梦引出了连续143个星期荣登《纽约时报》最畅销书排行榜的《暮光之城》系列等等。例子太多就不一一列举了。

设计及其他

设计

> 睡眠过程中做梦是一种脑活动，对接受新信息、掌握技能帮助极大。
>
> ——安德烈·洛克《夜间思维》

设计所包含的领域非常广泛，设计师遍布各行各业，如服装设计、广告设计、动作设计、舞蹈设计、家居设计、游戏设计、建筑设计、造型设计等。设计需要灵光一现的惊艳创意，从梦中寻找设计灵感是很多卓尔不群的大设计师的秘诀。

斯塔克（Philippe Starck），全球设计界泰斗。他曾在不同场合强调自己是"专业梦想家"，每一天的工作是从早上醒来躺在床上做梦开始。"我是一个梦想家，对我来说，完美的一天就是早早醒来，躺在床上发梦，思考与进化、物理、生物等各种有关的东西。在思考的过程中会发现一块全新的美妙的领域。这些内容并不是接下来的两年会流行什么，而是人类在今后2000年、200万年甚至20亿年里会做些什么。我在这个新的领域中去创作。”

卡尔·拉格斐（Karl Lagerfeld），德国著名服装设计师，时装界的恺撒大帝。他说他的创意很多时候来自梦境，曾经将自己的梦境规划了一场全黑系列的服装秀，他的很多活动和展览都以梦境命名。

亚米·海因（Jamie Hayon），西班牙设计师，被称为设计界毕加索。他有一个很出名的绿鸡设计，就是来自他梦中的灵感，这只偌大的绿鸡，原本只是他梦境中的一个角色。他表示，自己只是心血来潮决定让这个角色从梦境跨足现实世界，为其选择夸张的形体强调自我存在，并以摇椅功能和摩登造型吸引注目。

安雅·希德玛芝（Anya Hindmarch），英国公认最著名的手袋设计师。她的一些最畅销的设计灵感就是在睡觉时获得的，在梦境高潮时，她会梦见手提包、鞋子、锁扣和流苏这样的配饰，醒后她会从床边找来一张纸（通常是一张皱巴巴的收据）匆匆记下这些图案。“在睡梦中，你的大脑是自由想象的。”她说，“它会引导你获得所有的这些灵感。”

乌兰诺娃，著名的苏联舞蹈大师，中国观众熟悉和喜爱的芭蕾女神。“我常在梦境中跳新的舞蹈，排练新的节目。”

阳乾，中国著名造型师。采访中他自曝很多灵感来自梦境：“我是晚上常常做梦的人，我的灵感大部分都是来自我的梦境。我的梦很有意思，里面有很多人物，我会梦到每个人的细节，即便梦的内容记不住，梦的感觉能记住。把这种感觉付诸设计，那我的创造就不局限于美妆，更多的是实验性的、艺术性的。”

著名建筑如上海的马勒别墅、广州的白天鹅宾馆等，其设计灵感都直接来自于梦境。

其他

> 每天做梦，犹如享受圣餐。
>
> ——卡尔·荣格

甘地，印度国父圣雄甘地，其著名的非暴力不合作运动也是来自梦的灵感。

1919年，英国通过了《罗拉特法案》。该法案残酷镇压一切旨在要求印度解放的骚乱事件。甘地冥思苦想几个星期，寻找应对英国拒绝印度要求的办法，他终于在睡梦中找到了。这个办法既简单又奇特，印度全国将用死一般的沉默表示抗议，这个史无前例的创举是印度走上自决之路的转折点。

杰克·尼克劳斯，被称为20世纪美国高尔夫皇帝的传奇人物。1964年，处于低迷期的他从梦中发现一种更好的握杆法，并以此创下佳绩，重回巅峰。他说："星期三晚上，我做了一个关于高尔夫挥杆的梦，在梦里我打得非常好，突然我意识到这并不是我最近惯用的握杆法，而这个新方法解决了我以前击球后右臂塌垮的问题，完美极了，昨天早上我在球场试了试梦中的方法，发现真的可以，靠这个新方法，昨天我击出了68，今天击出65。"

大卫·科波菲尔，堪称古往今来最伟大的魔术大师。采访者问道："你的魔术能将一些巨大的物品变没了，这种超常现象是怎样表演的？是否打破了现实世界的规律？"他答："我的创作灵感来自多处，其中很多时候来自做梦。在梦中，我从一处消失，在另一处出现。我的表演就抓住这个感觉，并把它表现出来。"

刘谦，中国著名魔术师。他坦言自己灵感的独到之秘是做梦，他的大部分魔术创意都来自梦境，"我经常做梦，梦里会产生很多灵感，醒来后就召集团队来讨论。"2009年春晚中将戒指放进鸡蛋里的设计就是在梦里得到的启发。

韦继宗，中国书法家，发明了左手逆向倒书毛笔字，他的灵感来自于梦境的真实再现。据韦继宗介绍，他并不是左撇子，但在2004年一天晚上，做了一个离奇的梦，梦见自己用左手运笔写字倒写、反写无拘无束，挥洒自如。早晨一觉醒来，他回味这段梦境既感到滑稽可笑，又觉得非常奇妙。于是，就按照梦中情境进行尝试，竟然成功了。

卢嘉锡，中国科学院原院长，他曾在梦中解题。卢老在厦门大学上学时，有一道高等微积分习题解不出来，结果在梦中得到一个解法，虽然醒来后又忘了，但在他苦思冥想了一天后，终于想起了梦中那个解法，从而解开了这道难题。

庄桁，战国末期齐国诗人，人称"庄如梦"。他因秦始皇焚书坑儒事件而被囚禁，却在将被处死的头晚于梦中逝世。相传庄如梦能够控制梦境，囚禁期间在梦界创造了一个世界，最后一夜，他悄悄地进入自己创造的梦中世界，不再回来。庄如梦的资料很少，流传下来的诗作只剩四句"浮生若梦，若梦非梦，浮生何如，如梦之梦”。这也是著名导演赖声川执导的话剧《如梦之梦》使用的一段背景。

上面这些例子不过沧海一粟，足以说明，梦是上天馈赠给人类的礼物，是一座充满无数宝藏的宝山，经常会有幸运者从中捡到一两块宝石。不过，撞运气捡宝这种好事是轮不到我等普通人的，难道就没有一个打开宝藏的“芝麻开门”的咒语吗？有的人如莫扎特、特斯拉等貌似可以轻易将梦境为之所用任取任求，他们为什么能拥有与众不同的能力？

第二章 灵感与天才

梦是重要的灵感来源，但并不是唯一的灵感来源。通过研究各种灵感方式，找到其共同特性，挖掘其内在本质，就可以解开天才之谜，帮助我们找到“芝麻开门”的方法。

灵感与无意识

“灵感”一词在古希腊原文中指神的气息。西方古代的灵感说以柏拉图为代表，柏拉图认为灵感包括两个方面：一是灵魂附体，即神灵凭附在艺术家身上，使他处于迷狂状态，并把灵感输入给他，暗中操纵着他去创作；二是灵魂回忆，即不朽的灵魂从前生带来的回忆，柏拉图认为人的智慧早已有了，人生的学习只是在不断回忆而已。

中国古代素有天人合一的思想，关于灵感，有“天机说”“通神说”“心物感应说”“灵气说”等。陆机《文赋》曰：“若夫应感之会，通塞之纪，来不可遏，去不可止。”李渔曰：“文章一道，实实通神，非欺人语。千古奇文，非人为之，神为之，鬼为之也，人则鬼神所附者耳！”汤显祖曰：“自然灵气，恍惚而来，不思而至。怪怪奇奇，莫可名状。”老子曰：“不招而自来……无为而无不为。”

大多数理论派认为，灵感不可以主动预知，总是突如其来地出现，具有不受自觉意识支配，不期而来，不辞而去的特点。

现实生活中，偶遇是灵感最为人熟悉的出场方式，比如牛顿从落下的苹果联系到正在构思的地心引力，阿基米德看到澡盆溢出的水悟到了浮力定律，瓦特看到开水冲动壶盖发明了蒸汽机，毕达哥拉斯赴宴时从地板砖发现勾股定理等。这种创造性火花，对于逻辑思维严密的科学家而言，既是厚积薄发的产物，也和跳跃性思维有关。

而对于形象思维的艺术家来说，偶遇的灵感更像是缪斯女神的眷顾，没有缘由也不用思索，音乐绘画等才思的自发流淌犹如天赐。比如：奥地利著名作曲家施特劳斯正在餐馆吃饭，忽然一段音乐灵感袭来，由于一时找不到现成的纸，他便在自己的衬衣袖子上写了起来。灵感的催动，使他似有神助，这首写在衬衣袖子上的就是后来举世闻名的《蓝色多瑙河》。

法国诗人保罗·瓦莱里这样描述灵感：“有时你会遇到这种现象，一种感觉如同闪电一般进入你的脑子，你会突然惊喜地喊道：‘啊！我看见了！’这时你的悟性特高…… 很快，要么一切都消失，恢复原来的状态；要么这种闪光像冲洗照片时的图像一样慢慢显现出来……”

然而，灵感真的只能偶遇，不能强求吗？非也！事实上，几乎每个艺术大师都有自己的一套追求灵感的秘诀。

现代心理学研究认为，灵感和“无意识”密切相关。什么是无意识呢？心理学理论中有专业的解释，蚂蚁简单地谈谈自己的理解。无意识，就是一种暂时迷失自己的状态，成语叫做如痴如醉，通俗来说，就是“痴了”“走神了”“发呆了”“做白日梦了”“喝醉了”“睡着了”“昏过去了”“疯癫了”“意识不清了”等。事实证明，在无意识状态下，最容易接通灵感，人脑就像一部放映机，甚至不用动脑就才思泉涌，音乐、画面、故事自发流淌，浑然天成，有如神助。正如老子所云：“道之为物，惟恍惟惚。惚兮恍兮，其中有象；恍兮惚兮，其中有物。”

无意识浩瀚广袤，有人认为无意识是人的意识发源之地。老子称之为道；荣格称之为人类最深层的心灵反应；歌德说：“人不能长久地停留在意识之中，他必须再次沉入无意识，因为他把自己的根扎在那里。”

偶遇虽好，奈何太少！对于艺术家来说，灵感从来不嫌多，而无意识正是诱发灵感的绝佳状态，于是，主动进入无意识状态自然就成了艺术家追求灵感的常用方式。

灵感“梦体说”

无意识状态，为诱发灵感创造了条件，但是有一点需要说清楚，无意识只是一种恍惚的状态，本身并不产生灵感。打个比方，无意识就如同将人的大脑调到一个未知频道，在此频道下接收到的内容才是真正的灵感，那么，这些内容的提供者又是谁呢？

蚂蚁认为，这些内容的提供者就是梦体，灵感是梦体的杰作。前文说过，人有两套系统，一套是肉体系统，一套是梦体系统。梦体系统的特点是具有创造性、自由性、开放性以及超凡性。我们每一个人的梦体都是天才级别的，因为每个梦体都直接连通了人类智慧的本源，也就是荣格所说的集体潜意识，集体潜意识等于是全人类的一种智慧传承。只要梦体在运作状态，就能接通源源不绝的灵感之源。灵感学说里的有如神助，这个神，不是别人，正是自己的梦体。

梦体还有一个特点，就是高效。常常有人说，我做了一个很长的梦，梦里做了很多事情，但是醒来发现才过了几分钟。这个就是天才的另一个秘密了，比如达·芬奇活了67岁，但是看看他的旷世成就：多才多艺的艺术大师、科学巨匠、文艺理论家、大哲学家、诗人、音乐家、工程师和发明家，几乎在每个领域都做出了巨大的贡献。你能想象这是一个人在短短60多年内能完成的吗？但是，如果达·芬奇梦里也在干活呢？这就可以解释得通了。梦体之所想即所得、闪回式的思考、跳跃性的顿悟，使得人在短短的梦中就能获得大量的内容，效率提升数倍。而达·芬奇的秘诀——独特的达·芬奇睡眠法，这是一种反复回笼觉的作息方式，非常容易产生清明梦，他完全有可能利用清明梦在梦中继续现实中的研究，并取得惊人的发现。

不过，严格说来，梦体还不是灵感的直接提供者，而是个二道贩子。要弄明白这个事情，先听蚂蚁讲一个真实的故事：话说有一天蚂蚁又在梦里听到绝妙的好歌，被震撼得五体投地时，我开始思考，这些天才的作品就在我的梦境里，你说它到底是不是我创造的呢？如果不是我，又是谁呢？

后来我想通了，这些作品可以说是我的，只要我能想到办法把它复制下来（当然难度极高），谁会和我抢版权呢？可是它明明不是我想出来的，只是我在梦境里听到的，说是自己的原创又有点大言不惭，那么谁又是真正的原创者呢？既然是梦境放出来的，那原创者就应该是创造梦境的神秘力量了。我且称他为梦境大师，他应该是一位我们人类所共有的灵感大师，能请得动这位大师的只有我们的梦体。

在这个世界上，没有无缘无故的感知，形声色味触念行，这些数据要么来自肉体系统，要么来自梦体系统，没有例外。

人在正常清醒状态时，梦体是处于休眠状态的，只有在睡眠时才出关运作。但是，无意识的恍惚状态，却是一种中间态，此状态下，梦体将具有一定的活跃性，通过梦体的感官，连线梦境大师。于是艺术家就看到了现实世界中根本不存在的画面，听到了现实世界中根本不存在的声音，就有了潜意识的自由跑马，创作激情根本停不下来。

不同的无意识状态，梦体的活跃度有浅有深，艺术家的感受也是不一样的，蚂蚁简单地来说一说。

◆ 喝酒、吸烟是借助酒精、尼古丁等外物提升梦体的活跃度，提升程度因人而异，看个人对烟酒的敏感度。

◆ 毒品及一些药物致幻剂最猛，能使梦体直接出关，好比梦体吃了兴奋剂，幻听幻觉极其强大，想什么就有什么（友情提醒：吸毒是违法行为，切勿尝试）。

◆ 白日梦、自我催眠等手段则是进入半梦半醒的状态，对梦体活跃性属于轻中度提升，艺术家的幻觉无法像现实一样清晰逼真，更多是脑内之像，恍惚且飘忽，并且容易被显意识搅局。

◆ 孵梦是直接利用梦境，梦体的活跃度自然比较高，但是缺点在于主控性不强，梦境容易偏题。

◆ 疯癫和幻觉现象，则和艺术家本身的精神状态甚至是精神疾病有关，蚂蚁认为是一种梦体紊乱症。

◆ 还有一些艺术家会利用静坐、冥想、禅定、瑜伽、苦修、Trance（迷幻舞曲)、自我折磨、缺氧、性高潮、行为艺术等方法激发梦体活跃度，产生幻觉，接通灵感。

第二类天才

江苏卫视的综艺节目——《最强大脑》，聚集了国内顶尖的脑力高手，选手们展现出超强的记忆力、匪夷所思的计算能力，这些选手的确有着过人的天赋，让人惊叹不已。不过，蚂蚁认为，除了少数几个人外，节目中大多数选手是经过固定模式训练出来的脑力高手，还不能算是真正意义上的创造性天才。

天才，除了天赋异禀外，更重要的是创新力。创新力的来源只有两种：一是来自于对大自然的模仿探究，二是来自于潜意识的奇思妙想。只有那些利用自身超常天赋，以卓越的想象力和创造力取得非凡成就的人，才能被称为天才。

蚂蚁认为，天才有两类。

第一类天才肉体系统超常，比如天生智力超常，思维超群，想常人之不能想者，如牛顿、莱布尼茨、爱因斯坦、霍金等人，这些人的创造力大多体现在科学领域。

第二类天才则是梦体系统超常，少数人天生掌握了自如利用梦体的能力，是天选之人，这部分人的非凡成就多半在艺术领域，如莫扎特、达利、梵高、李白等人。

还有极少的人，肉体梦体皆不同凡响，从这类人中则容易产生超越时代的稀世通才，代表人物如亚里士多德、沈括、达·芬奇、特斯拉、史威登堡。

第二类天才，借助梦体的技能，无异等同梦神附体，相当于多了一份超能力——虽然他们自己大多都没有意识到这一点。梦神附体后的技能主要表现在：出现与艺术主题相关的幻觉，艺术家如身临其境，作品不是苦想出来的，而是看到的、听到的、直接体验到的，源源不绝自动涌现出来的。

其实，但凡卓有成就的艺术家，或多或少都有过这种直面幻觉或者灵感泉涌的经历，但大多数还不能算是天才。主要看以下两方面：

主动性

天才能主动使用此技能，而一般人不可以。

深浅度

很多人通过半梦半醒、白日梦、自我催眠等方法也能获得幻觉，但这种幻觉程度比较浅，画面在脑中跑，模糊朦胧。天才的幻觉要深得多，有身临其境感，是立体逼真的，几乎和现实是差不多的层次，也只有这种层次才能真正发挥出梦体潜能。

能主动调用梦体，并且获得较深梦体活跃度的大师，就是第二类天才，但是不同的天才调用梦体的方法又有所不同，蚂蚁将他们分为四个类型。

1.直幻型——代表人物：莫扎特、达利、托尔斯泰

超能力，无须外物辅助，直接就能主动获得幻视、幻听。

莫扎特，“我总是梦到音乐，我创作的所有音乐都来自梦中……”“我从我的记忆口袋里取出音乐，在纸上写下来就成了，创作只不过是将心中的音乐记录下来而已。”

达利，“每天天一亮我就起床，不梳不洗，即坐到床边的画架前，凝视画布，仿如灵媒一般，看影像涌现到我的脑里……这些影像无奇不有，或者是兔子头侧影而有鹦鹉的眼睛，或这眼睛属于鱼的头，有时我还看见鱼的嘴边停了一只蚱蜢……”然后达利“忠心耿耿”地画下一切浮现于脑中的幻象。

托尔斯泰，“我开始学习看，就是学习产生幻觉。后来，我自己便发展了这种能力，达到如此清晰的境地，甚至当我回忆时，时常把已有过经历的和现在所想象的材料掺混在一起了。”他认为，“每个作家对自己要写的东西都应当达到产生幻觉的地步。应该在自己身上发展这一素质。”

丘莱尔，法国剧作家，他想写剧本时，首先到空无一人的剧场去，凝视着无人的舞台，想象人们在舞台上移动。长时间后，疲惫的他突然开始出现幻觉，舞台上显出幻影：开始演戏了。当然，别人看不出台上有什么活动，而丘莱尔却仿佛观看着真实舞台。他看到舞台上的演员在清清楚楚地表演着，在明明白白地对谈着，丘莱尔全神贯注一句不漏地记录着台词。就这样丘莱尔的剧本写成了。（幻觉是通过疲惫所获，成色稍差，但是好在属于主动获得。）

贝多芬，也有幻听，他曾在答问中说：“您问我的乐思是从哪里来的吗？它们不请自来，像是间接地，又像直接地出现……”（由于贝多芬的幻听不是主动获得的，而是不请自来的，在调动梦体方面，他的超能力不如莫扎特。）

2.酒神型——代表人物：李白、张旭、怀素

超能力：一喝酒就功力大增，然后一出手就是绝世佳作。

李白，举杯邀明月，对影成三人。太白遗风名传千古，杜甫《饮中八仙歌》曰："李白一斗诗百篇，长安市上酒家眠。天子呼来不上船，自称臣是酒中仙。"

张旭，旭饮酒辄草书，挥笔而大叫，以头濡墨而书之，天下呼为张颠。醒后自视，以为神异，不可复得。

怀素，有人问怀素写字的秘诀，他竟以"醉"字作答，说："醉来得意三两行，醒后却书书不得，人人来问此中妙，怀素自云初不知。"

吴道子，工书善画，好酒使气，每欲挥毫，必须酣饮。

醉后不知天在水，满船清梦压星河。这样的天才国外也不少见。苦艾酒被称为"绿色缪斯"，它的轻度致幻效果就是许多国外艺术大师的灵感源泉，如莎士比亚、海明威、毕加索、王尔德、德加、高更、梵高等都是苦艾酒忠实的追求者。

3.狂化型——代表人物：梵高、歌德

超能力：受刺激后自我狂化，如同绿巨人一般疯癫失控，进入忘我的不可遏制的创作，停也停不下来。

梵高，疯子与天才的代表，1888年圣诞节前夜，梵高与高更争吵之后感到身心俱疲，精神崩溃，割掉了自己左耳的一部分。梵高从此陷入了日益严重的疯狂状况。但随疯狂而来的还有澎湃的创造力，这种创造力使梵高成为伦勃朗之后荷兰最伟大的画家，同时也使他成为一个对现代油画发展产生关键性影响的人。

歌德，他在22岁时曾钟情于夏绿蒂，因夏绿蒂已经嫁人而无法与之结合。歌德精神痛苦，无计排解，正打算自杀，偶然从报上读到一个名叫耶路萨冷的青年因失恋而自杀的消息，顿时，心中仿佛有一道闪电，迸发出《少年维特之烦恼》的构思。他匆匆回家，关起门来，埋头苦干两个星期写出这部不朽的名著。据歌德自己说，以往他写东西，虽经反复修改、再三斟酌，但最后仍不满意，而《少年维特之烦恼》却是一气呵成，也没有什么改动。事后他对朋友说："这部书好像是一个患睡行症的人在无意识之中写成的。"（歌德的狂化是青少年时期失恋刺激所赐，这个无法主动重复出来，成色有点不足）

弗吉尼亚·伍尔芙，英国著名女作家，也是一名精神病患者。她说："发疯使我文思泉涌，所有事情在大脑中都已成形，当灵感来的时候，文章很快就写成

了。而当我清醒的时候，文章却是一点一点挤出来的。”（发疯使她调动了梦体，梦体调动了梦境大师，大师是个好人，予取予求，一挥而就，把作品播放给她，她狂抄下来，完事。）

4.控梦型——代表人物：尼古拉·特斯拉、史威登堡

超能力：梦控大师，能在梦中保持清醒状态完成时空穿越，借梦体探索未知领域获得非凡的知识。

尼古拉·特斯拉，他对梦体的调用已达炉火纯青之地步，除了直接幻视，他还能迅速进入到高清醒度的控梦状态，他自称“每天睡着之后就去了另一个城市与形形色色的人们交流”，他说：“我只是一位平凡人，我也没有特殊能力。在宇宙中的任何一小部分都包含着整个宇宙的所有信息，在其中藏着某个神秘的资料库又保存着宇宙的总体信息，我只是很幸运地可以进入这个资料库去获取信息而已。”

史威登堡，人类史上最令人不可思议的人物，通行灵界的科学家，其学术成就远远超过他那个时代的水准，也是当时欧洲最伟大的学者，其著作《灵界记闻录》为伦敦大英博物馆镇馆之宝。此人的超能力已经不止是天才的范畴了，对于他来说，时空任其穿越，梦体才是本尊。

亚里士多德、沈括、达·芬奇，此三人是历史上公认的横跨多个领域的稀世全才，他们的思想、认知和创造力，都远远超出了他们所处的时代，他们都与梦渊源不浅。亚里士多德著有《论睡眠》《论梦》，他认为人们在睡眠时能够更精细地观察身体的微妙变化，并且发现“在睡着时，某部分的意识会发现自己只是在做梦”。（清明梦先哲有没有？）沈括“梦溪”之梦广为流传，而达·芬奇，创作了著名的“达·芬奇睡眠法”，这是一种能显著增加清明梦概率的睡眠方法。有理由怀疑他们也是控梦穿越者。

天才与疯子

常言道，天才和疯子只是一线之隔。此话不假，天才和疯子都会产生幻觉，但是幻觉对于天才来说是超能力，对于疯子来说则是严重的病。在蚂蚁看来，这是一个有关运气的故事。

幻觉和幻听都是梦体的所见所闻。蚂蚁认为，天才和疯子，都是“梦体紊乱症”患者。一般人的梦体在日常清醒时是休眠的，但是天才和疯子两者的梦体则有可能在日常清醒时活跃，由此带来幻觉和幻听，因此是一种“梦体紊乱症”。两者的关键区别就在于患病的程度不同，天才的病无大碍，梦体属于可控范围，而疯子的病比较糟糕，梦体已经失控。

同样是梦体紊乱，只能感叹天才的运气太好了，他的梦体很乖，虽然该休息的时候不休息，但是并不常出去捣乱，只在某种特定的状态下才出来，聪明的患者一旦掌握了这一点，就能够在清醒时轻松调动梦体，和梦境大师沟通。梦境大师无私出手，有求必应，当事人无需用脑思索，大脑里自然灵感如泉，音画绵绵，如同莫扎特弹琴信手拈来，李白妙笔生花，实际上就是在转发梦境大师的作品。

疯子就没有这么好的运气了，他的梦体完全出关而且不受控制，梦体和肉体两个系统同时工作。设想一个人生活在现实和梦境并存的世界，而他又分不清哪个是现实，哪个是梦境，你说，他能不被认为是疯子吗？

如果日常清醒时，梦体休眠，按部就班，那就是多了我等俗人一个；如果日常清醒时，梦体失控出关，各种幻听幻觉必将混淆现实，那将多了疯子一个；只有梦体既不休眠，也不出关，恰恰是待机的状态，才能成为天才，如此的好运气，可遇不可求也。

事实上，天才和疯子是如此相似，在生活中有时候还无法绝对分清楚，很多艺术家给人的感觉就是神经病和疯子。

牛顿、贝多芬、狄更斯是抑郁症患者，恺撒、彼得大帝、陀思妥耶夫斯基、拿破仑、福楼拜是癫痫症患者；肖邦、梵高、尼采、舒曼有精神分裂症；拜伦、雪莱、巴尔扎克、韩德尔、柏辽兹都有躁郁性精神病；梵高、莫泊桑和海明威因精神疾病自杀。许多受精神病患困扰的艺术家甚至拒绝治疗，理由是随着症状的消失他们的创造力也将消失。

蚂蚁曰，能自我控制的疯子就是天才，不能自我控制的天才就是疯子！我们普通人也不要抱怨自己的运气，天才与疯子仅一步之遥，更多人是介于天才和疯子之间，梦体失控可不是那么好玩的。普通人梦体如此稳定，既难成为疯子，更难成为天才。俗人最多，疯子较少，天才罕见，也符合正态分布的道理。

第三章 清明梦与灵感

天才是1%的灵感加上99%的汗水，但那1%的灵感却比99%的汗水更重要。特别是需要创造性和想象力的领域，没有灵感就只能平庸。虽然从梦里获得灵感的例子数不胜数，但是大多人还是偶然撞上的运气。清明梦则不同，化被动为主动，守株待兔的方式华丽转身为“我和灵感有个约会”。

清明梦不仅是人类精神世界的巅峰体验，还能成倍提升大脑调动潜意识、捕获潜意识的能力，更能连通集体潜意识一窥天才境。梦境成为可利用可拓展的无尽资源库，这是每个人隐含的天赋，也可谓神之助手。

利用清明梦主动获取灵感，是清明梦的一项重要用途，其原理和方法都经过了蚂蚁多年的实证，而且可行性很高，本章就来详细解说。

凡人升级

有几个印象深刻的梦：同学在梦中流利背诵英语，跟朋友谈话时飘来美妙的背景音乐，走进电影院看了一场紧张刺激情节完整的电影。梦到的这些都是现实中没接触过的，请问是什么在我脑海里创造了这些？所谓的人类集体潜意识吗？如果成功知梦，是否可以加以运用？

——梦友 画故事的灵凡

这就是梦最有意思和最有用的地方了，人脑的功能非常强大，但在现实中显意识主政的情况下，右脑功能的利用率极低。而在梦境中，潜意识能充分发挥右脑的功能，这部分功能尤其能体现在艺术创新上，所以在梦里，我们每个人都可化身天才，特别是语言、音乐、绘画、视觉、肢体动作、意识跃迁等方面会出现远超现实的能力。这种超凡的创造力就是潜意识连接了源源不竭的集体潜意识，并充分调动右脑功能实现的结果。

虽然我们每个人都天生拥有如此神奇的潜能，而且在梦里也出现了这些潜能，但是我们普通人很难将这种能力运用到现实中，因为我们在做梦时浑然不知是梦，等到醒后更是无处追寻，只能罢了。

如果知梦，则化被动为主动，完全可以将梦境中这种天赐的灵感带回现实中。比如在梦境中主动播放歌曲，然后将此旋律记住，待醒来录下，就等于拥有了作曲技能。蚂蚁在梦境潜能领域探索多年，我的研究结论是：利用清明梦的潜能获得永不枯竭的灵感之源，大幅提升自身创造力，是可行并且有效的，这个技能具有普遍性，可成为梦境造福人类最积极的应用之一。

当你在梦中知道是梦后，整个梦境都将为你而开，为你所用，清明梦就是打开梦境宝藏的“芝麻开门”咒语。

◆ 清明梦全程清醒，一般醒来后仍能对刚才的梦印象清晰，有助于把稍纵即逝的灵感抓下来。

◆ 清明梦是主动的，梦控师可以主动在梦里寻找想要的东西，比如打开收音机听歌曲，找一些书翻翻，很多都是世上没有的东西，可直接拿来当灵感素材用。

◆ 清明梦中，所想即所得。大脑中的各种信息，可以自由地组成各种表象活动，想象力瞬间转化为实物，能力堪称逆天。

◆ 更神的是，梦里的东西超乎你的想象，比如美轮美奂的建筑、精致绝伦的画面、光怪离奇的情节等。相对于音乐来说，画面性的元素更容易记忆一些，所以，学会清明梦对于学建筑、美术、设计的人来说特别受用。如果我是画家，我就会在清明梦里找画展看；若是广告策划者就在清明梦里每个街头欣赏各种广告。

◆ 想象力再丰富的人也不知道未来是怎样的吧！清明梦里有遨游太空、瞬间转移、穿梭时空的神通，相当于一个四维的空间，到处走走，必有收获。

在梦控师的圈子中，这样的例子已有很多。梦控师丝美静有一次梦见在Aner老师的指导下练习“清净”二字，醒来之后发现毛笔字功力大增，和她以前的书法相比发生了质的飞跃！梦控师田丹（学院桃子姐）经常利用清明梦来获得绘画灵感，她手绘的“莫迪西安行”受到印度总理莫迪的微博专门致谢。艺术家青一甚至开设了如何利用清明梦进行艺术创作的课程。八零老师的经历也非常典型，他在《零基础学习控梦》的课程里说道：“我第一次接触清明梦大概30岁左右，我那时候的绘画水平其实和幼儿园的小朋友没有什么区别。我从来没有接触过绘画方面的培训和学习。我知道蚂蚁老师可以在梦中研究音乐和作曲方面的内容，所以我就想尝试一下可不可以在梦中学习一些绘画的知识。于是我就和我（清明梦中）的指导灵做了一些沟通，他教会了我一些绘画的技巧。我回到现实生活中，发现运用这些技巧后，我的绘画水平达到了一个我自己都觉得非常可怕的程度。虽然从专业绘画角度来看，这些绘画手法还是显得比较稚嫩，但是我可以肯定，以外行的角度来讲，是画不到这种程度的。”

利用清明梦找灵感并不难，经过一段时间的训练就可以达到。一般来说，清明梦并不能使普通人一下子成为天才，但是足以将灵感指数提升几个档次，木头疙瘩变为“油菜花”。而对于那些有天才潜质者，则有可能助他破茧成蝶，成为真正的大师。清明梦这个凡人升级的新技能，你get了吗？

梦中的音乐

有时候在梦中会如同置身于音乐大厅中一般，可以任意地响起音乐。你想听到什么音乐，周围立刻就响起来，音效十分立体，如果唱歌的话，可以使用任意音色去演唱，男女老少，任何歌手的音色皆可，很美妙，高音也不存在瓶颈，多高都能飙上去，也能即兴编曲，脑子里想到什么旋律马上就开始演奏了。那时候脑子很灵光，可以把一段旋律分解开来，各个乐器分开演奏……估计这就是创作的黄金境界……可惜我现实中不懂记谱，醒来还记得那些旋律，但是没法记下来。

——梦友 系桶出错

上面这段话来自一位梦友。现实生活中，这种现象比较常见，有很多朋友都有过类似经历，在梦中听到好听的旋律而且感觉是现实中从未听过的，绝大多数人梦醒后就忘了，或者觉得只是梦的错觉不了了之。不过，蚂蚁一不小心就研究了10多年。

熟悉蚂蚁的人都知道，我是个音乐爱好者，喜欢自己写写歌。我的清明梦起源于音乐，一直以来，寻找音乐灵感贯穿了我整个清明梦历程。在这个过程中，我的控梦能力和潜意识被一步步训练，抓歌技巧也日趋成熟，下面是蚂蚁研究梦中曲的过程：

2004年以前，我已经记了很多的梦，有不少次在梦里听歌深受震撼，醒来后却很迷惑，感觉那些歌是现实世界中没有的，但是我无法确定，因为等我醒来，歌曲早就忘得差不多了。我琢磨了好长时间“梦里的那些歌曲，到底是现实中存在的，还是世间没有的?”

2004年下半年，我彻底掌握了清明梦，而且很快突破了梦侠，便开始试验一系列梦中主动放音乐的方法。在梦里我就能判断出来，这首歌到底是听过的，还是没听过的，而且通过醒后验证，多年来的疑团终于揭晓：大部分真的是没听过的。

接下来是另一个疑惑：我在梦中以为是好的歌曲，到底是不是真的好？是否我的潜意识会欺骗我，以次充好，一首垃圾歌我也当成天籁？为解开这个疑惑我求证了很久，在一开始，我靠记忆抓下来的内容基本上就一两句，而且醒后靠清唱记下的内容已经流失梦里九成以上的韵味，再加上录的时候也是迷迷糊糊的（因为刚刚从清明梦醒来，睡意仍然浓），等我第二天再听，更是无法还原当时的乐感。

后来我抓歌的功夫提升了，能多抓几句，而且在梦里就开始分析歌曲的风格、配器、旋律等，抓下来的音乐片段质量也越来越高，尽管所得旋律仍只是梦中一点残余，但是足以让我肯定，梦中的旋律诚不欺人，的确有不少好歌，而且还是浑然天成非庸品。

由此，我确定了靠清明梦捕获灵感，是一种新颖而有效的艺术创作方式。最开始，我知梦后开始在梦里找歌（比如我最常用的是找辆车开，打开车里的电台），并尝试当场醒来记下。清明梦里比较容易找到歌曲，而且可以立刻醒，所以技术上，这种寻找灵感的方式已经成为可能，从此我开始累积各种各样的梦中音乐素材。

大概又过了几年，在潜移默化中，我发现我已经用不着在清明梦里面找歌了，因为我的潜意识已经被训练出来了，只要梦里出现不错的旋律，潜意识马上就会察觉，我自己就会在梦里跟唱，然后很快醒来记下；这对于我又是一个突破，因为普通梦里没有显意识干扰，抓到的灵感质量更高，普通梦里潜意识创造力更加强大。更有甚者，平时如果脑海中偶然出现旋律，我也能迅速抓住，可见这种训练一旦深入，会自然成为一种条件反射。

综上所述，梦中抓取音乐灵感，我经历了三个阶段：

◆ 首先是普通梦，出现灵感也抓不到，因为当时自己无法意识到，也无法立刻醒。

◆ 然后是清明梦，主动播放灵感，可以当场醒且抓到，但是清明梦里潜意识的发挥会受到一定限制，而且要耗掉一次清明梦。

◆ 最后，回到普通梦或者平日状态，出现灵感就能当场抓到，此时才为最佳方式。

可以看出，清明梦就是一个不断训练潜意识的过程。在清明梦里常做的事情，会慢慢变成潜意识常做的事情。通过清明梦里的不断抓歌，使得我的潜意识也训练出了音乐扳机，在梦中只要一听到好音乐就会自然意识到这是个机会，然后反复跟唱，及时醒来记录。

其他形式的创作灵感，如绘画、摄影、建筑、文学、设计、舞台、服装、编剧等，都可以通过类似的方式训练出来，原理是相通的。

实际上，现实中的许多大师，多半具备了类似技能，也许他们不会清明梦，但是他们对事业的专注和投入非一般人可比，几十年专业的浸淫，日夜思索，使得他们在梦中出现灵光一闪时，能敏锐地当场抓住，这是多年来潜移默化地培养潜意识的结果。但是，对于普通人，一般来讲是不太可能驾驭的。好消息是：通过清明梦可以短时间内训练出这种能力，没准这就是打造大师的另一条捷径。

实战抓歌详解

半梦半醒时听到神之乐曲，所谓神之乐曲，一开始好像都是我在自编自导（就是自己大脑里用各种乐器演奏编排歌曲，喜欢听歌又有点音乐细胞的人应该都可以做到），编着编着就慢慢由不得我了……最后我变成一个纯听众，那个绝对是我这辈子都没听过的超级美妙的音乐啊！可惜完全醒来之

续表

后死都想不起来任何旋律，好想再试一次啊！这种情况下“听”到的歌实在不是言语能形容的好听…… ——虎扑网友 danielxn
本人是录吉他的，想自己编一些好听的旋律很难，但经常半梦半醒间脑子里会出现很好的旋律，以前没听过，而且每次听到的旋律都不一样，请问这些旋律是真实存在的吗？立刻醒来哼出旋律录下来有可能吗？迸发的旋律到底是什么原理？求解答。 ——梦友 恨菊
昨天晚上我不知怎地压床了，于是想起蚂蚁说的压床是一种天才状态，然后我试着在这种状态下构筑画面，效果不是很好……但是，只稍稍一动念，耳边就响起音乐来了，非常动听，而且有人唱，开始时是中文的，后来变成日文了，曲子并不是记忆中熟悉的任何一首，我真切感觉到是自己构想出来的，并且是那么轻松而自然的流露。这果真是一种天才状态啊，可惜的是本人对谱曲一窍不通，没办法记录下来。 ——梦友 Divinetouch

即使是没有太多乐理基础的普通人，梦中也能听到全新且好听的旋律（所谓神之乐曲），只要能记下来，就是原创好音乐。然而，绝大多数人不可能记下梦中的音乐，有些专业音乐人，因为职业原因对旋律非常敏感，倒是有可能记下，不过，这种现象大多是守株待兔，可遇不可求。

台湾音乐人陈乃荣

昨晚看电视里有个约15岁、皮肤黝黑穿着蓝旗袍的女孩在唱她的原创（歌曲）。觉得好听，心里琢磨着这小女生用什么思维在写。听着听着，突然意识到“我在做梦”。依经验若现在醒来，还能救

> 回一两句关键，我死咬快消失的旋律，挣扎爬起来走到琴前发现，怎么还在梦里，难道鬼压床？反复三次大吼一声，现在人起来了，旋律也记得。
>
> （2013-4-27 新浪微博）

“抓歌法”则完全不同，它是一种主动获得梦中好歌，并将梦里的歌带出现实的方法。完完全全的主动，明明白白的步骤，真真切切的旋律，梦想照进现实。

抓歌法，顾名思义就是抓取梦中之歌，听上去很高端玄幻，实际上大家只要会开口唱歌和做梦就可以做到。器材方面也只需要一个录音设备（大多数手机就能支持），剩下的就是按部就班地操作了。步骤如下：

第一步：学会清明梦。在梦里知道自己在做梦。

第二步：学会找歌。在梦里将歌曲放出来。

第三步：学会换歌。在梦中就判断出歌曲的好坏，不满意就换。

第四步：学会跟歌。对于满意的段落重放，并且反复跟唱至醒，再迅速录下。

第五步：培养出音乐扳机。当普通梦中出现好音乐时，能吸引你的注意力，并且潜意识会意识到这个歌也许是梦中之歌，随后能在梦中主动实施跟唱强记，醒来录下。（这一步的培养周期较长，没几年练不来，非专业人士学会前四步就够了。）

好消息是：只要你对清明梦和梦中音乐保持兴趣和热情，你就能入门。

坏消息是：不到一定的程度，是抓不出好歌的，前期都是走样的多。

清明梦里，怎么找歌、换歌、跟歌？

怎么找歌

在清明梦里找歌放是比较容易的，方法多种多样。比如听手机里的歌、看MV、命令NPC唱歌等，我们这里主要考虑两个问题：一是效果问题，二是延时问题。

蚂蚁本人较常用的是“找车听歌”，就是在路边找一辆车，或在路上拦一辆车，打开车里的收音机放歌。此法的好处是车载音效较好，开车时的手感能延时，另外换台也比较方便。举几个我早期找车听歌的梦例。

2005年3月3日

快中午了，我醒悟到自己是在做梦，一下无影像，抽身爬出，不一会儿看到东西。我把烦人的袜子和羽绒服脱掉下楼。一楼的门是开着的，我又一次扳指确认后才进去，发现张wy正在阳台晾衣服，她回头问："什么人，谁？"我吓一跳，乖乖隆个咚，还是赶紧出来吧。这时掉线，存想，一路摸却摸不到东西，但是慢慢有了影像。看到一哥们儿过来兜售什么，我佯装跟他走，仍无手感，我想到一辆货车，我去扳车门，扳到了，手感回来了。我大喜，立马坐进车里，点火启动，开车上路。那感觉真爽，与真实无异，更妙的是我打开收音机，正是FM97.1 Drive频道，里面正放着一首劲歌，rock力十足，很棒的音乐。我可以肯定这是世间没有的歌，车子的音响也不错，我听到过瘾处甚至直接把车子拔起在空中开了一段，路上的车也不少，不过根本不用担心撞车，我开始跟唱记旋律，那结束时的鼓敲得太棒了，一激动，掉线续而醒，还能记得几句。

现场演唱会的效果更棒更带劲，方法是想着屋子里正在开演唱会，推门进去。不过，这个的成功率要比找车听歌小一些，有时候推开门会发现不是演唱会。另外，听NPC唱歌也是很好的方法，有时候能给人惊喜，如下面的蚂蚁梦例。

2011年4月16日

9:03a.m.，正在上班，听到后面有人叫我，我回头一看，是熟悉的同事，她红着脸说："能不能教我做清明梦，真的很感兴趣。"是吗？我才不相信呢，据我的了解，你会相信才怪！我说现在就是个梦，我把旁边的隔板一掰，轻松掰弯，不多废话，我直接飞出去了。

外面天色昏暗，又是人烟稀少的旷野，我落在一条小路上，走了不久，遇到一对男女，男的比较猥琐，直接被我无视，而女的模样极其惊艳，梦中罕有，一袭红色连衣裙，美丽出尘。我上前抱住她，让她贴着我的耳朵唱歌，她唱起来，听着没伴奏的清唱，我觉得平平无奇，但是我不急，我躺了下来，让她压在我身上，软香入怀，五感真实，她软软的嘴贴着我的耳朵，很是舒服。唯一不真实的地方是她身体很轻，几乎没有什么重量，我且享受一番。

她的唱功普普通通，我本对此曲不抱什么希望，没想到最后却唱出高水平，伴奏也来了，瞬间把我震呆，词曲都不错……我用力记了几句，悠悠醒来，回味无穷。绝世美女，耳旁轻唱，柔情似水，吹气如兰，直诉心声，简直是最销魂的作曲方式！

怎么换歌

有时候需要换歌，比如发现这是一首现实中已有的歌，或者风格不喜欢，觉得不好听，要么你就是想听王菲的歌。

换歌不难，歌曲、歌手、风格等都可以换。“找车听歌”就可以通过收音机换台，比如想听印度歌，心里念叨着我要听相关的音乐台，一直换台换到出来为止。如果通过手机听歌，可以按切换键换歌，和平时操作一样。

很多音乐人都有创作风格的局限性，怎么写都一个调调，而在梦中能听到各种风格的歌曲，这个功能对于想要拓展音乐风格的专业音乐人非常有用。

有时候，音乐制作人要为歌手度身定制，清明梦里就可以专门点放这位歌手，甚至可以要求此歌手演唱不同风格的歌曲，这个功能对于歌手的商业制作和挖掘颇为有益。

怎么跟歌

找歌容易记歌难。梦中旋律极为难记，醒来总被雨打风吹去，90%的韵味不再。你可以做一个自我测试，先给自己放一首新歌，只放一遍，然后，去看看电视或者干点别的，再试着将旋律记录下来，看看能记下些什么。是不是很有难度？完全找不到调吧！而记住梦里的旋律（我们称为梦记）难度更高。

现实生活中，如果你听一遍就能记住旋律，说明你有很高的音乐天赋，如果你能迅速将旋律转化为简谱，那是不错的音乐能力，这些都可以帮助梦记。大多数人的音乐天赋和能力平平，“跟歌”是一个管用的笨办法，就是多听几遍，反复哼唱，加强记忆。

梦里听到一段不错的旋律，很想抓下来，就立刻跟唱，而且反复唱，直到醒来（一般会很快醒的），醒后继续跟唱，直到录下来。

抓歌贴士

总的来说，要想将梦中的旋律记下来并带到现实，难度非常大，蚂蚁送上几个小贴士。

◆ 抓歌的关键取决于清明梦水平，而非音乐水平，所以，清明梦必须练好了。

◆ 要有心理准备，刚开始基本上抓不到什么好东西，很容易产生挫折感。

◆ 不要想词曲皆抓，只抓一项就可，我的推荐是抓曲，不要理会词，除非专攻作词。

◆ 不要贪多，刚开始，只抓一两句有感觉的就可以了，贪多的结果往往是全丢。

◆ 录音的质量很关键，选一个录音效果较好的设备，要保证录音清晰，噪声小。

◆ 显意识的过度介入会打断潜意识甚至改变梦境走向，所以抓歌时切忌想太多，专注旋律就好。

抓歌心得

最好在梦中能对歌曲迅速做出判断来决定抓不抓。

首先，以感觉判断出歌曲好不好听，旋律感强不强，是不是熟悉的歌。不新不好的就不要，换歌。

其次，当场对歌曲作出简单分析。一般来说，梦中出现的好歌曲分很多种，有的是旋律好，有的是节奏新颖，有的是配器震撼，有的是歌手声线出色。不是所有歌都适合梦中抓，对于专业人士来说，一个音色、一个配器、一个节奏也许就是灵感，但是对于我们非专业人士的普通音乐爱好者来说，还是抓旋律比较合适，这样更容易在醒后录制成可用的素材。最好是连感觉和意境一起抓。

梦中的音乐为什么大多是好音乐？因为它是自然流淌浑然天成的，这是上乘音乐所具有的特质，动人的旋律通常都是自动流出来的，而不是想出来的。

梦中曲有自己的意境，它的出现不是无缘无故的，而是潜意识将梦中意境和自身感觉合二为一，以音乐的方式表达出来，真诚且直通人心，所以能打动人。它以制作精良的成品出现，歌手、配器、音质等皆为顶级，所以好听。

如果说旋律是音乐的骨肉，那么意境和感觉就是音乐的灵魂。很多时候，你会奇怪，为什么梦里让我感动的歌，在录音机里却成了无味的音符呢？除了业余者录音时音准节奏走样，关键一点就是丢失了意境和感觉，空剩一堆没有灵魂的音符，自然就无法感动了。

因此，在醒来录音时，对于特别有感觉的旋律，除了多录几遍外，还有必要将当时的梦况如情景氛围、意境感受等一并录下来。这些素材有助于我们以后还原梦中情景，重塑歌曲之魂。

音乐扳机

真正的幕后大师，是潜意识。要想获得最好的音乐，显意识尽量少插手。“抓歌法”的终极目标就是直接抓普通梦里的歌，那样，灵感就会源源不绝！且不耗清明梦资源，达成此目的所靠的就是音乐扳机。

蚂蚁前几年的日志，写了很多在清明梦里主动放音乐的情况，但是后面几年却不多，为何？原因是我的音乐扳机已经培养成功了，我不需要在清明梦里放音乐了，现在的我，只要在梦里听到好音乐，心中自然就会有反应，会怀疑是不是梦里的音乐。还有一个概念已经深入我心，那就是“如果你怀疑，就多半是梦里，现实中不会怀疑的”（这个也是经过多次误判的经验才培养成功的意识），所以当我一怀疑，我也马上就知梦了，此时我有两个选择，一个是知梦去逛；一个是把音乐记住，及时醒来记录。我的定式习惯是选择第二种。

普通梦里的好音乐我能抓住就抓住，而且我梦里出现音乐的场景很常见，特别是在我想写歌的情况下几乎每天都有，一般般的音乐不会激发我怀疑，但是让我感到惊艳的音乐会自然引发扳机，让我习惯性地分析起音乐的结构，倾听歌者的声音，意识到是梦并且开始抓歌，随后马上醒来，迅速记录下来。普通梦提供了比清明梦更多更自然的灵感，所以我也就很少在清明梦里主动放音乐了，更多是守株待兔，由普通梦里的音乐激发扳机，捕获音乐灵感。

这个音乐扳机，正是我多年来在清明梦里放歌抓歌养成的，也是“通过清明梦，训练潜意识”的一个实例。

蚂蚁的歌

由清明梦获取音乐灵感，这条路蚂蚁已经亲证。这些年，我靠清明梦获得无数灵感素材，存成素材库，写歌对于我来说已是轻车熟路。虽然只得梦中皮毛，所作歌曲离梦中原曲相差甚远，但是我已经很满意了。

既然我要证明“利用清明梦可以抓下梦中的原创好歌”，自然就需要提供证据。以下这首《梦中花》的旋律是我在梦中所获，作品水平如何，大家只需评判歌曲本身，请忽略我可怜的唱功。

梦中花

词曲唱：追梦蚂蚁

梦中的那朵雪莲花 洁白得就像是你啊
想爬到山上看一下 静静的年华似水呀

你不想让我离开 我就在这里等待
你不想让我明白 这尘世太多无奈

今生我为你而来 今世你为我而开
怕什么邪魔妖怪 早已经置之度外

来生还为你而来 来世还存不存在
就这样思念着你 走在这梦的路上

踏上仙山云海 一袭青衫白马
如果还能相见 胜过人间天堂

来来来来来来 来来来来来来

我的原创还有很多，有兴趣者可以百度“追梦蚂蚁网易云音乐”，就能听到这首《梦中花》和其他《Neverland》《江南可采莲》《梦游天姥吟留别》《通天》等“盗梦”歌曲。

我写歌的过程很简单。

都是先从梦里听到了不错的旋律，醒来录下，存入素材库。梦里的音乐风格各异，古今中外都有，甚至戏曲歌剧等，觉得好的都可以录入素材库。

有空时，我就从素材库里将自己觉得比较有感觉的素材用吉他弹奏简单录唱一下，录成小段子。这些小段子，就是一首原创歌曲的种子，有着歌曲的灵魂。某天当我想出一段词，感觉符合某个小段子的意境时，就可以在这个基础上词曲并进，着手全曲了。接下来我会在库里再找一些比较搭的素材，凑起AB段，形成歌曲的骨架，衡量的标准是整体感觉自然。最后就是反复地删补修改，使其血肉丰满，达到自我评估的质量为止。在此过程中，一旦感觉此歌没有特点，就直接放弃。

长此以往，我的素材库里就累积了许多半成品，它们随时都可以做成成品。有了清明梦的帮助，我自己写歌的能力将永不枯竭。

不过，音乐毕竟只是我的业余爱好，我的唱功并不好，所以也没有打算成为一名真正的歌手。我写歌的目的是证明清明梦写歌的路是行得通的。看看，连我这么一个不识谱、唱得烂、无天赋且没受过任何音乐教育的普通人，靠做梦也能写出不错的歌，何况那些拥有音乐梦想、拥有无限精力、拥有大把时光和未来的新时代追梦年轻人呢。

职业添翼

发明家去未来，看看有什么新东西

导演深入梦中采风，感受真正的吸血鬼

历史学家，想求证古人的生活细节

演员把握不住角色，梦里召唤出影帝，参考人家怎么演

科幻小说家想体验一下黑洞或超光速
设计师梦中找街头广告
刑侦专家梦中犯罪现场重演
粉丝想看王羲之亲自写下《兰亭集序》

清明梦对很多职业都能助上一臂之力，尤其是艺术创新类的职业。抓歌法是针对音乐的，其他艺术形式也一样，抓画法、抓诗法、抓点子法等，原理相通。如果掌握清明梦，画家能在梦中主动找到自己心中之画，导演能直接看到心中之影片，功能非常实用。

如果你的职业是技巧类的，比如表演、乐器、舞蹈、杂技、驾驶、演唱、魔术、竞技体育、武术等，试着在清明梦里肆意挥洒你的技巧，你会在梦中获得现实中不曾有过的经验以及非凡的状态，这些体验有助于你取得顿悟和突破，更上一层楼。蚂蚁举个自身的例子，我曾在梦中和人对拳，梦里双方的拳劲如包裹着一层实质般的“气”，在对打中能体验到实实在在的气劲相冲，从而拳不相交就气机牵引，打得非常过瘾。蚂蚁现实中不懂拳脚，此梦顶多是过了一把武艺高强的瘾，然而，对于真正的武术高手来说，则可能有更深领悟。史传张三丰梦玄帝授拳的故事，一般人以为不可信，但是蚂蚁觉得，张三丰借梦中的巅峰状态和“气”的实质化，从而悟出内家拳的原理，也不是不可能的。

类似的体验对于梦控师来说是常事，比如清明梦里飙歌、极品飞车、跳舞、滑冰、跑酷、打球等，很容易获得人球合一、人车合一、人歌合一、人机合一等状态，比起现实要挥洒自如得多，而这种体验可以移植到现实生活中，帮助梦友突破自我，更上一层楼。

如果你的职业是创新类的，想突破常规，找一种新的方法、新的视角，清明梦可以为你搭建一个完美的创新试验场。

歌手可以在清明梦里随心所欲地试验音色、音域、唱腔等；发明家可以在清明梦里穿梭时空，去看看未来的新科技；科学家可以在清明梦里设计各种实验；导演可以立刻呈现出各种大场面；实在解决不了的难题还可以咨询梦神热线。

潜能开发

天才在日常状态下就能调动梦体，而我们要靠梦境，一来控梦不容易，二来梦记比较难，因此，利用清明梦获取灵感和真正的天才相比还是存在较大距离。有的人就想，有没有办法通过后天的训练，也达到天才的这种“日常状态下调用梦体”的功能呢？而这个话题，就是所谓的潜能开发。

天才可以制造出来吗？多数人会想：“天才就是天生与众不同的材料，普通人经过后天努力，也能成为大师，但是不能称为天才，因为普通人和天才不是同样的材料。”不过，看完下面几个例子，你也许会有不同的想法。

美国男子Jason 因成绩太差辍学，一天在酒吧被人一闷棍打伤头部，第二天醒来后变成数学天才，看什么都是几何图案，树叶都能看出毕达哥拉斯定理，反射的阳光里也能看出圆周率，然后Jason被视为超人一般的存在。医生说这种情况叫“后天学者症候群”，患者被击打脑部后在数学、音乐和艺术方面展现出惊人的才华。

据《墨尔本日报》报道，澳大利亚一名21岁的男大学生遭遇车祸昏迷，17个月后醒来，惊奇地发现自己的中文语言能力竟然突飞猛进，讲出了一口流利的中文，并且成了中文脱口秀节目《澳麦Ga》的主持人。

美国科罗拉多州丹佛市的少年Lachlan Connors，从小是音痴，连《玛丽有只小羊羔》和《小星星》都唱不清楚。但在六年级时一次意外摔成脑震荡后，五音不全的少年突然成了音乐天才，现在的他能熟练地弹奏13种乐器，包括钢琴、吉他、曼陀铃、尤克里里、口琴、拇指琴和风笛，还表示音乐是他现在生活的动力。

同样是普通人，一棍一摔一撞，就拥有了以前没有的能力一夜成才，怎么解释呢？很显然，这些能力其实我们原本就有，只不过一直深藏不露，只有在特殊的因缘际会下才会显现。这些例子说明，我们普通人的大脑和天才一样，都是宝石，只不过人家的开了光，咱们的还埋在土里。理论上，每个人都可以通过当头挨一棍变身天才，只要这“朝天一棍”打出Jason那次的水平。

迄今为止，科学家还没能破解出那“朝天一棍”，然而各种证据指向了潜意识。人的潜能是巨大的，心理学认为人的潜能与潜意识有关，人的潜能就存在于潜意识之中。有很多例子证明，在潜意识为主的催眠或者做梦状态下，人的潜能显现，展现出一些超常的能力。

1979年，联合国教科文组织在索菲亚举行了教学提示法国际会议。这种教学法的原理就是在催眠、半睡眠状态下使用暗示法进行教学。一批毫无外语知识的人，经过三天教学，开始能比较自由地使用一定数量的英语词汇。这种方法，可大大节省时间，如原来289个学时的教学内容，现在可以在160个学时内教完。

有些梦游症患者，在梦游时能做出醒时所不能做的动作，甚至平时已失去作用的器官在睡梦中也能恢复机能，双腿瘫痪的人在梦游时往往比正常人跑得更迅速。

和潜意识密切相关的是右脑，天才的右脑利用率貌似比普通人高得多，潜意识似乎就在右脑活动，梦体的五感区也在右脑，以至于右脑开发几乎成了潜能开发的同义词。

如何开发潜意识和右脑？在“朝天一棍”研究成功之前，目前大多数的方法还是通过思维和意识层面的训练，那么，清明梦和潜能开发有什么关系呢？

蚂蚁认为，清明梦是研究潜能的最佳方式之一。潜能开发领域最大的难题就是潜意识和显意识无法共存，如果进入潜意识为主的状态时，就会失去显意识，完全不知道自己在做什么，而如果进入显意识为主的状态，天才的潜意识就难以显现。

然而，清明梦却解决了显潜共存的难题，清明梦是显意识直接和潜意识打交道，是左右脑相互沟通交流的技术，梦控师能直接以自我意志调动潜意识，这种显潜共存的状态是其他方法很难达到的。通过清明梦，科学家可以更清楚地了解潜意识和右脑的工作原理，因为梦控师可以按预想方案主动提供数据，这和目前被动观察的数据有天渊之别，从脑科学的角度来说，清明梦有助于破解“朝天一棍”，解开右脑之谜。

另外，清明梦本身就是最好的右脑训练方法。在想象力和形象思维的训练中，有“清明梦之控梦”；在抓取潜意识方面，有“清明梦之梦记”；在和潜意识交流方面，有“清明梦之对话潜意识”；在自然出像方面，有“清明梦之梦屏”；在快速进入潜意识状态方面，有“清明梦之清醒入梦”；更不用说清明梦所专属的左右脑协调开发方面了。

如果说梦让人感到奇特，那么清明梦则令人感到惊讶，我觉得潜意识其实就是智商最大化的自己。以前看过一篇报道说做梦的时候，潜意识大脑的利用率是平时的好几倍，这就可以解释为什么我们常常对自己梦里的情景感到奇怪不可思议。试想一下如果你是清醒的，让你创造一个梦里的世界你需要多久。更何况做梦时往往是在一个构造庞大的梦界，并且还不止这么简单，梦里还有接连不断的情节。通常这些情节都不枯燥而且极富新意，并且你能从中看到很多完美的创意，我觉得这对于创作人的帮助无疑是巨大的，写小说、设计、词曲家，这些清明梦能够提供帮助的职业应该是数不胜数的。清明梦不仅仅是一个娱乐的工具，它还是一个可以压榨潜力的地方，是你自己的救世主！

——梦友土豆

蚂蚁认为，在潜能开发、脑科学研究以及教育领域，清明梦的应用前景是广阔而巨大的。如果能将人类两套感官系统搞清楚（特别是梦体感官），并且实现系统间自如切换，会不会出现“神仙老虎狗，天才遍地走”的情况呢？

第四章
清明梦的更多用途

清明梦，是我们登陆梦境世界的手段。如果抱着游戏的心态，整个梦境就是我们的游戏场；如果抱着修行的心态，梦境就是修行场；如果抱着探索的心态，梦境就是科研场；如果抱着艺术的心态，梦境就是创作场。这里还可以成为学习场、训练场、试验场、疗愈场，等等。这是一个用途广泛的全新世界。

非凡体验

人生就是一场体验，但是人类的体验被物理上的身体和时空局限住了，身体的拖累也造成烦恼远比快乐多。而在梦中，这些局限彻底不存在。梦体的五感俱足加上梦境的无限可能，奠定了梦的娱乐属性。清明梦所带来的自主意识，真正使得梦境成为一个超级游戏场、一项无可比拟的娱乐。

然而，清明梦给人带来的体验，远不止获得快乐，其范畴可以说是包罗万象甚至超乎想象的。清明梦之“所想即所得”功能使得梦者几乎可以获得任何类型的体验，包括在现实中很难感受到的种种非凡体验，这些“非凡”表现在下面几个方面：

梦境模拟

只有想不到，没有梦不到；即使想不到，也能梦得到！

梦境模拟之包罗万象超出人类想象，人们在梦里可以遇到各种不同的世界，别有一番滋味。而梦控师，更是可以主动启动梦境模拟。想去唐朝看看，穿过隧道就能置身于唐朝大街上；想见某人，拐角就能和对方来次美丽的邂逅；大到银河小到原子核，梦境模拟都不在话下。

人们往往关注于梦境所展现的“非现实主义”或“超现实主义”一面，可蚂蚁觉得，更让人震撼的，是梦境足以乱真的“现实主义”。为什么梦中万物惟妙惟肖？为什么会有如现实一般的画面、文字、声音？为什么梦里人有自己的意识？为什么梦里的音乐完全符合音乐理论？为什么在梦里弹琴时，按键和声音完全吻合？为什么梦中人能写下书圣级别的书法，唱出媲美梅兰芳的京剧……

梦境全息全真的模拟，才是其最神奇最强大之处。在出体和假醒的场景里，梦友几乎会以为自己就在现实，有的梦境逼真细致的程度简直匪夷所思，比如水滴之投影、树叶之脉络等细节。举个蚂蚁的梦例，有一次我在梦中观察自己的影子，当时远近存在多个光源，所以有很多投影，各个角度的投影排列次序，虚实相间，深浅不一，当我移动时，影子们也随着变化，流转自然，毫无破绽。我和梦中的小伙伴都惊呆了。

梦体模拟

完全无拘无束，真正地自由自在！

梦控师获得非凡体验的感觉，主要还是来自梦体，梦体神通自足，妙不可言。尽管梦体主要的原形是“我”，但是梦体其实是可以模拟成其他存在的。在蚂蚁的清明梦中，就有多次变化成其他事物的例子，比如变成女人、老鹰、狗、猴子、菩萨、小鸟、树、石头等。奇妙的是，这些体验是如此逼真，不仅仅是外形面貌改变，而且内在生物属性也会改变，比如变成老鹰时会有鹰眼的视角，在天上看得很远很清楚，下面巨细一览无遗；变成狗后，真的会“狗眼看人低”。

分享一下蚂蚁有次变成小狗的体验。我心中想：把自己变成小狗，果然有了效果，我的视野变窄，看见的门都是下面小半部分。我下到二楼，到江矿屈某家中，她们居然把我当成家中小狗，一把抱住。后来我挣脱跑到菜市场捣蛋，一脚踹翻水果摊，又一脚踢那胖子，十足无赖，其间故事不少。我还发现掉线时小狗更容易恢复，爬几步就有影像了。

不光是梦体方面的模拟，更奇特的是它还能直接转换你的心。比如回到童年，梦里你就真正是那个小孩，体会到小孩什么都新奇好玩，有着至真至纯的快乐。这种我们曾经都熟悉的快乐在现实的成人世界里已再无可能。

维度模拟

我们生活在三维的世界里，但是梦境却能模拟出不同的维度，在清明梦里，梦友甚至可以切换维度。

有的时候，梦境是一维的，没有任何画面，只有一个意识存在。有的时候，梦境是二维的，比如某些时候的梦屏；比如有时候梦境就是动画片，人在动画片里活动，特别是梦控师在钻入动画片的时候。

一般来说，梦境是介于2D到3D之间的，有时候像电影，有时候身临其境，梦控师通过对梦体的调节可以进行2D和3D之间的切换。

梦境也可以是四维的，时间可以成为一个维度，梦中的时间感受可快可慢，于是有了黄粱一梦、临川四梦、一梦千年。

梦境五维模拟，意识成为一个维度，可以有多个意识同时存在，出现好几个自己，而其中每一个都是自己。

是不是有六维七维，蚂蚁就不得而知了……

抽象模拟

理论模型实体化，抽象的东西具体化。

特斯拉、爱因斯坦等科学家可以在梦中搭建自己的实验模型，电影《美丽心灵》里的数学家纳什可以在幻觉中搭建数字模型。在梦境中，复杂的理论模型，能够以立体实物的形式呈现，就是是利用大脑强大的潜能的缘故。

一些抽象概念在梦中会以具体的物件现身，比如苯结构中的蛇、元素周期表中纷纷落下的元素、笛卡尔坐标中的苍蝇等，都是潜意识对抽象的东西具体化的例子。

关于抽象的实化，梦控师可以在梦里做个简单实验，比如你可以在水里划动双手（在空气中也一样），只要你自己设置水的阻力越来越大，你的手就会实实在在地遭遇到越来越强的阻力。这就是梦境将“力”这个抽象值实体化的例子，其他如温度、速度、电流、压强、质量等变量都可以实体化。

更复杂一点的，比如在梦里设定星球运行轨道，设定无重力空间太空实验等，都是可以达到的，这里应用的就是梦境“制定规则”的原理。

实验模拟

具体说一下清明梦里做实验的话题。尼古拉·特斯拉无疑是清明梦领域的绝顶高手，但是说到特斯拉的科学成果是在清明梦里进行实验的，很多人会怀疑，觉得这是夸张的噱头，是特斯拉的梦话，不可能是真的。但蚂蚁认为这是完全有可能的。

首先，在梦里做实验并非难事。蚂蚁有一天看了看转基因和非转基因的话题，当晚就做了一个梦，我梦到一个老师要全班同学拿一些玉米做实验，萃取蒸馏，然后过色谱柱等，最后根据色谱的不同鉴定出哪个是转基因哪个不是。梦里面实验的每个步骤都很详细，历历在目。

其实，我不过是看一下热门话题凑热闹，从来没有想过鉴定什么转基因的实验，但是，梦境自然就在我的科学知识基础上做起了实验，还给出了详细的全过程和结论。当然，我对转基因并不了解，更非权威，所以这个梦中实验并不是一个真正鉴定转基因的方法。但是，如果是一个转基因专家的梦呢？

科学家在梦中获得科研成果的例子有很多，爱因斯坦、玻尔等人就是很好的证明。其实他们并不需要在梦里亲自做实验，只需要梦见相关实验就可以了，潜意识自然会从他渊博缜密的专业科学基础上充分发挥一番，有时候还会给出一个醍醐灌顶的“神之答案”——踏破铁鞋无觅处，得来全不费功夫。

而特斯拉就更强了，因为他是清明梦，不是一般的普通梦，所以他能主动“制定规则”，从而完成更为复杂系统的实验。他也无须亲自做，可以在梦里指定几个科学家做实验，梦境将自动建立起所有实验设备，而他只需在旁看结果（也许在关键时候需要设定一些参数吧）。即使实验失败也没什么，瞬间又可重来。

更有甚者，他这种级别的清明梦强者，有可能已经达到“有高灵相助”的程度，只需要高灵带着他四处多逛逛，多交流心得，就像门罗的遭遇那样，就能获得很多超越时代的发现。其他如达·芬奇、史威登堡等超时代天才都有这种通灵的可能。

宗教体验

对于探索人类精神世界，特别是宗教方面，清明梦的体验有更深层的意义，比如四川大学宗教研究所所长陈兵教授在其著作《生与死——佛教轮回说》中描述的一次出体经验：

笔者最离奇的一次脱体经验，是在1974年农历四月初七傍晚，晚餐后躺下休息时，忽见有周朝衣冠的人来迎，脱体后迅速飞升，看到了地球外“大香海”中的仙山和四层天宫，当到第四层天时，如回老家，自然记起那是曾生活过几千年之久的兜率宫。在那里见到了佛、道二教的教主各自说经的场面，目睹玉皇大帝、耶稣基督、圣母、穆罕默德和多位东西方古代圣哲们听释迦牟尼说法。游览了西方极乐世界，有自称摩诃目犍连者，称“奉佛法旨，为你演化十二因缘”，只觉头上白光一闪，即退回无数劫前，重现无数轮回历程，又自觉于未来恒久修菩萨道，一级级上进，最后于将来大火劫中，作为994位大菩萨之一，从火海中运载众生达安乐处，终至成佛。其间自觉历时数万劫，而实际只用了几个小时，可谓至极稀奇。回归肉体后虽多半忘失，但在禅定中能部分呈现。其中所闻佛教术语如“十二因缘”“唯心所现”等，皆为此前所未曾见闻，回归后数月方从佛典中发现。所见无量寿佛赤色形相，于十多年后看到藏传佛教的无量寿佛像，才发现与之相近。

这一神游“奇梦”，使笔者激动不已，当时在天外曾想，为将这见闻回报于人类，还须返回人间。笔者由此引起研究佛学的浓厚兴趣，在钻研了显密诸家的教义十多年后，确认总体佛法与自己“演化”体验中所蕴含者一致。笔者曾多番反省研究这次体验和自己当时的心境、生活条件等，自认为绝非解释为一个偶然的奇梦便可说服自己。一个在当时毫无宗教知识信息储存、日常沉迷于作歪诗的人，做出这种奇梦，是不可思议之事。

学习与训练

科学界的一种主流看法：梦是脑在做资讯处理与巩固长期记忆时所释放出的一些神经脉冲，也就是说，梦本身就是一个整理知识、学习巩固的过程，而清明梦，更是让人能主动进行学习训练，提升脑力，开拓思维。

经历就是一种知识，清明梦里所见所闻，所经历的一切，都留在记忆中，转化为个人的知识和感悟。攀岩、弹琴、打球、武术、舞蹈、书法等训练都能有助于现实中的能力提升，清明梦独有的对左右脑沟通的锻炼，也使得梦控师的形象思维能力更加强化。

目前，清明梦中的学习功能主要是获取感悟或经验，大多用于形象思维和行为动作方面。来看看关于这方面的科学研究：

有研究表明，对于同一任务，人们在梦境里训练后，在现实中的表现就会更好。由瑞士伯尔尼大学的丹尼尔·埃拉彻尔牵头的一项研究证实，如果做清明梦的人在梦中训练投掷硬币，他们醒来时就能更准确地把硬币投到杯子中。耶鲁大学精神病学副教授皮特·摩根也发现，清明梦者在一项博弈任务中表现得更加出色，这项任务和大脑中控制情感决策和社交互动的功能相关。

英国《每日邮报》2013年8月1日报道，德国海德堡大学研究人员发现，人的清明梦与提高运动能力之间具有关联性。研究中，篮球运动员重复投篮、足球运动员任意运球训练后，在清明梦中继续训练。结果发现，他们的运动能力都有所提高。

生活中这样的应用还有很多，基本上属于潜能反应和肌肉记忆的训练都可以在清明梦中得到强化，而且潜意识的充分发挥使得在梦中更加得心应手，值得一提的是梦中训练钢琴、吉他等乐器演奏，指法和声音高度默契，梦境模拟之强大可见一斑。

清明梦还能创造出全真的实战模拟训练，特别适合于一些平时很难有机会、几乎不可能彩排的项目，比如说灾难逃生、恐龙研究、NBA总决赛绝杀、脑科手术、太空漫步、暗恋表白等。

清明梦里可以无忧无虑地肆意发挥，没有心理负担。有的时候，清明梦里训练的效果比现实要好得多，甚至能获得出乎意料的突破。比如下面一例。

在梦中突破困境

看看下面这位德国武术高手的经验。他多年来勤练空手道、跆拳道和柔术。后来他决定学习路数截然不同的合气道。可是学了两年还是无法入门，因为多年来先入为主的武术根基与动作柔和的合气道格格不入。多亏下面这场梦让他突破困境：这一夜，我还是没能将攻击者撂倒，上床就寝时，心里好难过。入睡前，稍早练习的情形不断在我脑海里重演。练习防卫时，体内总有一股刚硬的冲动阻挡了正确的平衡动作，使我像傻瓜一样呆呆地站在那里，毫无防备能力。对于黑带高手而言，这是最丢脸的时刻。那一夜在梦中，我重重摔了一跤，而不是翻滚开来。由于我决心问自己“我是清醒的，还是在做梦”，所以摔跤后立刻变得清明。我不假思索，立刻到梦中的道馆去练习防卫招数，这一次没有教练的监督，只有梦中的对手。我轻轻松松演练了无数次，结果一次比一次进步。

> 他在清明梦中练习了一星期，才再回道馆去。“教练对我几近完美的防卫动作感到吃惊。”他说，“即使加快速度，我仍然不曾犯下严重错误。从那时候起，我进步神速，一年后便取得教练执照。”
>
> ——摘自《梦的指南——解析奥妙的清明梦》

在清明梦里学习训练，并不需要特别强的控梦能力，需要的技巧主要是控梦篇介绍过的“引梦”，当场景营造出来以后，就不再需要太多的显意识，反而应该尽量降低自主意识，顺梦自然，让潜意识发挥出更大的功效。

清明梦的主要群体是学生，他们经常会问，清明梦中可不可以复习功课、背诵课文、解答习题呢？2016年，《最强大脑》节目第三季，人称“控梦小子”的选手申一帆给出了答案。以下内容来自《最强大脑》节目。

申一帆控制梦境的能力缘于背一篇文言课文。他回忆说：“初中有次语文课上很困，到老师要求背文言文课文的时候，我读着读着就睡着了。醒来之后发现课文居然背下来了，当时觉得很不可思议，因为我感觉自己大部分时间在睡觉。”也正是这次偶然间发现自己竟然可以在梦中背课文的经历，让他对梦境里的世界产生了浓厚的兴趣，从此开始啃弗洛伊德的《梦的解析》以及类似相关书籍。到了大学，申一帆已能够自如地控制自己的梦境。

申一帆：“人一生三分之一的时间都在睡觉，如果能利用这部分时间来做有意义的事情，那就相当于延长了生命，这就是我的魔法。我可以用意念控制梦境的发展。在睡梦中，人类大脑的思维会异常活跃。想象力和画面感会比白天强烈很多。把白天的难题放到梦中解答，会有意想不到的收获。”

魏坤琳：“你的这种方法，用清醒梦来解决问题，其实是符合现在我们神经科学对大脑工作方式的理解的。我们知道有一个后现代主义的画家达利，他在创作的时候，用的一种方法就是做清醒梦，他好多灵感都来自睡梦中。”

利用清明梦学习是完全可以的。实战中，主要还是侧重于灵感类、创新类、形象思维类的学习。如果是分析推理、文字理解、数值计算等逻辑思维方面的学习，则难度较大，这需要超级强的控梦实力，因为梦中调动逻辑思维较为费劲，且极其容易醒。不过，这是一个方向，如果清明梦解决了这方面的难题，比如发明了《盗梦空间》里那种控梦延时的特效药。那毫无疑问，清明梦将在教育学习领域发挥巨大作用。

造福弱势群体

老子曰：“吾有大患，为吾有身。”肉体的自由可以被剥夺，但是梦体的自由无法剥夺；肉体的功能必然日渐衰退，但是梦体永不衰退，甚至可以训练得越来越强大。

社会上有数量众多的弱势群体，白天要面对各种生活的艰难与不公，但是在夜晚的梦里，他们能获得的快乐不比任何人少，梦境对所有人都是公平的，清明梦可以成为弱势群体的心灵寄托，为他们保留一片精神乐土，善莫大焉。

失去自由的人，无论是身陷囹圄，还是身患重病，残酷的现实，甚至觉得人生失去意义，清明梦可以体验重生的快乐，鼓起生活的勇气面对艰难的岁月。

我们每个人都会迟暮老去，甚至孤老无依。如果还能以少年之身驰骋江湖、重见故人、回味人生，那种感动胜过千言万语，谁说青春梦已老，永远的青春就在每个人的梦里。

清明梦可以帮助残疾朋友实现遥不可及的梦想，每个人的梦体都是五感俱全、完美无缺的，就像《阿凡达》里得到一个全新健全身体的男主角，梦中盲人能看见，聋哑人能听见，瘫痪病人可以行走、奔跑甚至飞翔。大家所熟悉的海伦·凯勒在描述自己的做梦人生时说："我相信梦中的我比其他人更为幸运，每当我回想自己的梦，跃然出现的似乎总是愉快的。虽然我们自然会回忆最生动的梦，而且急切地想讲述梦乡中奇幻迷离的冒险故事……可是说真的，我做的梦甜蜜多过于不幸。我对荒诞、奇异、神怪的渴望，都能在梦中一偿夙愿。它们带我远离平凡、熟悉的世界。眨眼刹那，我肩上的重担、手头的琐事、心中的失意苦痛，立刻云雾消散，我全神注目于梦的可爱面庞。它踏着轻快步子，在我身畔快快乐乐急劲飞舞。突然间，迷人的奇思妙想从各个角落泉涌而出，怡悦的惊奇在每一个转角处和我照面。快乐的梦远比金玉宝石珍贵。"

除此之外，清明梦对于残疾朋友还有特殊的意义。

残疾朋友是最适合练习清明梦的人群之一	残疾朋友的缺陷是天然的知梦扳机，"盲人视物聋哑听声，必是梦境"，由于这种扳机在残疾朋友的梦中无处不在，因此非常容易知梦，借此扳机，残疾朋友能很快掌握清明梦并获得高而稳定的知梦率。
清明梦能改善疾患	举个例子，有的聋哑人一开始是有说话能力的，但是长期听不到声音慢慢就失去了正常的语言能力，如果他会清明梦，就可以在清明梦中主动找人说话，梦中是可以听到声音的，如此就能保持住原先的语言能力。国外还有研究者指出，清明梦的某些练习可能有助中风的恢复。

续表

恢复精彩梦境	尽管残疾朋友的梦体都是五感俱全的，但是有的盲人梦里没有画面，聋哑人梦里没有声音，问题不是出在梦体上，而是出在提供原材料的潜意识那里，如果潜意识不提供数据，梦体系统也无能为力。盲人通常做梦少，并不是他们不爱做梦，而是潜意识在视觉原始数据的供应方面常常力不从心，渐渐地梦就越来越模糊甚至没有了，这便是用进废退的道理。如果学会清明梦，则可以主动调动潜意识，逼迫潜意识勤奋起来，就能恢复丰富精彩的梦境。

精神及心理治疗

精神治疗

在精神治疗方面，清明梦可以帮助治疗精神分裂症以及创伤后应激障碍（PTSD）。

清明梦是一种处于清醒和做梦的混合状态，研究人员发现现实中有些精神分裂症患者的脑波状态和清明梦类似，脑部的活跃区测试也显示出类似的结果，这些研究从侧面支持了精神分裂是梦体紊乱的结果。

同样是梦体紊乱症，分不清幻觉幻听的成了疯子，能分清的成了大师。几乎所有的正规治疗方法都是认为患者脑子或神经有毛病，想方设法用药物或手术来消除患者的幻觉，一般来说难度很大，这类病很不好治。蚂蚁认为，首先应该帮助患者学会区分幻觉和现实，这样就能极大地改善病情。

分辨的方法很简单，幻觉幻听必然是梦体（假借肉体）所看到听到的，而不是真正的肉体感官所看到听到的（肉体遵循科学原理，视听必须有真实的物理光源、声源，否则不科学）。梦体感官的运作不需要依靠肉体，所以，如果闭上眼还能看见的，就是幻觉；如果堵上耳朵还能听见的就是幻听。反之，就是现实。

一旦能够分辨幻觉和现实，疯子也就能像正常人一般正常生活了，如果能够自如掌握幻觉的运用方法，则是犹如拥有特异功能般的存在，不但能解除困扰带来快乐，说不定还能诞生几位艺术大师。

PTSD（Post-Traumatic Stress Disorder），中文翻译为创伤后应激障碍，也就是精神创伤，指的是由生活中遭受较为严重的伤害事件所引起的心理、情绪甚至生理的不正常状态，常见人群如老兵、灾难幸存者、受精神刺激者、受虐儿童等。PTSD主要表现之一就是经常在梦中出现与创伤有关的情境或内容，反复的噩梦给患者造成极大的身心困扰。其实，这些反复的噩梦是最容易成为知梦扳机的，稍微有点清明梦的知识和训练，患者就能在噩梦到来之时知梦。一般一旦知梦，噩梦就会停顿，有的情况下，患者甚至可以反客为主，发泄出心里的积怨，比如制伏恐怖分子、报仇雪恨、拯救地球等，一举从心理上消除心结、修复创伤。

心理治疗

现代社会节奏快、压力大，心理问题越来越普遍。很多人去看心理医生，为了找到潜意识深处的心理根源，解梦是心理医生常用的一个方法。

解梦，其实就是去解读梦的语言。梦是潜意识写的天书，用的是世界上最难懂的“梦语”，患者心理问题的答案就在这部天书里，但是普通人是看不懂的，对“梦语”有过深入钻研的专业人士加上几分连蒙带猜，才能略懂。

然而，对清明梦来说，这就不是个事。潜意识想说什么，哪用得着事后费劲去翻译梦语，在梦里直接问潜意识就行了，它的回答绝对是一清二楚的大白话。这是清明梦的独门绝技：与潜意识沟通。

下面这个方法叫做“梦神热线”，直接连线集体潜意识，是与潜意识对话的常用方法。

知梦后可打电话，打电话的方式很简单，只要掏出手机装作打电话就行。电话可以打给任何人、任何物，比如打给上帝，打给菩萨，打给拜登，打给自己，打给《新闻联播》，打给梦中情人，甚至打给狗狗都可以，打电话这个功能为“热线功能”。

今天要介绍的是其中用途最广的“梦神热线”，也可以称为“指导灵热线”，电话那头代表的是人类智慧的源泉，集体潜意识的化身，我们梦控师称之为“梦神大人”。

打电话第一句话可以这么说：“请接通梦神大人”或者“你好，我找梦神大人”，如果出现耳朵一通一润的感觉，或者对面有声音，就可以开始问问题了。

可直接问：“我为什么控制不了情绪?”“为什么觉得生活无意义?”“我该怎么办?”除了热线回复外，或许还能得到一些直观的影像和信息，一些只有自己才明白的东西。

不管是什么样的问题，都可以向梦神大人提问，问心理、问事业、问隐私、问桃花、问彩票、问命运、问宇宙起源，等等，都可以问。梦神亲自指点迷津是清明梦附赠的超级福利。

几点注意：

① 新手很容易出现电话没人接的情况，要耐心多问几次。

② 有时候问题太复杂，对方可能沉默，此时，可以挑简单的“是与不是”来问，比如：“他爱不爱我?”“我要不要接受这份offer?”“这件事我是不是做错了?”

和潜意识沟通的方式有很多，还可以结合心理学理论进行梦中研究，资深梦友“孤帆一点”对此颇有心得，她擅长利用清明梦理解潜意识，边做梦边解梦。

她说道，梦是潜意识的语言，梦境是现实的投射，心理学和生理学上对梦有不同层面的解释，“释梦”并非是拿一本《周公解梦》对号入座，而是一门复杂的技术。从心理学层面，梦中的各种意象都有自己的寓意，见山并非山，见水并非水，生不是生，死不是死。一般的解梦，只是把梦境回忆起来，再慢慢分析梦境的产生原因，深藏在梦境背后的是对现实的真实感受。

普通梦醒来再回忆，很多细节会丢失，解读梦境，像从一个旅游归来的人绘声绘色地描述中去品味风景，少了很多神韵。在清明梦里解梦不仅能理解潜意识表达的意思，还能有意识地与它互动，能通过梦境改变自己对某些状况的本能态度。

心理症结是自己潜意识的一部分。因为不想面对，有意无意地忽略了它，症结将会在梦中被梦者不自觉地排斥，于是以丑陋黑暗或者激烈冲突的形象表现出来。在清明梦里，梦者不难认出心理症结的化身。对此，孤帆一点提出了一种方法叫“熊抱大法”，在梦中不再逃避和压抑，而是直接拥抱心理症结的化身，无条件接纳心中不愿面对的那部分，以面对和接受的方式化解或改善心理症结。

认识和改善自我

“我是谁?”这个问题堪称人生旅途的哥德巴赫猜想，轻易碰不得，《武林外传》中的武学天才姬无命就是前车之鉴。还好，我们这里不谈“未生我时谁是我，生我之时我是谁”这么恐怖的命题。只是谈谈梦而已。

做梦有助于认识自我。心理学认为，意识只是表象，潜意识才是一个人最本质的东西，梦里的你，才是最真实的你。

清明梦有助于改善自我。每个人或多或少都有一些心理上的缺陷或性格弱点，我们自己也知道在现实中很难改掉。清明梦可以使人们摆脱人的社会属性和现实压力，给予梦者极大的自由，从而可以有针对性地做出改变，有时候心理效果是惊人的，甚至可重塑现实中的自我。

比如你胆小，恐怖片都不敢看。在清明梦中，经过各种打怪升级的历练，现实中还有什么妖魔鬼怪能吓到你，“见鬼必是梦境”，一个验梦就能将大无畏指数提升到最高。

比如你害怕在公众面前讲话。在清明梦中，就可以在数万人的大厅里大声演讲，获得雷鸣般的掌声。你因此提升了信心，在现实生活中敢于大胆讲话了。

比如你有些自卑，觉得样样不如人；但是你会了清明梦，成为一代梦侠，或学校里的控梦权威。从此，自卑变成自信了，你会发现自己原来是这么优秀。

比如你经常抱怨，容易发火。有过清明梦出体经验后，三观重塑，开始说一些“既然人生如梦，为什么不做个美梦呢”“那些让我讨厌的人不过是NPC罢了，何必和他们斤斤计较”，从此生活快乐起来。

不单是性格及缺点方面的改善。与梦合作，改变潜意识模式，还可以重新定义自己的人生，走出一条属于自己的幸福之路。以下是一位读者购买了梦控师书院翻译的《清醒梦》一书后的留言。

> 我买了这本书，里面的“与梦合作”思维彻底改变了我与梦的关系：以前记下的所有梦都成为认识内心的镜子，而且更棒的是，能够在清醒状态下再度“进入梦境改写剧情以改变潜意识模式”！
> 所以啊，现在记下的每一个梦都成了人生“量子跃迁”的门户，真是太不可思议了！

尽管清明梦属于个人体验，但是清明梦并不局限于个人认知。梦境完全可以抹去个人特征及其社会属性，使得做梦者以其他角色和角度体验人生，获得其自身的年代、种族、宗教甚至物种以外的认知，比如庄周梦蝶中的化身蝴蝶，黄粱一梦中的荣华富贵，南柯一梦中的蚂蚁王国等。一些梦友形容：人生的维度无限拓宽了。

更有甚者，梦控师对梦境的探索，可以扩展到全人类的自我认知，比如社会心理推演、灵性本源的探索、直达集体潜意识的超觉之梦等。

清明梦牵涉面非常广，从清明梦这个兴趣点出发，梦友可以接触到方方面面的知识，包括平时很少关注的领域、一些不平凡的理念、一些有意思的人群。思想的放飞、见识的开拓、开放的交流、探索的精神，这些对于自我的认知和提升非常有好处。

梦控师往往具有更富足的精神世界，能不惧逆境，笑对人生。

修梦修心

如果是为了现实中更好的自己，将梦境作为人生的一个试炼场，修炼自己的心境，通过梦来改善现实中的自己，就是一种“以梦修心”。

梦友秋风说道：记得前些年做清明梦，对我的触动很大。梦里山河大地，清清楚楚。可不管山也好，水也好，人也好，物也好，哪一样不是自己想出来的？真应了那句话“一切唯心造”。在梦里的那个“我”，不能说是真我，因为整个世界都是自己造出来的，何必执著于一人一物？ 在梦里知梦，让我想起了禅宗的开悟。知梦后，人突然间就轻松了，有种无所畏惧的感觉，原来非做不可的事，也可以放下了。什么飞翔、遁地、翻山、倒海不在话下，千里眼、顺风耳也不是难事，这不就是佛教常说的神通变化吗？知梦后，有时清醒，有时模糊，有时神通小，有时神通大，据说开悟有大悟、小悟，程度也有高下之分。看到“悟后修不修”的讨论，这又让我想到清明梦之后的情景。虽然知梦了，执著心大大减轻，但平时的习气却还在。遇到好吃的还是想吃，遇到被别人骂，还是会生气，可能修也就在这里修吧。 人生如梦，看来此话不假。既然梦中能知梦，生活中会不会哪天也“知梦”？

如果是为了更好地控制梦境，则需要另一种“以心修梦”。想要成为控梦高手，以心修梦非常重要，梦境就是自己内心的随心所欲。“心生，种种魔生；心灭，种种魔灭”，在梦境中所想即所得，如鱼得水如虎添翼，如果对此控制力差，就会很难控梦。欲修梦，先修心！

孔子曰：“随心所欲，不逾矩。”随心所欲，自由自在，一举一动却自然合乎天地人的规律和规则，天人合一是做人的最高境界。当你在清明梦中能收放自如，自由自在却又符合梦界的规则，就是控梦的最高境界。

日常生活中，我们具体又该如何利用清明梦来修行呢？所谓修行就是修心正性，修正自己的行为，克服潜意识的贪嗔痴慢疑，客观、理性、科学地对待人、事、物。对同一个心灵来说，梦里梦外就像阴阳两面，它们互相转化也互相影响。存在产生执著，执著产生烦恼。如果我们以梦观照，真正地明白“心外无物”的含义，就能在修心正性的路上做到知行合一，获得精神上真正的自由与充足。

如果将修梦修心贯穿自己的人生，作为人生观、世界观的指导，就可称得上是一种处世哲学了。把梦当作现实，把现实当作梦，通过梦修现实，通过现实修梦，洞察人生，掌控自我。

最后谈谈真正的专业梦修。自古以来，梦就是一种实修的手段，梦瑜伽、梦观成就法、道家睡功等都是实实在在的“以梦修真”。梦控师在实战中也能体会到，在梦里，气功、脉轮、明点、拙火、灌顶、打坐、禅定、内观等方面会有殊胜的效果。摆脱肉体，直接在“灵”的层面修行，是梦修认定的捷径。

提升梦的品质

清明梦在提升梦的品质方面，首先是治疗噩梦和鬼压床。

CCTV-12社会与法频道《心理访谈》栏目曾经在2014年4月11日做过一期节目，成都52中初二学生钟政噩梦连连，丧尸僵尸连续两个月夜夜出现，导致他受到极大的精神困扰。为了解决这个问题，心理学家纷纷出招，挖掘童年阴影、指责家庭教育等，节目成了一堂心理分析课。针对钟政问题的解决方案，专家的结论是寄希望于其父母的改变。

专家的建议固然合理，但是如果父母没有改变，或者即使改变也无效，这个问题又该如何解决呢？求人不如求己，如果钟政同学具有清明梦的知识，这些噩梦就根本不会是问题。重复性的丧尸梦是非常好的知梦扳机，只要一知梦，大可以一飞冲天，寻找自己的世外桃源，成为一次愉快的梦境。专家的方法，是铲除祸根，但效果未知；而清明梦则是转祸为福，立竿见影，岂不是更妙。

实际上，像钟政这样的青少年有很多，噩梦和鬼压床对青少年或成人，都会造成不小的困扰，某些重症患者甚至严重影响到个人的生活。噩梦能成为知梦扳机，鬼压床就是清明梦的前奏，两者都可以通过简单的技巧转化为愉快的梦境。

除了治疗噩梦和鬼压床，清明梦还能大幅提升普通梦的品质，提高人们生活的幸福指数。梦控师对睡眠机制以及梦的了解通常比一般人更透彻，也更能享受梦。清明梦的练习对普通梦也有较大的影响。梦友会发现，自身梦体的五感得到很大提升，普通梦也是逼真超凡的梦境，自在随心、左右逢源，常常是一场荡气回肠、畅快淋漓的美梦。

清明梦里对梦的控制、对神通的修炼、对灵感的追求等，其实是个人性情和能力的象征，反过来清明梦又会潜移默化地影响个人性情和能力，高阶梦控师在普通梦里也会信心十足，神通过人，就是其中折射的一个方面。

好梦让人身心愉快，人的睡眠时间占三分之一的人生，睡梦的品质相当重要，清明梦梦友即使以后不再做清明梦，他的普通梦品质也不会下降，受用终身。

话又说回来，因为清明梦容易造成睡眠中途醒来，对睡眠有一定影响，所以清明梦练习不当有可能导致睡眠品质下降。对于这方面，主要是方法和心态的问题，我们建议这些梦友不要练习对睡眠影响较大的急于求成的方法，而是循序渐进，在保证睡眠时间的基础上，以获得自然的清明梦为主，就能将清明梦的副作用降低到最小，基本不影响生活。

临床医学应用

诊病

梦，能够反映梦者的身心状态，潜伏性病灶产生的信息可能被潜意识捕捉到，通过梦境发出信号，对病情有一定的预报意义。

“阴病梦寒，阳病梦热；内病梦乱，外病梦发”，中医通过梦症分析疾病，有一套完整的梦诊理论。西医也很重视梦与疾病的关系，西方医学之父希波克拉底就是第一个把梦与生理健康关系记录下来的人，他把梦视为诊断病人健康情形的有效工具。

清明梦里由于梦者具有自我意识，更能主动察觉到自己的状态。高质量的清明梦反映了梦者充足的精气神，而频繁低质量的清明梦则要引起梦者注意了，清明梦里的场景是开阔明朗还是阴森压抑，是清晰还是模糊，追捕者是多是少，梦者挥洒自如还是束缚无力等，这些梦像都是对身心状态的一种指示。

中国古人医术中，还有“内视”之法，李时珍说，“内景隧道（经络），惟反观者（内视）能照之。”我们普通人在平日里不可能有内视功能，但是梦里是可以有的，梦修到一定层次，也可以在清明梦中直接对丹田、气血、经络、穴位、腑脏等进行内视，从中得到一些信息。这些信息是否有效，是否能够被正确解析，还需要经过实践的检验。

治病

① 心病还需心药医，清明梦能和潜意识沟通，可以很快找到心理症结所在，有助于心理及精神疾病的治疗。

② 通过清明梦技术，可以实现梦境和现实双向实时交流，并大规模应用到医学的领域，例如植物人可以通过清明梦实现和外界的交流，从而提升复苏概率。

③ 通过清明梦里的练习，可以帮助梦者克服一些认知和行为障碍，比如聋哑人保持语言功能；患者克服口吃、尿床、失语症、失忆症等。

④ 濒死体验，可以称得上是一种特殊的清明梦。在清明梦里了解濒死体验，有助于医学界更科学地认知患者的临界状态，抢救更多的生命。

⑤ 防止老年痴呆。中医指出，老人经常回忆梦境能锻炼大脑，可以有效防止患上老年痴呆。清明梦最基本的要求就是记梦，睡醒后回忆自己梦中的情节，可以起到帮助大脑回忆、锻炼大脑活力及思考的作用，一定程度上能防止老年痴呆。蚂蚁认为，梦境精彩、梦体活性强意味着脑部功能健全且强大，梦控师不容易患上老年痴呆。

⑥ 清明梦属于一种自我催眠，催眠师就是梦主自己，催眠能达到的疗效，清明梦都可以达到。诸如释放压力、改善睡眠、调节情绪、缓解亚健康状况、治愈抑郁症以及减肥、戒烟、戒酒、戒网瘾、治愈性功能障碍等暗示疗法，基本原理都是与潜意识沟通，将问题交给潜意识解决，潜意识往往能激发出人自身具有的强大治愈力量。

⑦ 清明梦甚至可以直接治疗疾病。心理学家E.W.Kellogg曾报告过一些运用清明梦在梦里治疗疾病、病人醒后疾病得到改善的案例，有兴趣者可自行查阅。

科学研究

科学研究梦的学科称作梦学（Oneirology），和生命科学、医学、脑科学、神经科学、心理学、精神科学等联系紧密。清明梦属于梦学的一部分，在梦学及清明梦的科学实验研究过程中，有几个重要事件。

重要事件

1.EEG（脑电图）的发明

1924年，德国医生汉斯·贝格尔（Hans Berger）第一次从颅骨受损的病人头部测到了极为微弱的电流。最终他确认了这种神秘的电流来自脑部活动，只要将电极置于受试者的脑部，记录下他们大脑的电波活动，即可测量出不同状态下的大脑活动情况。这就是脑电图（EEG，electroencephalogram）。脑电图的发明为科学研究意识领域打开了一道大门。

2.REM（快速眼动）的发现

通过EEG的监测，1953年，芝加哥大学的生理学家们在睡眠领域的研究中取得了重大进展。他们注意到婴儿睡眠时，眼球在合着的眼皮下面出现了若干次持续时间较短的频繁移动，而每次短时间的眼球移动都与EEG仪显示的大脑活动规律相符，他们将此定义为REM睡眠，REM是英文Rapid Eyes Movement的简写。如果在REM阶段将人唤醒，大部分人会报告说正在做梦，于是REM也成为研究梦境的重要依据。

注：尽管并不是只有REM阶段才会做梦，但是一般来说，REM阶段大部分

时间会做梦，因此目前科学界的大多数梦境研究都是以REM为主。

3.科学证明清明梦的存在

1978年，英国赫尔大学的Keith Hearne提出清明梦者可以在梦中按预定方案移动眼球并被仪器监测到，由此可以证明清明梦的存在，他和清明梦者Alan Worsley合作，通过实验证实了这一点。斯坦福大学的Stephen LaBerge教授同时也有相同的发现，并且实验成功。这个证明清明梦的重要实验被称为“眼动信号示意法”，此方法也是目前科研人员判断做梦者是否处于清明梦的主流方法。

4.成功控制老鼠的梦境

麻省理工学院Matt Wilson小组在实验中成功地控制了老鼠的梦境，实验成果发表在2012年9月6日的*Nature Neuroscience*期刊上。

实验中，他们让小白鼠走进迷宫，并通过声效对它们进行提示，一个表示左边有食物，一个表示右边有食物，同步记录下老鼠的脑电波。在白天重复做了N次迷宫测试之后，到了晚上，老鼠睡着后，其脑电波显示了和白天类似的内容，说明它们开始做迷宫梦了，然后研究人员便开始播放声效，结果显示，老鼠的脑电波对音效的反应和醒时一致。科学家的结论是：声音影响了老鼠的梦，而且控制了老鼠的梦。

这是个有意思也很有意义的实验，如果确凿无误的话，从中不难得出：

◆ 动物也会做梦。

◆ 脑电波模式有规律可循，现实和梦中类似。

◆ 做梦能接收到外界的声音信号。

5.做梦的基因

2016年11月第一期的*Nature*刊出日本科学家柳沢正史的团队发现哺乳类控制睡眠的基因，从而将睡眠及梦学研究推进到了基因水平，柳沢正史也因此被视为诺贝尔奖的有力人选。

根据对8000只老鼠的基因和脑活动分析，柳沢正史团队确认了两种基因与REM（快速眼动睡眠、与做梦有关）和非REM睡眠有关的基因：Sik3和Nalcn。Sik3基因突变的老鼠更“嗜睡”，非REM睡眠更多，且对睡眠剥夺反应更大。而Nalcn基因突变的老鼠更“少梦”，REM睡眠更少。

2019年2月1日，*Science* 刊出了一项来自宾夕法尼亚大学和哈佛大学合作的最新研究成果，发现了一个叫做nemuri的调控睡眠的基因。

看到这些蚂蚁不禁开了一下脑洞。当控梦技能普及了以后，控梦的能力有没有可能会渐渐写到基因里面，过了若干代以后，人类会不会进化到先天就有了控梦的能力呢?

梦境解码的相关重要发现

1.梦中的动作和现实中的动作，监测到的脑部活动类似

德国Max Planck Institute发表于2011年10月27日的*Current Biology*:

通过监测睡梦中的人的大脑，科学家发现当我们在梦中移动时，我们的大脑会像在现实世界中做这些动作一样发生反应。科学家特地招募了一些能做清明梦的人，这些人能意识到自己在做梦，并对梦中的行为有一定的控制力。

德雷斯勒和科杰驰招募了6个人，他们接受了做清明梦的训练。研究者指示这6个人在梦中握紧左手或者右手，然后让这6个人睡觉并接受脑部扫描。科学家会检查这些人的脑部活动以确定这些人真的已经进入睡眠的梦境阶段（快速眼动）。然后研究者会用能够显现脑活动高分辨率影像的功能性磁共振成像（FMRI）或者能显现脑部表层活动的近红外光谱（NIRS）分析来记录被试者的脑部活动。

6个人中最后只有2个人能在嘈杂的扫描仪器监视下做到清明梦（通过“眼动信号示意法”判别）。研究人员比较了幻想时握拳和在清明梦中握拳时两者的脑部活动，发现两者非常类似，而真的握拳也显示出与其一样的大脑活动，但大脑活动更活跃。“这样的结果表明，可以利用脑部成像技术读取人的梦境。”Czisch博士说。

2.梦中看到的东西和现实看到的东西，脑电波相似

日本科学家神谷之康的研究小组2012年10月19日发表于*Nature*:

日本京都ATR计算神经科学研究所科学家神谷之康和他的同事们使用功能性磁共振成像（FMRI）对3名睡眠中的受试者脑部进行扫描观察，并同时记录下他们的脑电波信号。每一位受试者身上都会记录到大约200次梦境事件。

研究小组根据受试者描述，将他们的梦境事件划分为20个类别，如“车”“男性”“女性”以及“计算机”等。随后研究组使用对应于这些文字的图片，让受

试者去观看这些图片然后扫描并记录他们的大脑活动情况，最后将这些数据与此前进行睡眠实验中的数据进行对比，由计算机自动识别。令人惊奇的是，计算机能够识别梦境中60%左右的图像。

3.脑部数据可以解码为可视的画面

由加州大学伯克利分校神经系统科学家Jack Gallant 2008年3月5日发表于*Nature*和2009年9月23日发表在*Neuron*的神经解码术：

加州大学伯克利分校的研究者已经通过电脑模型和功能性磁共振成像（FMRI）扫描仪，将观察到的脑神经系统活性进行了成功“解码”，重建测试者脑中的图片，也就是将大脑内的神经活动模式转变为它本身所代表的图像显示出来。

起初他们只能从测试者大脑内拍到一些模糊的不规则物体。后来得到的图片渐渐清晰（相对），同时配合找来的据说存有600万张图片的数据库（都是测试者曾见过的东西）进行配对校对，这才能生成最终的（相对正确的）大脑图片。

Jack Gallant 说，这技术最可预见的用处就是读脑器。“我们的成果表明：依靠对人脑活动的监测和分析来重建我们感知的视觉图像，可能很快将成为现实。甚至梦境和想象也有可能变成可视的画面……只要我们拥有好的仪器来检测大脑活动，并且建立合适的大脑计算模型，原则上我们将可能解码诸如梦境、记忆和表象等心理加工过程的视觉内容。”

类似的研究还有由加州理工学院的莫然·塞夫博士小组2010年10月28日发表于*Nature*上的读心术：研究人员在12名癫痫患者的大脑中植入电极，利用电极记录受试者大脑内储存记忆的“大脑颞叶内侧”神经元活动。相关实验至今已让他们得以“读心”。塞夫博士说：“我们希望能够解读人类梦境。当人们无法沟通，比如陷入昏迷时，能够读取他们的思维，将是美好的事情。”

4. 缸中之脑

以上研究发现：“梦中的动作和现实中的动作，以及想象的动作，脑活动相似”“梦中看到的东西和现实看到的东西，脑电波相似”“脑部数据可以解码为可视的画面”结合起来不免让人联想到“缸中之脑”，如电影《黑客帝国》给我们提出的哲学命题：如果我们在现实中的一切都可以通过脑部数据模拟出来，我们又如何分辨自己是真正活在一个物质世界，还是活在一个虚拟的数据空间里呢？

5. 记梦仪

前面的研究说明：梦中所看，都和现实有相似的脑部数据，而现实中的脑部数据又可以解码为画面。因此，理论上来说，可以建立一个图片和脑部数据的对应数据库和解析模型，并且由此将梦境读出来，自动形成一帧帧画面——也就是记梦仪。

清明梦相关研究成果

研究梦的神经机制的专家，哈佛大学医学院的精神病学家J. Allan Hobson发现，虽然清明梦和普通梦境都有同样的输入源（内在的大脑活动），但清明梦时大脑的背外侧前额叶有更多的GAMMA（40赫兹）大脑激活模式。背外侧前额叶和人们的快速眼动睡眠以及工作记忆都有密切的关系。同时，在清明梦中，杏仁核和海马旁回等与情绪有关的区域以及负责视觉的区域呈现减弱的趋势。

清明梦期间肌张力是显著降低的，脑电图也和清醒状态、其他睡眠状态完全不同，当从非清明梦转向清明梦时，额叶部分脑电波出现了一波高频约40赫兹的电活动。由于额叶主要负责高级意识活动，所以通常认为清明梦的生物基础主要和额叶活动相关。而正常梦境主要是大脑后部的活动；清明梦是在“清醒”和“觉醒”两端的震荡，所以清明梦的结局要么是醒过来，要么是进入正常梦境，大脑活动倒向哪边就成为什么。另外功能性磁共振成像技术的研究发现，清明梦期间不仅是额叶，还有颞、顶叶甚至是枕叶的一些区域活动也增加了。这些区域和大脑的默认模式网络几乎是重合的。默认网络（Default Mode Network, DMN）被称为大脑的“暗能量”，是近10年来神经科学界最重要的发现之一，一般认为其负责自我相关的一些认知功能，包括意识状态，而且默认网络在很多疾病中表现异常。睡眠时默认网络活动降低，尤其是和额叶部分的功能链接几乎消失了。清明梦的脑成像结果显然也不同于正常梦境，同时具有睡眠和清醒的某些特征的状态。

2002年9月19日，*Nature*上发表了一篇文章*Neuropsychology: Stimulating illusory own-body perceptions*，尝试对脑神经刺激模拟出体OBE，但是实验只是收集到了一些有用的资料，距离真相大白还早。

我们可以看到，关于梦境的这些研究大多发表于顶级刊物，是科学界的皇冠项目。其中清明梦越来越受到科学家的重视，对梦学研究将起到革命性的作用，因为唯有知梦者才能主动控制梦境，并实时反馈梦境，从这个层面来说，清明梦也是一个很有用、很特殊的技能，梦控师是珍贵的资源！

“清明梦是在意识清醒的时候所做的梦。”Max Planck Institute研究所的Dresler博士说。清明梦是做梦者于睡眠状态中保持意识清醒，而且做梦者拥有可以在梦中控制自己行为和梦想的能力。这些人群能够在睡梦中告诉研究人员他们究竟梦到了什么，因此这些人群成了科学家们珍贵的研究对象。

目前，对于清明梦的研究，主要的科研力量在欧美、日本等国家和地区，中国大陆在这方面的专业科研人员还不多，很大一部分原因在于清明梦普及还不够。蚂蚁相信，随着清明梦在中国的普及，会有越来越多的科研人员投身梦学的研究。目前，EEG、MRI、EOG等仪器已经非常普遍，脑电图、核磁谱、眼电图等也不算难懂，随着梦学的深入，清明梦资源将成为越来越重要的科研砝码，中国日益充沛的清明梦资源必将帮助中国在梦学研究领域迎头赶上，步入世界前列。

梦，有太多未解之谜，目前的科学对梦依然知之甚少，仅凭外在的科学仪器探测是不可能真正全面揭开梦的面纱的。相关科研成果中，无论是脑电图监测方面的睡眠周期理论，还是心理学方面的意识理论，都有其片面和不足的地方，梦界的真相仍给人雾里看花、隔靴搔痒之感。

对梦的科学探索，任重而道远。梦控师以最直接的方式以身入梦，近距离获得第一手体验资料，是不可多得的梦界的探险家、见证人和先锋。随着越来越多人的加入，相信我们会获得更多的数据和证据，一步步接近梦的真相。

社会用途

人人每天都做梦，清明梦具有天然广泛的群众基础，其科学真实，魅力独特，人畜无害。在现今的网络时代，新知识的传播几乎无死角，因此，清明梦必然会成为一种文化，最终和其他文化如围棋、网游、瑜伽等一样进入大众的视野，这是不可逆转的潮流。

随着清明梦的普及，它的一些社会用途也将日益凸显出来。

清明梦的社交功能	清明梦将有可能成为一个广大的社交平台，越来越多的爱好者，特别是年轻人将加入梦控师的大家庭，分享心得，广交朋友。
清明梦能带动相关学科	清明梦简单易懂，贴近大众，容易引起普通人的兴趣。但是清明梦领域却博大精深，通过清明梦的普及，能引起大众对相关研究领域的兴趣，特别是心理学、梦学甚至量子力学等象牙塔学科。清明梦广大的受众甚至可以带热相关专业的发展以及相关就业市场。
清明梦产业潜能无限	瑜伽造就了印度的一个产业神话。清明梦的潜力并不输于瑜伽，适用面甚至更广，如果有效的知梦辅助产品成功开发出来，清明梦的产业必然潜能无限。
文化交流	清明梦能给艺术工作者带来无穷灵感，越来越多的文艺作品将涵盖清明梦的主题，并且催生各种清明梦文化交流。目前，世界各地都有清明梦爱好者组成的团体协会以及专业的清明梦研究人员，他们定期举办研讨会等交流活动，清明梦将成为国际间文化交流的一部分。
破除迷信	有些人不了解清明梦出体的科学原理，遇到一些不寻常的现象就以为自己精神不正常，甚至被一些神棍、神婆利用，损失钱财和健康，助长了迷信思想。对清明梦的科普推广，可以消除人们的不解、恐惧和误会，破除迷信思想。
和谐社会	清明梦不仅能将很多人从无聊中拯救出来，那些非凡的经历和体验往往还会使人在心境上多了几分了然洒脱，少了斤斤计较，有助社会和谐。人有一苦为“求不得”，诸多罪恶由此而生，清明梦能在一定程度上释放此苦从而减少犯罪。另外，清明梦还可以减少毒品的社会危害，毒品给人带来的快感和灵感，可以从清明梦中获得，清明梦对于反毒戒毒也有一定帮助。
临终关怀	一个人最重要的日子有两天，一是来的那天，二是走的那天。对有的人来说，死不是痛苦的结局，只是一场梦境的结束，即将睡一个大觉了，带着清明梦的心态离开，有准备的坦然，优雅而从容。谁又知道接下来不会是另一场梦境的开始呢？濒死体验证明了人在濒死时会出现出体现象，也许多年的清明梦经历正好可以在此刻发挥最大功效了。清明梦还是值得了解的，万一真的有灵魂呢？

破译超自然现象

很多让人不得其解的超自然现象或者灵异事件，其实和清明梦有关，可以用清明梦理论得到解释。

鬼压床

鬼压床现象，科学解释了并非是和鬼有关的灵异事件，清明梦更是给出了实证。一旦会做清明梦，从对鬼压床的害怕转为期盼后，鬼压床就会越来越少甚至绝迹，说明鬼压床并非生理问题，更多是心理和意识问题。

前世今生

来自中国台湾的催眠师廖阅鹏出过一张《前世今生》CD，据说听了可以看到前世。在清明梦爱好者看来，原理很简单，实际上是利用暗示孵梦术，引导人进入梦境。在清明梦领域，这其实是一种清醒入梦的方法，通过光洞或隧道进行时空穿越，更是清明梦控梦的常见技术。由此可知，梦者并非进入真正的前世，而是进入了一个梦境中的时空穿越。

灵魂出窍

世间绝大多数灵魂出窍的灵异故事，都是出体，不知道的人往往会恐惧不已。连一代出体大师门罗在第一次遇到出体时也几乎吓得半死，以为自己要“挂”了。诸多见鬼的经历，大多数是清明梦，纯属自己吓自己。

出体信号

出体信号并非清明梦专有，有时也会发生于日常生活中，如果对出体信号不了解，就会当成是灵异事件，以为自己不正常，对身心造成极大的困扰。

第三类接触

诸多的外星人绑架报告，其实大部分是清明梦或出体经历。报告者回忆自己上床后不久就自动飘浮起来，看到非常真实的环境等，这些很显然是出体。还有人自称遇到了高级智慧生命，并且可以和他们做思想上的交流，这些高级智慧在清明梦领域，被称为指导灵或者高灵。

催眠

被催眠的人，闻不出鼻子前面的氨水，甚至可能当成花香，这让人感觉不可思议。梦体理论很好解释，催眠就是催你入眠，被深度催眠的人实际上已经在梦里，很多感官都是梦体在做主，只要梦体相信什么，梦者就会感受到什么，与现实无关。

Deja Vu

Deja Vu（中文叫既视感），指的是未曾经历过的事情或场景仿佛在某时某地经历过的似曾相识之感。按照清明梦理论的解释，这些是梦体的经历，虽然不曾在现实中发生过，但是在梦境的某时某刻发生过，已经储存在大脑的数据库里了，所以出现Deja Vu。

现实中会出现似曾相识的Deja Vu。在梦境中，还经常会出现“似乎会发生”的预见场景，并由此导致“预言梦”。

灵媒

这是一群特殊的人，天生或经过某种训练，他们能在非睡眠状态下自由激活梦体，借由梦体连接起灵性世界，获得灵界信息。也有借助外部能量来激活梦体的，比如祭司使用水晶球、跳大神的大口喝烈酒等。货真价实的灵媒对梦体的操控能力极强，非常稀少难得。

灵媒的体验很特殊，但是绝大多数人不知道，这种体验普通人在清明梦里也能复制出来（因为梦体已然激活）。梦友在梦中进行灵媒操作，如果脑子“嗡”的一声进入恍惚的状态，就可以像灵媒一样和灵性世界沟通。

另外，梦控师还可以在梦中直接召唤出灵媒，与其交流从而获得相关体验。当然，蚂蚁要提醒大家，灵媒的说法是不科学的，请谨慎看待。

托梦

托梦现象，科学通常会以“日有所思夜有所梦”解释。但是有些案例似乎说明另有玄机，比如今日说法之《梦境擒凶》《越南枯井托梦案》等，类似的例子还有很多。另一种民间的解释则和灵媒相似，认为梦境和灵界在某些特定条件下是可以连通信息的，特别是亲人刚过世的那一段时间。

幻觉

幻觉不单发生在精神病患者身上，在一些别的场合也会出现，比如修真的人在入定状态下看到一些画面，宗教仪式上有教徒自称能听到神的声音等。与精神病患者不同的是，当事人需要在特定的环境和状态下才能听到看到，通常要进入一个恍惚的状态，和入梦一个道理。

灵魂是否存在

千百年来灵魂是否存在，一直是人类最渴望知道的秘密。科学目前无法证实灵魂不存在，但是却可以设计实验来证实灵魂的存在，即证明是否有脱离躯体而独立存在的意识。而清明梦出体，就恰好表现出了这种现象，因此，清明梦出体也成为科学证明灵魂存在的最佳手段之一。已经有不少科学家在从事相关的实验，破译灵魂之谜正在进行时。

清明梦的理论，不单可以用来分析现实生活中的超自然现象。在清明梦的探索中，我们还能遇到很多奇特和有意思的现象，这些现象专属于梦界，往往不为世人所知，蚂蚁将在下一章《探梦前沿》中继续介绍。

第五章
探梦前沿

一旦我们深入探索，就会发现清明梦领域包罗万象，哲学、宗教、心理学、神经科学、超自然现象、量子力学、医学、玄学、超心理学等。在这个不太被外人所知的天地里，有一些独特而有趣的现象还无法用科学作完全解释，还有一些前沿性的视角发人深思，蚂蚁在本章和大家一起探索。

文字语言

文字

梦中的文字，一般人不会发现什么蹊跷，但是梦控师总会碰到一些有意思的事情。

有很多梦友知梦后，在梦中找文字看，比如找本书或者看街头小报，会发现很多时候是乱码，看不懂。但是随着清明梦的进阶，渐渐乱码就少了，文字段落也变得越来越有意义。在清明梦领域，这标志着控梦能力的提高。蚂蚁总结了清明梦文字进阶的大致过程。

第一阶段	经常看到反字、乱码，没有意义的只言片语。重看会变，尤其日期、数字等变化严重。
第二阶段	文字不太会变，乱码很少出现，小片的文字会比较合理，比如商标、人名、标签等；大段的文字仍然不合逻辑；日期、数字等开始对得上格式，但是仍然不太靠谱。
第三阶段	大段文字开始有系统性，稳定而合理。数字、格式、日期、名称、内容等都很靠谱，但是其内容的真实性还无法在现实中得到验证。蚂蚁将此种文字称为“信息界”。
第四阶段	仅限于部分感兴趣的深入探索者，进入信息界后，对梦中稳定而合理的文字进行收集，作为对预言、验实以及信息碎片等方面的探索研究。

“反字”是一种神奇的现象，清明梦者经常会发现“反字”。所谓反字，就是镜像文字。试想如果现实中让你反着写字，那可不是容易的事情，但是梦里就自然出现了，甚至有时候是整段的。蚂蚁在清明梦中仔细检查过，的的确确是反字，不得不感叹大脑的潜能。

有几个有趣的例子，创造“达·芬奇睡眠法”的达·芬奇留下的手稿大部分都是反字，蚂蚁怀疑他是在梦里看到的。北京有位奇人张海河，他在1999年梦见所有的汉字都反过来了，醒来后有了反写书法的技能。无独有偶，被称为“倒写第一人”的书法家韦继宗，2004年梦见自己用左手运笔写字，倒写、反写挥洒自如，醒后开创了倒写书法。

为什么梦中会出现反字现象？不难猜测是和右脑左脑功能相关，有很多小朋友在模仿写字的时候，也会出现反字现象。科学解释为感觉统合失调、前庭感觉不良等原因，认为是一种障碍。其实，蚂蚁倒认为反字也许可以成为训练右脑的一种手段。关于反字，就说这些了，如果科研人员想更深入研究反字现象中的左右脑功能，或许清明梦能帮上忙。

本节提到了“信息界”，这是控梦探梦的一个重点领域。当梦友梦中的文字开始稳定而合理，无逻辑错误时，就代表着梦友控梦水平到了“信息界”的层次，可以进行更深层次的文字信息探索了——可称为“信息界淘宝”。小到路边摊工艺品里的各种题字题诗，大到推背图、烧饼歌之类的秘籍天书，都可以成为梦友淘宝的对象。当然，要将信息界的宝贝带回人间，还需要练就强大的“梦记”功能才行。

语言

世界上有一种怪病，患者一觉醒来突然满嘴外地口音，这种病被称为“外地口音综合征”，这种病例被科学证实是真实存在的。

据英国媒体2007年9月14日报道，18岁的捷克赛车手库斯到英国参加摩托车比赛时发生车祸，导致头部被一辆摩托车飞速轧过。然而当这名几乎不会说英语的赛车手昏迷1小时被救醒后，竟能流利地说出一口地道的英语，口音听起来比英国广播公司的新闻主持人还要正宗。据医学家称，这名赛车手显然在车祸之后遭遇了“外地口音综合征”。然而，库斯突然出现的“语言才能”并没有保持太久，没过几天，他又开始说起了结巴笨拙的英语。

如果将“外地口音综合征”这种现象仅仅看成是种病，蚂蚁觉得有点简单。但是真正研究起来也不容易，目前科学界无法复制出这种现象，在实验室也就难以取得特别的进展。蚂蚁认为，不妨从梦的角度寻找思路。

梦里的语言能力是超常的。蚂蚁在梦里曾经听到过各种外语，韩语、日语、越南语、西班牙语、法语等，有时在普通梦里我还能和他们同语交流，现实中我本人对这几种语言知之甚少，也就能分辨出腔调而已，我无法知道NPC说得正不正确，但是梦里大家说话都很原住民的样子。为了弄清楚大家在梦里到底说得对不对，在某个清明梦里，我决定验证一下。

2010年7月20日

早上6点多醒了一会儿，有点睡不着，打坐了一会儿再躺下，慢慢又困了。有几次我意识清醒，用梦屏训练了一会儿，眼前能看到一些光谱，依我经验，这次知梦点比较低，自己多半能在下面的梦中知梦，而且质量会比较高。不知过了多久，我听到一男一女在我脑子里对话，字正腔圆的英语清晰无比，而且是在吵架。我心想，靠，被附体了，不过我不怎么害怕，我对他们喊了一声“Shut up”，他们就消停了。我怀疑是梦了，扳指确认后飞了出去，感觉状态不错……打坐飞起来，穿过好几层一模一样的门，进入一房间，停在一张桌子上，四五个大妈围着桌子正叽叽咕咕，我听不懂，问她们说的什么语言，她们说是韩语。我突然想到一个点子，我问她们韩语的“我爱你”怎么说，被问那人没说话，另一位大妈抢答，听上去说的是“祈祷”，我又确认了一次，然后我在地上拜了一下，做了个祈祷的动作，此举是为了加深记忆。状态还不错，我也不急着醒，逛到前面，是酒吧的吧台，有几个年轻人，我看一个女孩眉毛弯弯，像中亚人，一问，她也说是韩国人，对面一小青年也是，又问旁边一女孩，她头抬抬，示意自己是刚才那小青年的女朋友。我仔细看了一眼，愣住了，这个女孩很漂亮，打扮时尚，然而真正怔住我是因为我看到她嘴里正含着一小块糖，黄褐色晶莹润滑的小块糖随舌翻滚无懈可击，难得在梦中的人物中看到如此细节，我盯了她好几秒。我说："你以为这一切是真的吗?"她说："当然"。我拿起桌上一个物件，一节一节掰下来捏成粉碎……醒来是8:31。

注：我对韩语一窍不通，很少看韩剧，百度查到韩语的"我爱你"是"撒浪嘿"。

这样的结果很合理，说明NPC只是在装腔作势，他们不可能在梦里真的讲一门我都不会的语言。

但是，英语就另当别论了。蚂蚁在美国待了十几年，梦中的英文对话还是比较常见的，我在梦中完全能听懂并且可以当即作出分析。第一，讲英语的NPC是真实的英文，每个单词都是准确无误的。第二，NPC的英文超流利，标准美语，和现实中的老外无差别，有的情景中甚至出现高难度押韵的Rap和俚语童谣。第三，如果是普通梦，我的英语可以不假思索出口成章，流利得如母语一般；如果是清明梦，我的英语则打回原形，相差甚远。

这些现象表明，潜意识的语言天赋是无穷的。我们的大脑里有一个开关，如果能打开此开关，人人精通十八国外语也不是什么稀奇事。

另外，利用清明梦来探索婴儿的语言学习过程以及动物对语言的理解，也是一件有意思的事情，梦境中的心灵感应功能可以帮助人们体验到这一点。

视梦听实

视梦听实，指的是在梦境中能清楚听到现实世界的真实声音。清明梦做多了，梦控师将会发现这种现象并不罕见，特别是在较浅的梦里。

视梦听实是一种很有趣的现象，此时的人仍然在做梦，梦体系统仍然在运作，但是肉体系统中的耳朵却开始运作了，可以理解为：人在睡着，但是耳朵先醒了。

其实，耳朵在梦中醒来的现象并不是清明梦者独有。比如说梦话的人，有时候可以和外界搭话；又比如催眠，被催眠者实际上处于半梦半醒的浅睡状态，完全可以听到催眠师的指示。对于梦控师来说，这个现象又有特别的意义，说明在控梦时，有可能收到现实中的提示音。

梦境现实双向交流

利用高科技和清明梦技术，有望实现梦境和现实的双向交流。

首先，当今的科技可以通过脑电波的监测知道受试者是不是处于睡眠状态，这样可以排除受试者作假。

1.做梦者如何实时从梦境传递信息给现实人员

眼动信号示意法

首先，该做梦者必须会清明梦，也就是说，他有做梦时知道自己在做梦的能力，这样他才能主动传递信息给外界研究人员。传递信息的方法，目前科学界较通用的方法是由Keith Hearne和Stephen LaBerge发现的“眼动信号示意法”。具体过程是：做梦者在知梦后，按预定的方案转动眼球，比如向左3次再向右3次，这些可以被眼动图监测到，从而确定做梦者已经知梦。

梦体呼吸法

这个方法是蚂蚁自行研究的，蚂蚁在2010年一次梦中闭气试验中发现，梦中闭气无法长久，而且醒后也是一样闭气的状态。于是推测梦体的呼吸和肉体的呼吸是一致的，接着在清明梦里做过多次梦体呼吸实验，得出梦体呼吸和肉体呼吸的确是一体的结论。举个蚂蚁梦例：

2010年12月18日

11:46a.m.，昨晚下了几盘棋，2点多才睡，一直睡到中午。梦里本来只是在看一个广告条幅，知梦后我应用了调频术，只是一个调频命令，命令自动搜索出中文歌，前面就出现一个屏幕自动切换画面，并自动定位到一首中文MV停下来。很奇怪的是，我偶然看到了自己的脚，穿着白袜，各个脚指头自己在动，让我联想起以前虚空状态下自发动功的体验。接着我做了一下梦眼训练，当时天色较灰，我将目光一层层投入天空深处，天色则一层层变黑，然后我用调频术自动调频换天，天空开始出现零星的星星，后来星星越来越密，此时丹田出现气感，而且此气感与我的调频速度相关，开始气感比较急，星星出现的速度较快，然后我调息让丹田的气缓和一下，星星密集的程度也慢下来，感觉挺玄妙的。最后星星形成一团团星云，我开始吸星大法，聚星成流，以鼻吸之，正好在一次吸气的尽头醒了，我发现自己的肉身鼻腔也正处在吸气的尽头。所以，这又一次证明，梦体呼吸和肉体呼吸是一致的。

注：① 调频术果然强大，自动搜索、自动播放、自动定位，隐约有万法归宗的意味。

② 气功和呼吸密切相关，几乎可以说气功的核心就是调节呼吸，如果梦体和肉体是共享呼吸，就等于证明了梦里练气的可行性。

③ 如果梦体和肉体共享呼吸，还可以推出另一个结论：梦里的时间和现实是一致的，其衡量基准就是呼吸。

“梦体呼吸法”传递信息给外界的过程是：做梦者在知梦后，按预定的方案呼吸，比如屏气3秒或者发出三长两短的呼吸，现实人员通过呼吸监测器就能知道此时做梦者知梦了，更复杂的信息可以借鉴摩尔斯电码的方式，通过呼吸长短快慢的方式传递。

2016年，蚂蚁和国内权威的西京医院神经内科睡眠中心合作，用科学实验证明了这个方法的科学性，详见附录：证明清明梦以及从梦境传递出摩尔斯电码的科学实验。据我所知，这也是人类首次从梦中传递具体信息到外界的实验。

对比眼动信号示意法，梦体呼吸法有以下特点：

① 眼动信号示意法对于设备的要求非常高，眼电图的记录设备比较昂贵，动辄几十万元、几百万元以上，而且要在眼睛上接电极，对睡眠有一定影响，因此，眼动信号示意法一般是医院或者科研机构使用，不太适合个人和家庭使用。而梦体呼吸法对设备要求比较低，便携式多导睡眠呼吸记录器或者简单的呼吸描记器都可以，体积小，价格不贵，使用方便，而且只需在胸部接电极仪器来监测胸部的起伏，不影响睡眠，个人和家庭完全有条件使用。

② 在传递信息方面，梦体呼吸法更方便、更多样化，比如通过呼吸的长短快慢可以传递摩尔斯电码，此操作能在不影响梦境行为和观测的情况下提供复杂信息，而眼动信号示意法则很难做到。

2.现实人员如何实时给做梦者传递信息

声音

前面讲过，“视梦听实”可以在梦中清楚地听到外界的声音，但是一般来说，要在比较浅的梦境中才可能视梦听实，从实战角度看，入梦阶段的梦屏法比较适合。

先给梦者一个持续的背景声，在背景声中，做梦者运用梦屏法，在保持能听到背景声的情况下，进入梦屏成像状态，此时就达成“视梦听实”。这种例子不罕见，对于经常做梦屏和半明梦训练的梦控师，概率更高。一旦达成视梦听实，做梦者可以通过特定的呼吸信号告知现实人员，现实人员就可以直接对做梦者说话传达信息。

注意，不要将此和催眠搞混淆，催眠师也可以把信息传递给被催眠者，但是被催眠者全程失去主动意识，而清明梦者具有主动意识，清明梦者和外界的关系更像是外太空探险队员和指挥中心的关系，催眠实验和本实验是两码事。

光电

有一种看法认为，在REM睡眠阶段，外界对眼皮的光电刺激可以使梦者看到，比如眼前闪亮红LED灯，梦者也将在梦里看到信号，这也是一些眼罩等知梦机商业产品的原理。这些设备在市场中的反馈结果是效果普遍不明显。

3. 梦境现实双向交流的具体应用

梦学科研测试

现实人员和清明梦者可以实现简单交流，清明梦者可以自我控制随时醒来，这两点保证了实验的质量和效率。蚂蚁认为，这应该是当前梦学临床研究的突破口。

测试项目有很多，几乎可以让清明梦者勘探所有梦境项目，比如，创造复杂梦境或者做复杂运算时激活的脑部区域、梦中跑步飞翔时的心跳体征、梦中抓歌的脑电图、出体时的脑部活动等。

还可以测试做梦者对外界刺激的响应。有的心理学实验说如果往做梦者脸上洒水，他会梦到下雨；又比如说《盗梦空间》里外界的音乐声可能变成梦中抓歌的脑电图、出体时的脑部活动等。

这些测试是不是真的，完全可以通过清明梦者现场验证。

通过测试做梦者对外界各种刺激，包括对声、光、触、温、气、味、息、电、磁等各种信号的响应，就可以找出一种影响梦境最直接、最有效的手段，从而真正实现知梦机的突破，促进清明梦的大普及。

植物人治疗研究

如果植物人能做梦，能控制呼吸肌，有过清明梦经历，那么他就有能力识别自己在梦里，并且使用梦体呼吸方法发出信息，也许能实现植物人和医生的交流，这对于植物人的苏醒将有帮助也未可知。

知梦辅助物

有什么方法提高知梦率？这是清明梦梦友普遍最关心的问题。

首先要明确一点，做清明梦主要还是依靠梦者自身的清明梦意识。如果没有清明梦意识，任何辅助物都是无源之水。

睡眠方式

大量统计数据和实践证明，回笼觉能大幅提高知梦率，是目前辅助知梦最有效的方法。

西方清明梦研究者Lynne Levitan声称朝右侧睡的清明梦概率比朝左侧睡高3倍，目前蚂蚁没有相关统计数据，不能确认此事，从我自身的经验看，睡姿并没有太大影响。

音乐

双脑同步音乐，源自出体大师门罗研究开发的双脑同步技术（Hemi-Sync），也称门罗音乐，目的是以声音促进左脑和右脑同时达成一种相似的脑波，诱使梦者进入一种清醒与睡眠之间的状态，提高清明梦出体的概率。门罗音乐迄今超过146张专辑，都是用心制作的杰作，需要用双声道耳机听。

清明梦脑波，专指用于诱发清明梦的脑波音频。现在网上各种MP3版、软件版、手机App版以及脑波生成器都有这种音频，梦友不难获得。其原理主要是利用α波诱导清明梦的出现。清明梦脑波能让人放松，更快入梦，对达成清明梦有帮助，但是也有人反映适应不了，觉得声音怪怪的。

灵石

网络上声称捷克陨石、水晶等外物能辅助清明梦出体，这种说法源于西方灵修界。国内的使用者并不多，说法各异没有定论。从目前已知的反馈数据中，还无法得出明显有效的结论，况且市面上假货居多，因此蚂蚁给出的建议是：理智对待，谨防受骗。

辅助剂

2006年美国出版了一本书叫《*Advanced Lucid Dreaming——The Power of Supplements*》，这是一本介绍药物辅助清明梦的书籍，作者Thomas Yuschak在书里分享了几种清明梦辅助剂的切身经验。在亚马逊或eBay上一搜索，就能找到很多清明梦辅助药品，蚂蚁简单介绍几种：

① Galantamine，中文名“加兰他敏”，被西方人称为最有效的清明梦辅助剂之一。

② Huperzine-A，中文名为“石杉碱甲”，是咱中国人从中草药千层塔中提取的药物，商品名“哈伯因”，也得到过不少清明梦者的推荐。

③ Guayusa，来自厄瓜多尔和秘鲁当地亚马孙雨林中的一种植物树叶。西方不少人认为它有帮助做梦的功效，也能辅助做清明梦。有一种清明茶（lucid dreaming tea）的主要原料就是Guayusa。

类似的还有一些梦丸、梦草、梦茶、梦胶囊等，蚂蚁就不细说了，正规售卖的药物必须经过FDA或药监局认证批准，在说明书指导下服用问题不大，但是有些清明梦辅助剂的成分是致幻剂，有毒品性质，不能碰，要谨慎区分。

由于鬼压床（梦魇）是天然清明梦，所以医学上能诱发鬼压床的药物也被一些人认为是清明梦辅助剂。在《睡眠医学基础》一书中提到过可能引起梦魇的常用药物，见右图。

框28-16　与梦魇相关的常用药物

β受体阻滞药：普萘洛尔（Propranolol），阿替洛尔（Atenolol）
胆碱能激动药：盐酸多奈哌齐（Donepezil）
抗生素：左氧氟沙星（Levaquin）
抗病毒药物：金刚烷胺（Amantadine），丙氧鸟苷（Gancyclovir）
抗反转录病毒：依法韦仑（Efavirenz ,Sustiva）
多巴胺受体激动药：普拉克索（Pramipexole），罗匹尼罗（Ropinirole）
抗抑郁药：氟西汀（Fluoxetine），帕罗西汀（Paroxetine）
苯二氮䓬受体激动药：唑吡坦（Zolpidem）
褪黑激素激动药：雷美替胺（Ramelteon）
乙醇（酒精）戒断期间的REM睡眠反弹

REM. 快速眼球运动

对于这些要吃进肚子的东西，兹事体大。蚂蚁的看法是：药物引导的清明梦是否有副作用还不明确，对于一般的爱好者来说，在了解清楚之前不要乱吃，清明梦最好不要依赖药物。

知梦机

最受梦友关注，最有可能取得突破性进展，使得人人都能轻易获得清明梦的，还是知梦机。随着清明梦的普及，越来越多的人看到了其中巨大的商机，作为清明梦商业化的代表，知梦机当仁不让。

知梦机的原理就是人造扳机。目前最常见的是知梦眼罩，在睡眠的REM期，眼罩将对做梦者进行外界的灯光或声音刺激，以期做梦者在梦里感知到，从而知梦。

知梦机的关键是：在不弄醒做梦者的前提下，什么样的刺激在什么情况下能给予做梦者最不容易错过的知梦提示。

最早的知梦机，是20世纪80年代早期由英国的Keith Hearne（也是首先以眼动法证明清明梦的人）设计的“Dream Machine”。他利用 REM 睡眠期呼吸会变得快而不规则的现象，将测量呼吸速率的感应线一端夹在鼻孔，另一端接住知梦机。当检测到呼吸速率由NREM转到REM时，知梦机将由装在做梦者手腕上的电极发出一系列轻微的电击，做梦者感应到从而知梦。几十年过去了，Hearne的知梦机样本已陈列在英国科学博物馆里，而他的知梦机从未上市，成为最不为世人所知的知梦机。

Hearne这个知梦机，用的是“呼吸+电击”组合，由呼吸来检测REM，由电击来提示知梦，可称为“呼吸电击法”。而梦友们比较熟悉的是“眼动+LED闪光”组合，通常由仪器检测快速眼动，由眼罩发出闪光提示知梦，可称为“REM闪光法”。

美国的斯蒂芬·拉伯吉（Stephen LaBerge）博士是“REM闪光法”的发明者。他于20世纪80年代末开发了第一款知梦眼罩——DreamLight，并长期用于清明学院（The Lucidity Institute）的内部测试。DreamLight通过检测做梦者的快速眼动来判断REM睡眠期并给出光提示。后来斯蒂芬·拉伯吉将DreamLight

改良成Nova Dreamer投入市场，当时售价1200美元，但是在2006年停产了，原因是价格昂贵而且效果并不如意。

2004年，正当Nova Dreamer退出市场时，英国版的知梦眼罩REM-Dreamer出现在市场上。REM-Dreamer用红外传感器监测REM睡眠，给出光声提示，并且宣称有更多更精致的功能，售价147欧元，约合人民币1200多元。尽管REM-Dreamer一直坚持不懈地在销售和升级，但是其知名度和用户评价都不高。

随着2010年电影《盗梦空间》的大热，知梦机一时成为热点。Remee（雷米眼罩）趁势在Kickstarter上成功募得57万美元，并于2012年上市，售价95美元。尽管Remee的名称以REM开头，但是实际上雷米并没有真正检测REM的功能，它是通过判断睡眠时间（通常是五六个小时之后）来确定用户是否处于REM睡眠，所以雷米实际上是一个简单的“定时器+LED”的装置。雷米炒的是剩饭，并无创新技术，可想而知，效果不可能超过前辈。

雷米尽管有水货嫌疑，但在市场上博得一片眼球，红极一时，其广告和宣传是非常成功的。2012年3月，因为雷米融资成功的消息，谷歌“lucid dreaming”的搜索量达到峰值，超出平常5倍。雷米的出现也带动了一批智能手机上清明梦应用的开发。

近年来，知梦机的开发成为了一个热点，不断有新的产品出来，如Aurora、iBand、Instadreamer等商业产品。但是目前为止，还没有一款知梦机能获得用户的一致好评。

目前的知梦机集中在眼罩、头带等设备，方法主要是制造“梦境异常扳机”的梦境闪光提示法。蚂蚁认为梦境异常的提示度远不如梦体异常。如能制造出“梦体异常扳机”，如鬼压床、呼吸异常、身体下坠、电流感、震动、冷热感等，更容易被梦主察觉，效果应该会好得多。

尽管当前的知梦机并不理想，但是蚂蚁却看好它的前景。现在的科技已经发展到人体智能芯片的应用层次，各种各样的手环、眼罩、头带等检测人体数据（如呼吸、心跳、脑电波等）的智能芯片已经市场化，虚拟现实技术也达到了一定的高度。蚂蚁相信，当市场和科技达到一定的成熟度时，高效普及的知梦机将是必然的产物。

这方面最新的消息是麻省理工学院的梦境实验室与哈佛大学共同研究开发的

Dormio与BioEssence设备，主要是通过外界输入影响梦境的项目，其原理也可用于知梦机。目前为止尚在实验阶段，还没有看到太多的后续报道。

蚂蚁和团队这些年也一直在研发知梦机，我们的研发方向是以制造“梦体异常扳机”为主，2021年已推出一款。

梦授与高灵

世上有一种神奇的梦授传承现象。中国少数民族三大英雄史诗为：藏族的《格萨尔》、蒙古族的《江格尔》和柯尔克孜族的《玛纳斯》。此三大史诗都是中华民族的骄傲，流传千年的文化瑰宝。其中，《格萨尔》和《玛纳斯》两大史诗都存在普遍的梦授传承现象。

《格萨尔》梦授艺人，藏语称作“包仲”，指通过做梦学会说唱格萨尔故事。这类艺人大多说自己在青少年时代做过一两次神奇的梦，有人甚至连续数日酣睡不醒，不断做梦。梦中产生各种幻觉，如亲眼看见或亲身经历格萨尔大王征战四方、降妖伏魔的英雄业绩。做梦以后，通常会大病一场。病愈之后，像突然换了一个人，神采飞扬、才思敏捷，脑子里如同过电影似的不断出现格萨尔故事的画面，内心里有一种抑制不住的激情和冲动，胸口感到憋闷，有一种强烈的愿望要讲《格萨尔》故事，不讲不痛快，不讲心里难受。一旦开口，如同大河奔流、滔滔不绝、不假思索、冲口而出，一讲就是几天、几月、几年，甚至讲一辈子也讲不完。这种无师自通的现象并非特例，众多说唱艺人也是这么说的。扎巴、昂仁、桑珠、玉梅、才让旺堆、次仁多杰、古如坚赞、达哇扎巴、曲扎……一大批才华出众的藏族说唱艺人活生生地在你眼前，生活在群众之中，的确堪称神奇。

《玛纳斯》梦授艺人，柯尔克孜族称他们为“玛纳斯奇”，每一个玛纳斯奇几乎都有“梦授”的经历，他们认为那是某种天意的启示，使被选中的幸运儿领悟到《玛纳斯》的学问。比如著名的国宝级史诗演唱大师居素甫·玛玛依说他十多岁的时候做过一个梦，梦醒之后就能够演唱整篇史诗，此后无论是醒着还是睡着都像梦呓般吟唱《玛纳斯》史诗，仿佛进入一种忘我的境界。尽管现代的科研人员认为这种说法不科学，但是每个玛纳斯奇都坚称自己这一切才华和本领都来源于梦，直接来源于玛纳斯本人。

现代科学目前无法解释梦授这种现象。不过，在清明梦领域，这种现象有专门的解释、名称以及实证方法。清明梦称之为高灵或指导灵。

高灵是一种以意识体存在的高级智慧，对人类存有莫大的慈悲和救助心，能给人们提供知识和思想方面的指导以及精神上的提升，通常只有在睡梦中、打坐的定中或是通灵的恍惚状态中才会出现。包仲和玛纳斯奇在梦中所遇的传授者，就是高灵。

清明梦领域的头号高灵，非赛斯莫属。

赛斯，英文名Seth，男，年龄不详，自称是脱离轮回，来自异次元时空的大神，来地球时间为1963—1984年。

头衔：新时代运动老大，与门罗、唐望并称为“清明梦三大巨头”。

地球代理人：美国女诗人简·罗布茨（Jane Roberts）。

特点：洞察过去未来，通晓天文地理，宇宙万象无所不知，有点喋喋不休。

作品：留下赛斯资料（也称赛斯书），原稿成为耶鲁大学图书馆镇馆之宝。

赛斯经典语录：

“你创造了你自己的实相。”

“我可以向你保证，死亡是另一个开始。”

“你们所谓的死亡只不过是你们自己的能量转化到一个不能为你们外在感官所感知的层面罢了。”

“有一个自我，它将其注意力聚焦于不同的维度。在清醒状态时聚焦于物质现实。在睡梦状态，它又聚焦于一个不同的维度。”

“物理现象是由你内部投射出来的电影。”

“意识才是唯一真正的交通工具。”

“时间是一个物质界的伪装，不适用于非物质的实相。”

看完赛斯的简历，估计大多数国人都会“呵呵”，原来西方也有大忽悠啊！奇怪的是，一向以科学精神为荣的西方人并没有将其打倒，对他的评价反而非常高。

赛斯书，是人类有史以来最全面系统、连贯严密和具体实用的哲学和信仰体系。它具有英语哲学界的正统性、规范性，也不乏宗教的震撼与感召，对占据至尊地位的学术界、思想界极具说服力；世界各地千万人竞相阅读，全球销量超过七百万本。其手稿作为唯一的形而上著作被存放在耶鲁大学，据耶鲁大学称那是人们最常参观的地方。

赛斯是西方著名的通灵事件，对西方人的思想影响相当深远。当然有人会认为赛斯不过是一个障眼法，简·罗布茨才是真正的作者，所谓的通灵完全是作假。不过，这种说法很难解释一些事实，从赛斯的体系看，差不多是开宗立派的佛陀、耶稣级别，罗布茨本人再牛，一夜之间要达到这个级别难如登天，也没人教得出。20年来体系完整严密，声像资料俱全，稍有破绽一定会被揭穿，做到这一点难上加难。蚂蚁仔细看过赛斯资料中关于梦和清明梦的部分，我认为，这绝不是一般的清明梦高手能总结得出来的，即便是当时的门罗也做不到这一点，以罗布茨的背景，不太可能是她的东西。更何况，清明梦只不过是赛斯庞大体系中的很小一部分，其他还有大量心理学、超心理学、医学、物理学、生物学、哲学、宗教等方面的原创内容……到底赛斯是怎么回事，通灵一说是真是假，只能见仁见智了。

一个赛斯就已经在江湖上掀起一片“血雨腥风”，接着再介绍一个指导灵INSPEC，全名为智能生命（Intelligent Species），是出体大师门罗的指导灵，门罗《终极旅程》一书的主角之一。INSPEC除了传道解惑，还经常带着门罗在梦里东逛西逛长见识，后来门罗发现原来INSPEC就是门罗自己，既是男的也是女的，既是门罗的过去也是门罗的未来，他是门罗所有转世的综合体，是得道以后的门罗。

自从赛斯打响了梦授通灵第一枪，长江后浪推前浪，新一代崛起的著名高灵有欧林（代表作《喜悦之道》等）、外星生命RA（代表作《一的法则》）、伊曼纽、克里昂、巴夏等。众多通灵开悟的心灵导师携著作横空出世，如风靡全球的海伦·舒曼的《奇迹课程》、埃克哈特·托利的《当下的力量》、创下1200万销量的尼尔·沃尔什的《与神对话》等，一时间风起云涌，风潮从西刮到东，越刮越猛。这些和清明梦的关系不像赛斯、门罗那么密切，就不多讲了。

濒死体验

濒死体验中，大多会发生脱离身体的出体现象。一般的清明梦出体发生在梦醒临界点，而濒死体验则发生在生死临界点。可以说，濒死体验是发生在特殊时刻特定条件下的一种特殊的出体。

1975年，美国医生Raymond Moody出版的《生生世世》(*Life after life*) 开启了濒死体验研究的热潮。几十年来，关于濒死体验NDE（Near Death Experience）的科学研究要比出体OBE的研究多得多。抢救死者一直就是医学界的头等大事，全程都有详细记录，这些记录成为翔实可靠的第一手资料，科研价值较高。随着医疗水平越来越高，从死亡边缘被抢救过来的人也越来越多，当事人所讲述的死而复生的故事，累积成了大量濒死体验报告，这方面的研究对于清明梦领域有很高的参考价值。

1.人多样本足

经历过濒死体验的人遍布世界，有着不同的地域、种族、宗教、信仰和文化背景。据美国著名的统计公司盖洛普公司调查估计，仅在美国就至少有1300万至今健在的成年人有过濒死体验，如果算上儿童，这数字将更加可观。肯耐斯·瑞恩博士等人的研究更表明有大约35%的人接近死亡时有濒死体验。

2.故事雷同

不管体验者来自哪一种文化、处于哪个时代、有无宗教信仰，濒死体验的内容都很相似。最常见的内容是灵魂离体、意识到自己已经死去、能看到自己的躯体、穿过隧道、看见光、观察到各种奇异的色彩和景象、与去世的亲友见面、回顾一生、感觉从未有过的舒服以及最后又被拉回人间等经历。

3.出体看到现实

真正的重磅炸弹！濒死体验中出现了一些惊世骇俗的案例。有不少濒死者看见自己飘上空中，看到现实中的场景，亲耳听到医生宣告自己的死亡，并在醒后能复述出手术场景细节，事后证明真实无误。这个情况虽然有科学知识解释，但在事例面前，“巧合、心理作用、幻觉”等解释对超自然的现象显得苍白无力。毫无疑问，这些神奇的案例直指人类终极问题：灵魂是否存在？以下的例子摘自国际知名的学术刊物或学术著作，是有据可查的临床案例。

① 一位叫Fred Schoonmake的医生报告他的一位女病人在经历濒死体验时有离体经历。该病人是位盲人，但却在灵魂离体时“看到”房间中有14个人。虽然她不能辨别色彩，但却在灵魂离体时“看到”物体，并能准确地描述手术室中发生的事情。医生说就好像这位女病人真的看到了一样，她的描述与事实完全相符。

② 一位44岁的患者，心脏病突发送往医院抢救，当时已被宣布临床死亡。但拉曼尔医生还是死马当活马医，持续给他做心脏起搏和人工呼吸。拉曼尔准备做人工呼吸时发现患者口中有假牙碍事，便将假牙拿掉。经过一个半小时的抢救，患者终于有了心跳和血压，但仍处于昏迷状态。等清醒之后，该患者一见到拉曼尔医生便告诉他，自己知道他的假牙在哪里。拉曼尔医生非常吃惊，然后该病人解释道：“是呀，我被抬到医院时，你就在那儿，把我的假牙从我嘴里拿出，并放在一辆小车上，车上有很多药瓶，车下方有个抽屉，你就把我的假牙放在那个抽屉里了。”拉曼尔惊讶万分，因为他知道该患者当时处于深度昏迷状态。通过进一步交谈，拉曼尔得知该患者当时飘浮在空中，俯视自己躺在床上的身体和忙碌的医务人员，并且急切地试图和医务人员交流，让他们不要停止抢救工作，但是他的努力没有成功，没有人能看到空中的他。该患者描述的一切抢救细节和场景都与当时的真实情况吻合。

③ Anita Moorjani，罹患末期淋巴癌，2006 年 2 月 2 日在医院中处于弥留状态时发生的濒死体验震动了医学界。她说：“我看见并听到丈夫跟医生们在我病房外的通道上对话。我看见哥哥在飞机上，正赶来看我。这两件事后来都得到证实，包括医生跟我丈夫的谈话，我可以逐字重复。”在濒死体验中，她感觉自己身处另一次元空间，被巨大的爱包围，并被告知大限未到，有生命和死亡两种选择，她选择了生命。结果她马上苏醒过来，最终被治愈。

4. 还有更神奇的

濒死体验者有一个常见的场景，就是出体后和神或者光进行交流，这种非凡经历往往能导致更奇异的事情发生。一些濒死体验者宣称从中获知了未来的信息，他们的预言居然蒙对不少，导致有些专家专门研究濒死体验者的预言。有的案例中，濒死体验者得到神和光的帮助，苏醒后疾病不治而愈，包括癌症等绝症，上面说的Anita就是一例。

5.科学暂时无解

濒死体验中出现的“灵魂出窍看到现实”的案例，是西方“灵魂说”的主要证据之一。对此，科学界持谨慎的态度，毕竟这些案例来自临床，有翔实确凿的资料和证明，不像坊间那些没技术含量的灵异故事，不能简单以捏造或伪科学来处理。不过，要让科学对此做出确切性的结论并不容易，一是这种现象无法用现有的科学体系解释，二是无法满足科学之“可重复、可检测”的标准，或者说科学评判的标准在这一领域并不适用。

回到清明梦，对于清明梦爱好者来说，濒死体验中“意识脱离身体，并看到自己身体”的这种现象并没有什么好奇怪的，正是我们非常熟悉的出体现象。然而，濒死出体和一般的清明梦出体又有着明显的不同。

◆ 濒死出体是被动出体，清明梦出体是主动出体。

◆ 濒死出体发生在生死之间，清明梦出体发生在梦醒之间。

◆ 濒死出体的内容大多相似，清明梦出体除了从床上起来外，没有其他固定内容。

◆ 濒死出体能看到床上的自己，清明梦出体大多数情况下看不到床上的自己。

◆ 濒死出体会出现隧道和光，清明梦出体如果不去主动召唤，较少出现隧道和光。

◆ 濒死出体要么醒来，要么跟着光走升天；清明梦出体只有一个结果，就是醒来。

◆ 濒死出体者报告能看到当时现实中真实的场景，清明梦出体后场景瞬息万变。

出体看到真正的现实，在清明梦领域中的术语叫“出体到物质界”。濒死体验出现了这么多高度疑似成功出体到物质界的案例，毫无疑问，这与发生在特殊的生死临界点有关。清明梦梦友肯定会思考，一般的清明梦出体，发生在梦醒临界点，能否也看到现实中的东西呢？其实早就有人做了实验。

加州大学戴维斯分校的查尔斯·塔特（Charles Tart）博士是出体界的先驱之一，Out-of-Body Experience/OBE（出体经验）这个词就是他取的名。1968年，他在实验室对一位自称经常有“灵魂离体”经历的Z女士进行了严格的实验测试。他把一张写有5位随机数的纸条放在一个离地面约198.12厘米高的架子上，使躺在实验室床上的这位女士无法看到。然后要求这位女士设法在“灵魂离体”时飘浮到高处看这纸条上的数据。

在四个晚上的测试中，Z女士共报告了5次有“灵魂飘浮”的感觉，在前三个晚上，Z女士报告虽然她偶有灵魂飘浮或出体经历，但她无法控制自己飘到足够高的位置看到纸条上的数字（数字每晚都各不相同）。到第四个晚上测试，在早晨5点57分开始，在7分钟内脑电图显示有时像第一阶段睡眠，有时像短暂的清醒。然后Z女士醒过来告诉博士纸条上的数字是25132，博士记下这个数字，并证实了这的确是纸条上的数字。[Journal of the American Society for Psychical Research, 1968, vol. 62, no. 1, pp. 3-27]

毫无疑问，Z女士的确是出体，不是濒死体验，如果实验确凿，任何一个人都能明白这个实验结果对人类意味着什么。

不过，这种“灵媒式”的科学实验，处境非常尴尬，它的结论颠覆的是几百年来以唯物为基础的现代科学体系，很难被主流科学界接受。因此，塔特这个实验的知名度并不高，并没有引起学界太多的重视，不知不觉半个世纪过去了——可惜了这百年难遇的梦才Z女士。

物质界探索

现实世界又称为物质界。在物质界中每一样物件皆有实体，都有一定的耐久性。物质界中发生的所有事件都可以被不同的人共同感知。

有别于现实世界和物质界的就是非物质界。非物质界存在于精神领域或意识领域，物件不具备物理意义上的实体，它们可以随时出现又可以突然消失，非物质界发生的事件只限于自己感知，比如梦就属于非物质界。

出体能不能到达物质界，一直以来都是清明梦领域探索的热点，也是争议最大的话题，并因此而划分为两大阵营。一类认为出体可以到达物质界，代表派别有门罗和星体投射；另一类则认为出体就是梦，不能到达物质界，这是主流科学界以及大多数梦友的观点。

谈到这个话题，必须提到一位德高望重的先驱级人物，伟大的实践家、出体大师门罗（Robert Allan Monroe），他于1957年42岁时第一次自然出体，到1995年去世，门罗在出体领域探索研究了近40年，他留下的著作和思想对出体界影响极其深远。门罗，正是研究出体到达物质界的代表人物，他1971年出版的第一本书《出体旅程》（*Journeys Out of the Body*）引起了巨大轰动，书中记载了一些疑似出体到达物质界的案例。

1959年3月5日 早晨

在温斯顿–塞勒姆（ Winston–Salem ）的汽车旅馆。我醒得很早，7点半出去吃早餐，然后 8点半左右回到房间躺下。当我放松时，震动来到，然后有一种移动的感觉。不久我停了下来，看到一个男孩一边走一边往空中抛接篮球。景象快速切换，我看到一个男人正努力把什么东西塞进轿车后座。这东西又大又笨拙，我感觉像是一个带轮子和电动机的小车。男人扭啊转啊，终于把这东西塞到车子后座，甩上了门。再次快速切换，我站在一张桌子旁边。有一些人围桌而坐，桌上放满盘子。一个人在分发一种很大的白色扑克牌。我当时觉得很奇怪，为什么要在满是盘子的桌上玩牌，还惊奇于纸牌的超大型号和白颜色。另一次快速切换，我在城市上方大约150米高，寻找“家”。然后我认出了广播塔，记起汽车旅馆就在塔附近，即刻我就回体了。我坐起来四下看了看。一切都很正常。

重要结果：当晚我拜访一些朋友，就在阿格纽·班森（ Agnew Bahnson ）夫妇的家。他们知道一些我的“活动”，我突然意识到早上的（出体）事件与他们有关。我问起他们的儿子，然后他们把儿子叫过来问他早上 8点半到 9点在做什么。他说正去上学。问得再详细时，他就说他在空中抛接篮球。（虽然我知道他，但是不知道他喜欢篮球，尽管这也可能是假设。）然后我说了往轿车里装东西的事。班森先生大吃一惊。就在那个时间，他说，他正把一个 Van Degraff 发电机装进汽车后座。发电机是一台大而笨重的设备，有轮子、电动机和一个平台。他让我看了设备。（在现实世界中看到从第二身体观察到的事物时，感觉有一点诡异。）然后我说了桌子和大白纸牌的事。他妻子对这个比较兴奋。情况似乎是，两年来第一次他们全家起晚，她只好在早餐桌上分发信件。超大的白色纸牌！他们对这件事非常兴奋，而且我能确定他们不是开我玩笑。

在这次早晨的拜访中，时间与现实情况吻合了。自我暗示的幻觉，阴性，非有意的拜访，尽管有可能存在无意识动机。实际条件下的鉴别报告：

① 他们的儿子走在街上抛篮球。

② 班森先生在轿车边。

③ 班森先生在车边的行动。

④ 他在车边所拿的设备。

⑤ 班森太太在餐桌上的行动，分发“纸牌”。

⑥ 纸牌的大小和白颜色。

⑦ 桌上的盘子。

源于以前观察产生的无意识“预了解”的可能性：

① 阴性。不知道他们的儿子喜欢篮球，不知道他的行动。

② 阴性。不知道班森先生早上在车边的行为，而且这不是他的惯常行为。

③ 阴性。由于这些行为并非惯例，比如装车，所以不可能是以前观察班森先生行为习惯的结果。

④ 未确定。可能以前在其他地方见过那个设备。

⑤ 阴性。预先不了解班森太太的习惯；在餐桌上分发信件是异常事件。

⑥ 阴性。由于上述原因，再加上自己没有在饭桌上发信件的习惯，于是误解了这个行为。

⑦ 未确定。关于班森一家，可能有一些先前的观察，因为到他家吃过几次早餐。

1963年8月15日 下午

长期休息（译注：大约是指好久没出体）后的一次收获颇丰的实验！RW是我在工作中认识的一个女商人，也是知晓我的“活动”的一个好朋友（除了不愿参与外，还有点怀疑），她这一周要到新泽西海岸度假。我不知道她具体的度假地点。我也没有通知她我的实验计划，因为今天（周六）之前，我想都没有想过。今天下午，我躺下来，决定要努力去“拜访”RW，不论她在哪儿。（我总是拜访熟人比较成功——不过机会不是总有）大概下午3点钟，我在卧室躺下，进入放松状态，感到温暖（高阶次的震动），然后强烈臆想要“到”RW那儿。

有一种熟悉的移动感，穿越一片浅蓝色的模糊区域，我就在一个好像厨房的地方了。RW坐在右边一张椅子上。手里拿着玻璃杯。她看向我的左侧，那儿坐了两个女孩（17或18岁，一个金发，一个深色头发），手里都拿着玻璃杯，喝着可乐。她们三个在谈话，但是我听不到。

我先接近两个女孩，就在她们面前，但是无法吸引她们的注意。然后我转向RW，问她知不知道我在这里。

“哦，是的，我知道你在。”她回答说（心灵的，或者是超意识沟通，因为她还一边与两个女孩子聊天）。

我问她是否能记得我来过。

“哦，我绝对会记得。”她回答。

我说这一次我要确定她能记得。

“我会记得，我确定我会。”RW说，同时仍在谈话。

我说为了确定，我会掐她一下。

“哦，你不需要那样，我会记得的。”RW急促地说。

我说我需要确信，所以过去掐了她一下，很轻，我就掐在她体侧，胸腔下面的腰部。她后退，大喊着“噢”，把我吓了一跳。我没想到真的能掐到。满意于制造了一些印象，我离开了，想着肉体，于是立刻回体。我起床（肉体的），来到我现在所处的打字机前。RW星期一才回来，然后我才能确认是和她接触成功了，还是又一次无法辨识的失败。回来的时间是3点 35分。

重要结果：在周六实验之后的周二。RW昨天回来，我问她周六下午 3点—4点在做什么。知道我为什么这样问，她就说要想想，然后周二（今天）告诉我。这是她今天讲的：周六 3点—4点，是唯一一段她海边小屋里清静的时候。她第一次单独和侄女（一个深色头发，约18岁）以及侄女的朋友（约同岁，金发）在一起。大约3点15分到4点，她们待在厨房的用饭区，她喝了一些酒，两个女孩子喝可乐。她们只是坐着聊天。

我问 RW是否记得其他事，她说没了。我追问得更紧，但她还是记不起其他事。然后我只得问她记不记得被掐。她脸上显出绝对的惊讶。

“那是你干的？”她看了我一会儿，然后单独来到我办公室，掀起（就一点）她左侧毛衣的腰缘，有两个棕青色的印子，就在我掐过的地方。

“我坐在那儿和女孩子们讲话，”RW说，“突然感觉到被掐了一下。我跳起来一尺高。我还以为我姐夫回来，偷偷从背后袭击我。我转过去，背后根本没人。我从来没想到会是你！很疼的！”

我向她道歉，然后保证以后再做这类实验，会采取别的方式。

在这个插曲中，时间与事实吻合。

自我暗示的幻觉，未确定，因为是有意的（拜访），而且预先知道 RW当时的大体位置。实际条件下的鉴别报告：

① 地点（室内，不是室外）。

② 在场人数。

③ 对女孩们的描述。

④ 在场人们的行为。

⑤ 对被掐的确认。

⑥ 身上被掐的印子。

源于以前观察产生的无意识“预了解”的可能性：

① 阴性。预先了解在海滩的户外活动，而不是室内。

② 阴性。预先了解到可能会有成年人聚在一起，因为 RW是去拜访姐姐与姐夫。

③ 阴性—未确定。可能预先从 RW那里听过她侄女的头发颜色；侄女朋友的头发颜色和年纪是阴性（译注：即未有这方面预了解）。

④ 阴性。不知道那一天的特定活动习惯。

⑤ 阴性。RW不知晓实验的事，以前也没有（让她参与）实验过，我也没有掐 RW的习惯。以前没这样过。

⑥ 阴性。RW不可能知道被掐的位置。

类似的例子在书中还有。如果对门罗的生平和思想有一定了解，就会知道，门罗本人并无神秘主义者的背景，他是一名深受科学思想熏陶的成功企业家，完全是因为一件偶然事件引发的好奇心而卷入了出体领域。为了保证客观严谨，他尽量按本来面目如实讲述，注重科学逻辑分析。然而，正是他这种务实的态度，使得发生在他身上的不寻常经历，不可避免地引向了一个具有神秘主义色彩的结论：出体可以到物质界，甚至可以改变现实。

门罗并不是每次都能出体到物质界，相反，这样的出体只占很少数，而且在和科学家合作的几次专门测试出体到物质界的实验中，他也没有取得成功。主流科学界对门罗的观点自然是充满质疑甚至持批判态度，光是门罗出体掐女士一例，就足以扣上“神棍”的帽子。要知道，这不成了传说中的瞬间转移+隐身术+九阴白骨爪了？蚂蚁第一次看到后也在想，门罗老先生真的没有开玩笑吗？

作为人类意识领域探索的先驱，遭遇冷嘲热讽自然是习以为常，门罗先生仍然孜孜不倦地全身心投入到出体探索中，并于1974年创建了专门研究OBE意识领域的门罗研究所（The Monroe Institute），聚集了一大批出体爱好者进行实验研究，逐步发展出一系列完整的OBE理论。该理论以意识焦点为中心，门罗将不同的意识状态定义为焦点并且开发出到达这些焦点的方法，比如“10号焦点”是出体起程必备的身体睡着意识清醒的状态；“12号焦点”是旅程中容易遇上高灵的路标；“15号焦点”是没有时间的意识状态等。

门罗不是一个人在战斗，早在门罗之前，西方就有出体到物质界的理论，叫作星体投射，代表人物为英国的奥利佛·法克斯（Oliver Fox）与后来的罗伯特·布鲁斯（Robert Bruce）。星体投射理论认为一切取决于以太体（可理解为一种以能量为主的意识体）的投射，投射一共有7层，从下到上为物质层、星体层、意识层等，做梦是处于星体层的投射，如果能投射到物质层，就能使意识抵达物质界。

清明梦领域的另外两大巨头，高灵级别的赛斯和唐望，在他们的理论体系中，也表达了清明梦出体能够抵达物质界的观点。赛斯提出了关于梦的实相的焦点和投射理论；唐望认为通过做梦训练集合点的移动，不但可以到达物质界，还可以进入其他世界。

无论是门罗的意识焦点论、布鲁斯和赛斯的投射论，还是唐望的集合点论，都有着相当完整且严密的理论和实修体系。西方的企业家、东方的密宗术、印第安的巫师、高阶的指导灵，看似风马牛不相及，却有异曲同工之妙，他们都不约而同指出：意识体可以到达物质界，不但出体可以到物质界，赛斯和唐望更是认为清明梦也可以到达物质界。

濒死体验中的报告和门罗、赛斯、唐望等人的影响力，让很多人都相信出体是一种可以到达物质界的特殊意识状态。门罗出体和星体投射都有非常详尽的方法，这些方法被广大出体爱好者普遍使用，成千上万人由此获得了出体经验。

出体验实

有很多人想亲证大神们所说的出体到物质界的真实性，也就是清明梦领域所说的“出体验实”，常见的方法有出体验牌、出体验字、出体验物等。

出体验牌	即出体后，去看事先放好的一张未知的牌，醒后再对证。
出体验字	验牌仍然有很大蒙中的概率，验字会更科学一点，也就是说让人提前写一个字，可以是任何字、数字符号或者一通乱画，这样可以排除蒙中的概率（迄今进行过的几次科研实验采用的都是验数字的方法）。
出体验物	则是让人事先在某处放一个小物件，出体后去看，醒后再对证。

从来不缺乏勇于探索的梦控师，出体验实也一直在梦友的前仆后继中进行着，但绝大多数都以失败告终。虽然也会偶然有成功或接近成功的报告，但是这些极少数的个例缺乏说服力，不能排除巧合，而且没有可重复性。

这么多年来，出过体的人不计其数，几乎没有人具有重复门罗出体到物质界的能力。绝大多数的出体报告都反馈：出体只是一场梦，出体所处的拟真场景是潜意识模拟出来的，出体后的体验和清明梦的体验完全一致。

这个结果其实并不出人意料。即使出体到物质界真的存在，也必然是普通人极难做到的一件事，要么需要某种极为特殊的天赋，要么需要多年梦修的高深功力。尽管目前仍然无法确定出体到物质界是真是假，但是有一点却可以确定：一般人想要出体到物质界，可能性微乎其微。初学者不应过多执著于此，而应该把重点放在水平的提升上，等经验丰富了，控梦级别高了，自己的认知就更深了。

当能够稳定获得高质量长时间的出体或清明梦时，再去进行比较复杂的实验和梦修，才有可能真正探索到出体的真相。

梦起梦破

尽管无法做出定论，但是上面的资讯已经足够我们来分析了，在此蚂蚁就来捋一捋，谈谈我的个人看法。我的观点是：出体是梦，是带有离体现象的清明梦。如果出体能达到物质界，那么清明梦也可以。

主流科学界认为出体是一场梦，濒死体验是神经受创的脑部幻觉，上述这些意识到达物质界的现象都是巧合幻觉或者心理现象，甚至是不可信的虚假信息。这固然符合现有科学体系的解释，也符合大众所接受的教育认知和固有观念。

认为一切都是幻觉自然是省心又保险的万灵丹。可是，在如此多的可疑案例面前，对“意识到达物质界”的可能性完全视而不见，多少有点鸵鸟心态。蚂蚁一介小民，没有太多的顾虑，对于“意识到达物质界”这种现象，喜闻乐见而且愿意深入思考探索。基于这个前提，蚂蚁提出“梦起梦破”的猜想，作为一种纯理论性的解释。

“梦起梦破”的原理很简单，就是一句话：梦起于潜意识，梦破于潜意识。

有点成也萧何败也萧何的意思吧？下面详细解释这句话的意思。

1. 做梦时，来自潜意识的数据营造了梦境，潜意识生成的都是幻境，不是实相，这一点大家没有异议。

2. 潜意识分个人潜意识和集体潜意识，个人潜意识是后天的，集体潜意识是先天的。

3. 通常做梦，是由个人潜意识造境。如果个人潜意识不工作了，将有可能由集体潜意识造境；如果集体潜意识也不工作了，梦体将有可能直接接收到现实数据。

“梦起梦破”理论认为：如果潜意识不造境了，或者造境功能特别差的时候，梦体就有可能看到现实。这种情况通常发生在“濒死体验之梦不起”“出体之梦未起”或者“清明梦之梦已破”之时。

濒死体验，大脑处于濒死阶段，潜意识功能受到影响，造境能力非常弱，属于本钱不够的“梦不起”，基本上只能调出极深层的一些固化内容，比如一些集体潜意识的内容，所以大多数人的濒死体验内容出奇的相似。由于有些人当时的潜意识造境能力极其虚弱，导致梦体看到现实。

出体，在梦醒临界点，梦体刚刚离体时，潜意识并没有开始造境，此时为“梦未起”，所以梦体有可能置身现实，但是就在瞬间，潜意识已经能根据当时的场景开始改造了，等梦友验实时，早已经是似是而非的幻境。也就是说，梦起之时，如果打潜意识一个时间差，还是有可能看到现实的。不过，这种时间差想也别想，除非你的潜意识放水。

真就有潜意识放水的人，前面讲过的查尔斯·塔特所做的实验中的出体者Z女士，看上去就是这样的奇葩，不知道什么原因，她的潜意识不急着造境，所以她的出体能在物质界待比较长的时间。

那门罗呢？怎么解释？他可不是近距离验实，而是超远距离，一般来说早已经是梦境，他为何能掐到现实中的女生。仔细看他的描述，第一个例子中：“当我放松时，震动来到，然后有一种移动的感觉。不久我停了下来。”第二个例子中：“进入放松状态，感到温暖（高阶次的震动），然后强烈臆想要‘到’RW那儿。有一种熟悉的移动感，穿越一片浅蓝色的模糊区域。”注意到没有，他在出体抵达现实场景前，都通过了一个隧道。这个隧道，就是远距离实验的关键。

如果已经在清明梦中，也可以将潜意识造出来的幻觉破除掉，如此也能看到物质界，这就是“梦已破”的破梦，一般需要隧道和破虚技术配合，蚂蚁在下节会探讨这个主题。

再来看一个案例：肯尼斯·林（Kenneth Ring），濒死体验科学权威，国际濒死研究协会的创办者和前主席，在他的著作《心灵视线》（Mindsight）中讲述了一个神奇的案例。案例的主人公是一位叫韦奇·阿米派格的45岁先天性失明的盲人女性，在她的濒死体验中，最令人惊讶的是，她在“死亡状态”之下，平生第一次拥有真正的视力。她说，开始时她的意识飘离了身体，近乎悬浮于天花板上，她看见了自己的身体，甚至还看见了她戴在手上的三枚镶金戒指。然后她飘出了天花板，飘到了整栋建筑的上方，接着，她被吸进了一个长长的隧道，她以极快的速度穿过了隧道，在隧道的尽头是广大而又明亮的光，她听到了音乐，然后滚到了一片草地上。她描述道，她的周围是草地、树木和很多人，所有的东西，包括她自己都是用明亮的光做成的，这个地方充满光，她感受到了无尽的爱。

在上面这个例子中，先天性盲人在濒死体验中出现了前所未有的视觉。这个案例也可用“梦起梦破”理论完美解释：先天性盲人的个人潜意识里没有视觉数据（因为个人潜意识是后天的），所以他们平时做梦时是看不见的。但是濒死时，梦体接收的数据来源不再是个人潜意识，而是先天就包括视觉数据的集体潜意识或现实世界，所以，在濒死状态下，盲人和正常人一样可以看见了。虽然先天性盲人并不知道视觉是怎么回事，但是在体验中，他们一定能发现这种巨大的差别，从而明白这就是视觉。

隧道与虚空

当潜意识暂时失去造境功能，此时就处于旧梦刚去、新梦未生的阶段，这个阶段会有很多神奇的现象，比如隧道与虚空。

隧道

前面控梦篇介绍过，梦界隧道是控梦中非常有用的技能，能够转换场景，而且延时功能显著，能调整状态到焕然一新，可谓控梦必备神器。这一节我们来更深入地探索一下隧道的奥秘。

隧道分为两种，一种是失控型的，梦友通过隧道时是失控的，完全被一股离心力扯着移动，就像被吸入隧道。这种隧道，我称之为“失控隧道”。另外一种就是普通隧道，梦友通过时没有出现外来的吸力。

相对于普通隧道来说，失控隧道多了一个神秘的离心力。在实战中，失控隧道并不少见，而且也容易复制。如何解释失控隧道和离心力现象，也成了清明梦探索的一个热点。蚂蚁的观点主要是下面两点：

① 失控隧道是清明梦转出体的技术。

② 失控隧道是梦境不同次元间切换的方法，包括我们前面研究的物质界与非物质界间的切换。

失控隧道有时候会自然发生，特别在出体体验中常见一点。很多人在出体时都经历过出体离心力和隧道，可重复性非常高。在清明梦中，可以通过失控隧道转换成出体状态，然后就可能会被一股力扯到空中，整个人失去控制，身不由己，被离心力扯着通过一个类似隧道或黑洞的通道，停下来时就成功到达出体状态了。下面几种方法是蚂蚁在清明梦里比较常用的：

1.找一张床躺下后叫“出体”，或者飞入空中大叫“转换梦境”或者“我要出体”，或者在空中旋转起来，如果吸力出现就算成功。

2.倒栽葱式自由落体，或找井盖、洞等跳下去，注意头部用力，加强启动隧道的意念，如果产生不可抗拒的加速度就算成功。

3.到水沟或河底，向下挖泥沙，脑袋像钻头一样往里钻，钻着钻着就被吸走了。

4.梦屏压床或出体时，集中意念在脑部，意念引发震动信号吸入隧道，信号出来后很快会被扯走。

为什么说失控隧道是清明梦转出体的技术，也是抵达不同界元的方法呢？

首先，离心力是一种常见的出体信号。在失控隧道中，经常会伴随着震动、耳鸣等标志性出体信号，这些都可作为清明梦状态转出体状态的依据。

其次，通过失控隧道后出现的场景，和通过普通隧道是不一样的。如果你想换景，在隧道中有期待的目的地，那么失控隧道和普通隧道差不多。但是，如果没有任何目的性，自然等待隧道给景，那么，通过失控隧道后出现的场景会非常怪异，往往和原来的梦境大不同，比如异域空间、星球、十方世界、光场、虚空等罕见之境，这些在普通隧道里较难遇到，感觉上真的有差别。举个蚂蚁的梦例：

2009年7月18日

怎么知梦的已经不可考。这个清明梦时间比较长，我能回忆起的是自己在一个宫殿滑行，整个宫殿是我造的，哪里有分支哪里有暗门我一清二楚……我再拉开一道门，发现是一个深洞，黑黝黝的，我头朝下就扑了下去，本来期望马上激发出体隧道来个“隧遁”，但今天情况很特别，我失控下坠了很久，而且速度越来越快，这个洞莫非是无底洞？有时候我感觉像穿过了一道电网，周身蓝光一闪又灭，速度之快让我脸上有些许刮痛感，我有些头皮发麻，如果不是经验丰富，早就直呼“回体”了。

我心情很矛盾，一方面期待有什么发生，一方面又害怕，经历时间如此之久的高速下坠肯定是到了一个前所未有之境。我没有把握，整个过程倒不是全黑，有时我会看到旁边有光线，我下落得快，光线一闪而过，但是我意识到那应该是一个出口，待下次我又看到光线时立马心意一动，人已翻起从那个出口跳转出去了……拉开一个“Exit”的门，赫然又是一个黑洞，我毫不犹豫跳下，却停在空中不动，怎么了？我升上去，正有人探头探脑，我抓他下来，他的落势带得我也加速下落了。又是坠落了好一会儿，和刚才一样，我看到有光时马上扑了出来。这个世界却显得冷清多了，只有几栋衰败的实验楼，我在一座桥上遇到一个黑人老头儿，60岁左右吧，我们用英语交谈。大概是他想让我买什么东西，后来我问他会不会汉语，他用汉语回答了我，我觉得这一站也没什么意思，想去下一站了，突然想起一个问题，问他这是什么地方，他说这里是旅程中的第一个town，town？我若有所悟，不如看看它的全貌，我飞起来，升到半空，乖乖不得了，整个城市呈现在我眼前时我才知道原来它有这么大。建筑密密麻麻气势宏伟，有一幢楼还是飘浮的，正向我飘来，我躲开。城市是死寂的，没有声音，好像没有人……我有点脑袋发胀，最后看到一个招牌写着大大的“人才”两字，才如释重负地醒了。

注：我试着解释一下，有人也提出过人体就像一台收音机，定到什么频率就收到什么台，我们的日常世界也就是一个固定的台，但是并不是说就只有这么一个台，而是有很多台，每一个台对应一个人体可以感知的世界。其实佛说十方世界，神秘学中的平行世界或N维空间也有点这个意思。在日常生活中，我们的频道是固定的，但是在梦里我们这台收音机可能会收到别的频道，因为梦里潜意识会作用。它会偶尔调动频道而使得梦境离奇古怪，清明梦或出体就更明显了，出体时的震动或清明梦里的隧道都很像一个调频的过程。我的这个梦比较典型，无边无际的无底洞就好比无限的波段，而有光亮的地方就是一个工作着的频率，对应一个可以感知的世界，跳出去就可以体验到。

我在以前的清明梦里也多次深入无底洞，不过很少连续地跳出又跳入，以后有机会我会尝试更深入一些，也许会有更离奇的世界。

失控隧道能切换不同梦境次元，最常见的就是清明梦和出体状态的切换，这是蚂蚁在实战中逐渐总结领悟的。从赛斯、门罗、唐望等大师的资料中，也可以找到类似的印证，比如以下来自门罗研究所的一份标准的进入出体状态的报告。

“我现在快速地穿过一个隧道——我笔直地站着，现在我好像被吸进这个隧道。隧道很窄，我很快地穿过。现在我可以看到另一头的一点光，我向那点光飞奔而去。那情况很像我在某种光线之上，它推着我前去。我出了隧道，进入了另一种时空，而且也站定了。我正在这点光的源头。轻缓地穿过，所有东西都是绿色的。那种光非常亮，再加上我刚从隧道出来，所以我几乎看不见。那种感觉很不一样。现在，有一股很强的能量好像向我挤过来。现在的我感觉很好，这是一种新的能量。我有一种强烈的感觉——我身边的东西都是绿色的。光线非常强，我经过了一分钟才能适应，也才能体会我在什么地方。”

对于这些现象，目前没有足够的科学可以解释清楚。蚂蚁认为：出体和清明梦都是从第一意识进入到第二意识的过程，好比电台要换频道，而这些震动、隧道等现象就是一个调频的过程，其中震动等信号是梦体的调频，隧道则是梦境的调频，通过两者的契合，完成不同次元间的切换。这个过程只有当事者可以体验到，是一种内在感觉的意识转换，旁观者是无法观测的。

失控隧道是清明梦中非常关键的探索领域。一般来说，梦控师不主动召唤的话，是不太会遇到失控隧道的。失控隧道的关键是意念的召唤，最可靠的技术是聚念脑部启动加速度，比方说常用的井盖法开启隧道，以普通方式跳下去是不太会启动离心力的，但是如果倒栽葱跳下去，脑部加点力，意念命令启动隧道的话，就有很大概率启动离心力，成为失控隧道。

通常隧道给人带来的是“时光机或任意门”般的神奇和快乐，但是有的时候，启动隧道后会出现很大声的耳鸣和震动。隧道无穷无尽，失控的速度快到让人不舒服，前行中像是被黑洞吞噬，不知道最后会是什么，有时还会有些让人内心发毛的感应，带来极度的恐慌感。这些都是正常现象，同时也考验梦控师的抗压能力，如果能控制住恐慌心理，顺其自然静观其变，自然能安然渡过。

下面简单介绍一下“虚空”。有一个实用性很强，非常值得梦友尝试的应用，叫作“太虚幻境”。

如果我们在清明梦中很快飞过一定边界，或者突然换景，就有可能遇到全茫茫的空间（白或黑），或者是置身太空，有时候有云或海，这种茫茫太空都叫“太虚幻境”。遇到这种情况，我推荐梦友在空中任其飘浮，打坐或睡觉，静等新境出现。按照梦起梦破理论，太虚幻境类似虚空，也是因为潜意识一时跟不上，停止造境而形成的，这是好事，因为接下来潜意识将卷土重来，报复性反弹，这次带来的新境通常将大幅升级，很有可能出现极为震撼的予取予求的天才态信息界，而这种信息界之神奇与强大，也是我目前实证到的清明梦最高级应用之一。

有的人在知梦的瞬间发现梦境突然变成一片虚空，自己身体也不存在了，好像掉线，这种现象其实就是因为显意识启动，造成潜意识有一下被干扰的感觉，造境暂停一下，梦境就会出现虚空状态，梦体五感也容易丢失。遇到这种情况不用急，往往可以用前面介绍的续传技巧重回梦境。

关于虚空，更深一步的探索是破虚，探索意识进入物质界的可能性。这部分涉及玄学，就不在本书中详述了。

联机探索

清明梦要是联机成功，所有娱乐都弱爆了，人类生存方式将彻底改变。
它就是一款地球online全息网游，人类将进入众神时代。
清明梦联机，将实现爱、和平和乌托邦。

——梦友语录

联机，永远是清明梦最热门的话题。没有哪个玩家会满足于单机游戏，梦境互联才是清明梦游戏的终极目标。

听起来像是天方夜谭，但是蚂蚁坚信，梦境联机是有可能的。手段无非两种，一种是从经验的角度梦中求，以清明梦技术联机；另一种是从科学的角度梦外求，以科学仪器建立梦境网络。无论哪一种，目前都还处于联机探索的最初级阶段。

以科学仪器建立梦境网络，也许是最可靠的途径。2013年8月12日，美国华盛顿大学成功进行了历史上首次人与人大脑之间的沟通。2014年9月6日，央视也播报了“人类脑对脑交流测试成功”的最新科技消息，都证明了意识是可以编码解码并通过网络传输交流的。同样的原理可以应用于梦境交流，通过读梦机、写梦机、连梦网络等实现梦境联机。

另一种方法就是梦控师在实战中的联机探索，在这方面目前还没有相应的科学理论支持，属于以经验为主的摸索。

联机，最通俗的说法就是共梦，即两人或两人以上共享同一个梦。比方说你梦到某个人，那人也说梦到你了，而且一交流发现内容居然一样，这就是疑似联机共梦的案例。既然有同床异梦，自然也会有异床同梦，这种现象并不罕见。

不过，生活中这些疑似共梦的案例，基本上都是发生在普通梦里，普通梦里的共梦并没有多大意义，一句“巧合”就简单打发，没有多少科学价值。若想证实联机，必须至少有一方在做清明梦，这样才有可能导演梦中的内容，排除巧合的可能，比方说清明梦者告诉另一个人一个密码，在醒后双方不但梦境内容一样，而且另一个人能说出他原本不可能知道的密码。

联机参考案例

迄今为止，虽然还没有确切的科学证据让科学界宣布梦境可以联机，但我们不妨先来看看联机的一些传说和高程度疑似案例及其相关研究。

中国古代佛道教修行者众多，其中一些大成就者拥有出阳神、神足通等神通，联机对他们来说不过是小菜一碟，比如道教南宗祖师爷张紫阳的故事。

张伯端（公元984—1082年），号紫阳，时天台有僧澄一修戒定慧，能入定出神，数百里间，顷刻即至，紫阳与之雅志契合。一日谓曰：“今日能与远游乎?”僧曰：“可，原同往扬州观琼花。”二人即于静室趺坐。紫阳至时，僧已先至，绕花三匝。紫阳曰：“可折一花为记。”少顷欠伸而觉。紫阳曰：“禅师，琼花何在?”僧袖手皆空。紫阳乃拈出琼花与僧把玩，僧叹服。弟子问曰：“同一神游，何以有得有不得?”紫阳曰：“我金丹大道，性命双修，是故聚则成形，散则成气，所至之地，真神现形，谓之阳神。彼之所修，欲速见功，不复修命，直修性宗，故所至，无复形影，谓之阴神，神不能动物，非大道也。”

这个故事看点很多，比如和尚们纷纷表示不服，还有此公案成了后世判断阳神和阴神区别的教科书。而在我们眼里，这是一个大神联机的故事，不但联机成功，而且是意识在物质界联机成功。

张真人的事迹毕竟太久远，已经成为传说，不可考。还有一些六道之间联机的民间故事，比如托梦、转生等，不在咱们讨论的范围内。在我们熟悉的清明梦界，达到张真人这个级别的是传说中的唐望，蚂蚁感觉唐望的联机神通还要更强，因为他的联机不是意识层面，也不是物质层面，而是本源的能量层面，可谓最高级别的联机。

有一个神秘的地方，能够实现量产联机，那就是西藏。梦修一直是藏传佛教殊胜的密学，仁波切们不但可以通过梦境联机实现灌顶传承，而且还可以通过共梦探出修行高低。

以前，有位弟子向噶玛巴（第三世）让雄多吉求法。噶玛巴先让他回去，答应在梦里传法。后来在约定的时间里，噶玛巴真的向他传授了佛法。第一世噶玛巴曾祈问冈波巴大师说："在梦中所得到的灌顶传承有否真实意义？"冈波巴大师回答道："只要你具足信心，梦境所得灌顶传法不仅具有真实益用，而且较之现实灌顶传法更为殊胜！"

乌金巴大师、达丝巴大师和察琼巴喇嘛三位一同相约，在当天晚上共赴兜率天。两位大师因梦修成就甚高，所见景象别无二致。而察琼巴喇嘛梦修成就水平一般，他之所见与他们略有出入。

传说故事就讲这些，回到俗世，来看一些现代人的例子。首先出场的是清明梦界著名的狐狸先生Oliver Fox，1885年生于伦敦。此处选了他的两个高度疑似联机的例子。

1.我和两个朋友Slade和Elkington在一天晚上聊到梦的话题，在分手前我们商量好来一次梦中聚会，选中的地点是"Southampton Common"（南安普顿地标之一）。晚上我在梦里遇到了Elkington，就在我们预先选定的地点，但是Slade没有出现。Elkington和我都知道我们两个是在梦中，谈论起Slade没来的事情，很快的，这个梦就结束了。第二天，我看见Elkington，我先不说什么，只是问他做梦了没有，他说："是的，我和你在Common见面了，我知道自己在梦里，但是Slade这家伙没来，我们刚刚打完招呼说起Slade没来的事，梦就断了。"我们再去问Slade，他说他那天没有做梦，也许这就是他没能出现的原因。

2. Fox的甜心Elsie，不赞成他的实验，Fox说她是个"少见识的小无知"，这句话彻底激怒了她，她决定哪天晚上去梦中会一会Fox。Fox不以为意，一晚他在梦中看见一个很大的蛋形云状物，里面就是Elsie，她头发蓬松穿着睡衣，他看见她用指尖划过他的桌子边，他叫她的名字，她消失了。第二天，Elsie就告诉了Fox，并且说出了他房间的布局，房子里的物品细节，要知道Elsie从未来过这儿，更令他吃惊的是，Elsie说出了桌子的金边，而这个金边Fox一直没注意到，是不知情的。（蚂蚁注：此处惊现蛋形体，和唐望明晰之蛋惊人的相似，唐望认为人的能量体，远像蘑菇近像蛋。）

接下来出场的这位是老瓦——Robert Waggoner，1958年出生的美国人，科学派清明梦权威，国际梦研究协会（International Association for the Study of Dreams）的前任主席。看他1998年11月的一个清明梦：

因为在高速上差点被撞，老瓦察觉不对劲而知梦，接着去了一个餐馆。老瓦正在餐馆享受梦中清明的幸福感，看到朋友Moe走进来，他想让她知梦，有了个主意，就在她面前打了个和平手势（就是现在拍照用到烂大街的剪刀手）。老瓦说："看，Moe，看到这个和平手势了吗？每次你看到它，就能清明，让你知道自己在做梦。"

时光飞逝，四个月后，老瓦去西海岸跑生意，打电话约Moe一起吃午饭。他在餐馆外等时，发现Moe带着好奇的眼光走过来，突然在他面前摆了个和平手势，老瓦顿时震惊石化了，他问Moe为什么这样，Moe耸耸肩无动于衷地说："不知道，就是想。"

这个事情对老瓦的刺激很大，2010年电影《盗梦空间》出来后，老瓦还写了一篇文章，认为自己的这个例子就是"Inception"，也就是说他成功地在Moe的梦境中植入了信息。

老瓦在他2009年出版的*Lucid dreaming: Gateway to the Inner Self*一书中还收集了一些清明梦里验证信息成功的例子，比如下面：

一名大学生写信给老瓦问他是不是真的认为清明梦者可以获得现实中的未知信息。老瓦老奸巨猾，他回答说，你自己试一试不就知道了。

大学生回去和一女同学说了，女同学说她后背有一块斑，建议他下次清明梦的时候找出她那块斑的位置。过了几天，他知梦了，但是没能进入她的宿舍，失败。几天后他又知梦了，他召唤出她来自己的宿舍，这次成功了，而且他看到了她后背的斑块。

醒来后，他立刻就去了她宿舍报告喜讯，她叫他先用手指在她的T恤上指出位置，然后，她轻提T恤，他的手指正好指的就是斑块之处。

其实，老瓦这几个例子含金量不如Fox，有巧合的成分。蚂蚁选之是因为老瓦的科学背景更能增加文章的权威性。

科学研究

目前的科学界，还无法真正对共梦联机进行重复性高的有效实验，无法凑足合格的清明梦高手是其中一个原因。不过，有一项研究和梦境联机高度相关，可算得上联机的前哨站，那就是梦境心电感应（Dream Telepathy）。

梦境心电感应，简称梦境感应，指的是不通过语言或行为的交流，以纯粹的第三方的外来思想信息影响梦者的梦境。打个简单的比方，老王默默希望隔壁的小丽梦见一只吃西瓜的兔子，而小丽就真的梦见了兔子吃西瓜，这就是梦境感应。如果梦境感应真实存在，那就说明了梦境不是单机，梦境联机的可能性就大大增加了。

第一个提出梦境感应这个概念的人是弗洛伊德。他推测，心电感应是人们彼此了解的原始古老手段，并且在人类进化的过程中被藏到幕后，因为语言、符号、文字等让人类找到了更好的沟通方式。但是这种古老的方式仍在潜能之中，在特定条件下会表现出来，睡眠就是一个创造心电感应的绝佳条件。

欧梦博士（Montague Ullman），已故科学界顶级梦学权威。他和另一位梦学大佬克里普纳博士（Stanley Krippner）共同带领纽约Maimonides Medical Center的梦实验研究组，对梦境心电感应进行过长达10年的实验，研究成果于1973年出版为《梦境心电感应》（Dream Telepathy）一书。

此类实验通常需要两名被试者，一名醒者发出信息（发送者），另一名梦者接收信息（接受者）。此外，二者必须独处不同房间，没有任何途径进行语言或视觉信息交流。

1966年，欧梦对一位曾于1962年参与梦境心电感应研究并表现出具有此功能的男性S君再次进行了实验。由工作人员A君作为发送者，S君作为接受者。S在实验室住了八晚。每晚当S入睡后，由A随机选取一个实验目标，通常是一幅画搭配一套物品，例如，描绘拳击的画配有一只皮质拳击手套。然后，A在距离

S居室很远的房间过夜。当仪器显示S处于快速眼动睡眠时，通过电铃通知A，A于是将注意力集中在实验目标（即画和物品）上并发出心电信息以期影响S的梦境。每当快速眼动结束时，S就被叫醒，并被实验人员询问："请告诉我什么印象掠过你的头脑？（停顿）还有其他的东西吗？（停顿）有没有颜色？（停顿）谢谢。请继续睡觉。"

每次被叫醒后，S的回答都被录音并做笔录。每晚S最后一次被叫醒时，实验人员会询问他当晚做了多少梦，是否还记得当晚的第一个梦，能否再细致描述一下梦境，梦境给你带来了什么思维和回忆，梦里哪些成分让你觉得莫名其妙，能否猜想一下实验目标是什么等一系列问题。S的答案同样被录音并笔录。整个实验过程只有A知晓实验目标，而且A整晚待在自己房间不与外界有任何接触和交流。

实验结束后评判员对梦境记录与每幅画的一致性打分。统计结果显示出A与S之间存在心电感应效应。

例如，在第二晚的实验中，实验目标是一幅一个打伞的日本人躲避瓢泼大雨的画。搭配物品是一把东方小伞。当晚在S的第二个梦中，他说："……雾蒙蒙的……位置向下，像个矮桌……向下的……"在第三个梦中，S说："是与一个东方男人有关的东西……"第四个梦中，S报告："……肯定与喷泉有关，一个大喷泉……两个形象，还有喷洒的水，没有颜色。"第五个梦中，S报告："我是在一个室外但是又处于室内的地方。我认为是在室外，但梦中的一部分又像是在室内……还有空调。"在S 睡醒后的最后一次提问中，S 对实验目标的猜测是"一种与喷泉有关的东西，或者是水"。在不知实验设计内容的情况下，评判员们认为这幅避雨的画与第二晚梦境具有很高的一致性。

令人惊讶的是，在S的八个晚上的梦境记录中，都显示出梦境报告与实验目标的一致性。虽然梦境并不完全吻合作为实验目标的画，但却明显具有相似之处。此外，信息发出者A对实验目标的心理感受在统计意义上显著传达到S的梦境中，从而使S的梦具有与A的心理感受相似的情绪特点。

最后，科学家们对不同的人进行了类似实验，发现这种思维传感的强度因人而异，有人感受强，有人较弱。另外，性格相合的人之间更容易存在心电感应。

尽管欧梦的这个实验证明了梦境感应的存在，但是，科学界并没有广泛承认。一是实验设计上出现了漏洞，不符合双盲标准，有科学家认为接受者有办法通过其他途径获知答案；二是实验不可复制，其他几个科学家用同样的方法实验，得到的结果均为失败。

由于没有科学家能在双盲条件下重复出梦境感应的实验，所以，目前并无足够的科学证据证明梦境感应的存在。

大家看到这可能会有些想法，因为这个实验对接受者的要求非常高，也就是极少数像S君这样容易接受到感应的梦界奇葩才有可能成功，要想随便在其他人身上复制出来，几乎不可能。不过，科学就是如此严谨。

尽管科学界目前无法证明梦境感应的存在，并不意味着梦境感应就不存在，只是说明在严格的科学标准下，这种类型的证明非常有难度。科学并不是获取真相的唯一手段，还有一种叫作经验，当科学证明遇到困难时，经验就成为大多数人判断真伪的标准。

蚂蚁认为，梦境感应和梦境联机之类的证明，除了科学实验证明外，另外一条路就是清明梦，当清明梦获得真正的普及，众多梦控师的经验会帮助我们找到答案的。

联机除了是探索和讨论的热点，对于梦控师来说，还另有妙处：

1. 联机可以当扳机，联机探索者经常会梦到联机，很容易将普通梦自然转到清明梦层面，成为清明梦。

2. 联机可以帮助控梦。和梦中人互动，是很好的控梦方法。当你将梦中人当成联机者，他们就会自然获得这方面特质，他们可以帮助你控梦，甚至充当指导灵，比如为你答疑解惑，在你掉线时提供稳定的触感，在控梦神通上助你一臂之力等。

第六章 清明梦普及与前景

清明梦不仅是一个梦，一个游戏，也是一种觉知、一种态度，更是一种文化，一种人生。以铜为镜，可以照人；以梦为镜，可以照心。清明梦文化的普及，前路漫漫道阻且长，我辈将上下而求索！

清明梦的历史

> 梦把全人类联系在一起。
>
> ——杰克·凯鲁亚克

当人类发现梦这个现象时，清明梦现象也就自然产生了，并且成为远古时代最早的巫术之一。随着人类文明的发展，各种宗教和学派的盛行，清明梦也逐渐被赋予更丰富的内容。到了公元前800—公元前200年的轴心时代，世界文明思想大开花，东西方文化走上不同的道路，也决定了清明梦日后的走向。

东方文化，无论是中国的天人合一还是印度的梵我合一，都注重由内而外的感悟。清明梦成了修行的法门，实修者众多。从中国的老庄之庄周梦蝶到道家睡功一脉相承，佛教密宗的梦瑜伽、梦观成就法等千年不衰。而在西方，由于西方的主要宗教强调的是严格按教义生活，要求信众只需相信神，无需实修，而且西方宗教多半对清明梦现象表现得冷漠或者不支持，因此西方并没有出现真正的梦修群体，清明梦传承其实是断层的。不过，同属轴心时代的古希腊的亚里士多德，已经开始写《论梦》《论睡眠》，甚至开始分析清醒入梦以及清明梦现象，为以后西方科学研究清明梦埋下了种子。

两千多年过去了，清明梦在东方仍然在佛道实修圈里轮回。中世纪西方神秘学、灵修兴起，各种魔法占星术等，没清明梦什么事。文艺复兴一首《神曲》，开启了西方思想大解放，工业革命和科技的飞速发展，使得西方的实力在近代超过了东方，西方列强在大肆掠夺东方资源和宝藏的同时，也将东方几千年的经验智慧、实修法门等视为珍宝，和他们的本土神秘学结合，大大丰富了西方的玄学。

到了20世纪六七十年代，西方发起了一场声势浩大的心灵和精神探索思潮，称为新时代运动。西方灵修改头换面，以崭新的励志向上、回归心灵的面目，成为新时代运动的主角。清明梦出体也成为新时代运动的热门之一，门罗、赛斯、唐望三巨头都在当时造成轰动，引领一代思潮。新时代运动对西方影响巨大，几乎遍及了各个领域，相当于将西方人的思想冲刷了一遍，大大普及了清明梦。在这个基础上，也带动了一批科学家投入对清明梦的研究，接过了两千多年前亚里士多德的衣钵。

反观中国，清明梦的圈子本来就小，随着佛道日益式微，真正的梦修者更是寥寥无几。在科学层面上，中国在这方面完全是空白。清明梦现象，也就长期不为大众所知。

当然，还有一个原因是名字。尽管清明梦现象存在很久，但是以前中国没有这个词。“清明梦”一词是舶来品，译自“Lucid dreaming”一词，该词最早出现在荷兰作家兼医生弗雷德里克·凡·伊登（Frederik van Eeden）的论文*A Study of Dreams*中，发表在1913年的《精神研究会学报》上。从那以后，清明梦的说法被主流接受。

相对来说，清明梦在欧美的普及要早于中国，相关科研机构和投入也远多于中国。不过，这并不意味着中国在清明梦领域已经处于落后。最近几年，以梦控师书院为代表的民间机构在清明梦领域的理论研究、科研开发、创新探索以及普及规模上都居于世界前列，加上中国文化在这方面的底蕴及潜力都远超欧美。蚂蚁认为，未来执清明梦牛耳者，必然是中国。

中国的清明梦进程

2004年，可称为“中国清明梦元年”，在此之前，中国没有专门系统的清明梦出体教学交流网站。2004年至2006年，是中国清明梦的奠基期。

- 2004年2月29日，King Sir 在中国香港建立网站“香港出体谷”，系统介绍出体现象。
- 2004年7月16日，蚂蚁在博客上开始连载清明梦日记《蚂蚁的追梦人生》。
- 2005年7月，石晓蔚女士在中国台湾创办了以清明梦为主题的做梦者班。
- 2005年9月19日，梦友门罗创建了百度门罗吧。
- 2006年4月5日，梦友旷宇风创建了百度清明梦吧。
- 2015年5月，《梦控师》一书正式出版。

◆ 2016年1月，清明梦从梦里向梦外传递摩尔斯电码实验成功。

◆ 2017年10月，蚂蚁在成都创办梦控师书院。

◆ 2020年9月，国内首款控梦科技产品梦控手环上市。

可以看出，清明梦在中国的起步比较晚。2010年以前，因为兴趣聚在一起研究清明梦的群体不过几百人。尽管人不多，这些人却是中国第一批接触和研究清明梦出体的人，是这个领域的先行者。

2010年，百度清明梦吧确立了普及清明梦的宗旨，清明梦吧开始成为爱好者的大本营。清明梦在中国也开始进入了普及期，蚂蚁作为清明梦普及的领导者和参与者，对清明梦普及之难感受颇深。

最开始的时候，清明梦遭受的质疑主要来自偏见。绝大多数人从来没有听说清明梦，当你对他们说起控梦时，他们的第一反应往往是怀疑和不相信："真的假的，我怎么不知道呢？怎么从来没听说过呢？"如果你说起出体，那就更糟糕了，很容易就被贴上不科学、疯子、邪门歪道的标签。

> 清明梦中梦清明，真情话里话真情。世人笑我太神经，我笑世人心不灵。
>
> ——梦友：1980年

真的假不了，假的真不了！作为一个新生事物，特别是清明梦这种听起来很玄的东西，在普及过程中遭受到一定的非议和疑问，那是很正常的，这也是清明梦发展过程中的一个必然阶段。

清明梦本身是真实存在的现象，是一门实证的科学，经得起任何质疑和考验。其本身独特的魅力和深邃的内涵使得它拥有无限的生命力，前景必然是光明的。但是在普及过程中，一定要注意正确引导，在面向大众普及宣传时，应该采取求同存异、开明包容、科学求是的方针，以大众能接受和理解的科普方式为主。

在中国众多清明梦爱好者的努力下，清明梦的普及一直朝着我们预期的科学、健康、实用的方向发展。2009年，百度搜索到的清明梦相关内容少得可怜。但是现在，网友们很容易在网上搜索到清明梦的详尽信息，包括科学原理、最新研究以及各种清明梦体验报告等。在大量事实面前，质疑清明梦真实性或科学性的声音也几乎不存在了。

目前，清明梦在国内已拥有一大批水平相当不错的梦控师和爱好者，大众对此领域的兴趣也日益浓厚。清明梦已经成为了一种不可忽视的文化现象。

清明梦文化普及

长期以来，对于清明梦的研究是两极分化的，一种是被当成神秘学或宗教现象，另一种是被当成单纯的科学现象，这两种领域都属于少数人的专利。在蚂蚁眼里，清明梦的定位，是一种文化现象，而且有潜力发展成为大众文化。

国外的清明梦在大众普及度方面较国内高一些，相关的书籍、音乐、电影等文化产品比较多。新时代各种资料、好莱坞大片《盗梦空间》、TED中的清明梦主题、轰动一时的雷米眼罩等，全球资讯的一体化也在一定程度上带动了中国的清明梦文化的发展。

中国梦文化源远流长，清明梦在传统文化方面的根基亦非常之深。如今也渐渐嵌入到流行文化方面。如徐公子的清明梦小说《神游》，赖声川的话剧《如梦之梦》，以及《夏洛特烦恼》《记忆大师》《你好，李焕英》等高票房电影。可以看出，清明梦相关的流行文化作品呈现越来越多、越来越普及的势头。

蚂蚁认为，清明梦的普及是一件足以改变世界，造福全人类的事业。如果清明梦得到普及，得到深入的研究和发展，梦的价值将真正被人类利用起来，必然会给全社会带来一场全新的意识革命，极大促进人类的创造力和内在潜能，推动现代文明进程的飞跃。

随着时代进步和科技的发展，清明梦作为虚拟现实的最高端，大有商业化和高科技化的趋势。一旦在知梦机等领域取得突破，清明梦也有望迅速产业化，进入到大众生活。

清明梦产业化探索

睡梦占据了一个人三分之一的生命，然而梦境市场目前却几乎是未开发的处女地，市场受众以数十亿计，可谓创新产业的一片蓝海。

清明梦自身具备成为百亿到千亿级产业的潜力，这方面的控梦市场需求有：解决睡眠顽疾、心理疗愈、创作灵感获取、顶级娱乐体验、梦境定制、自我需求实现、意识领域科研探索，等等。

如果清明梦的产业和其他产业相结合，则会激发更多新兴市场，形成万亿级的产业。这一点有点像“互联网+”的感觉，一旦一个全新的体系建成并运转起来，将会在各个层面激发出层出不穷的创新和新兴产业。特别是清明梦这种打开人类梦境潜能的全新技能，更具有无限的可能性。

产业结合

1.影视产业

清明梦内容新颖，脑洞大，无论科幻、玄幻、悬疑、心理、喜剧、穿越等都兼容，天然就是影视剧的好题材。

近年来，清明梦电影屡见不鲜，单取清明梦的某个元素就足以让人脑洞大开，如《盗梦空间》中的联机与意识植入元素；《黑客帝国》与《阿凡达》中的梦中梦身外身元素；《奇异博士》中的出体元素；《夏洛特烦恼》《你好，李焕英》中的梦境穿越元素；《记忆大师》中的控梦心理元素；《香草的天空》中的清明梦第二人生元素；《红辣椒》中的入梦侦探元素等等。

而清明梦所拓展的梦控宇宙，更是可以打造为影视产业最大的宇宙IP，超过漫威、封神等。因为梦控宇宙可以打通所有文明（不限地球），连接现实梦境（多重身份），突破空间时间（不限古今中外），容纳已知未知，可达人类想象力的极致。其包罗万象、融合万素、想象无限的特质超越任何一个已知的电影IP。

这些可不是蚂蚁的空想。蚂蚁在2016年创作了14集剧本《梦控师之番天绳》，就已经构建了梦控宇宙的雏形，该剧刚写完就被长城影视抢购了5年版权，也说明此题材深具潜力。蚂蚁还在2018年自己导演了一部电影《梦控师双鱼梦境》，实验性引入了一些梦控宇宙的基础设定。

中国电影不缺人才，也不缺题材。蚂蚁的一个心愿就是在有生之年，能有机会和优秀的影视人合作，将梦控宇宙呈现给世界。

2.文艺产业

灵感对于文学艺术产业的重要性是毋庸置疑的。灵感无需苦等，可以主动抓取，这是清明梦对于文艺界最大的贡献，这一点随着清明梦的普及将越来越凸显。

3.游戏产业

清明梦天然就是游戏之王、虚拟现实之王。在游戏或者VR产业中，如果能开发出搭配清明梦的产品，实现梦境online式体验，必然是颠覆性的升级。

4.动漫产业

控梦界，是一个充满想象力的全新的超能力世界，是童话、漫画的很好素材。蚂蚁在给小朋友讲故事时，就曾多次讲一些梦界的故事，受到小朋友的欢迎。梦控师系列完全有可能成为经典动画系列。武汉的木子岚工作室开发的二次元动漫游戏《清明梦》也是一次非常有意义的尝试。

5.精神领域产业

包括心理医疗产业、正念修行产业、潜能开发产业等，清明梦和它们可以无缝连接。

6.创新产业

清明梦的普及，将提升大众的创新能力。清明梦不但能提供各种创新点子，其“所想即所得”的功能还使得创意能直接化为产品，供发明者体验调试，大幅提升创新的效率。另外，清明梦和智能睡眠、梦境播放、脑机接口等新科技趋势结合，就是前景不可限量的创新产业。

清明梦职业

如果未来清明梦取得突破，有可能出现清明梦专职人员。

梦控师	清明梦者的统称。
梦研师	开发知梦机、游戏、联机设备等。
梦导师	清明梦方面的指导老师。
助梦师	帮助顾客做清明梦。
追梦师	以清明梦作为稳定灵感来源的追梦人。
捕梦师	替顾客找灵感的清明梦人。

续表

画梦师	画梦的清明梦人，或者清明梦动漫制作者。
卖梦师	将自己清明梦里得到的灵感或经验卖给顾客，或者在清明梦中完成顾客任务。
梦疗师	从事清明梦治疗，一般具有心理学或医学背景。
孵梦师	给顾客写剧本，帮助顾客做他想做的梦。
探梦师	从事意识领域探索的清明梦人。

一旦梦境存取或者联机在科学应用上取得成功，新的世界开启，将会创造出无数新的机遇，梦境产业甚至可能成为世界最庞大的产业，还会衍生很多全新职业。

清明梦的前景

清明梦，正是意识本质这一基础研究中的最前沿领域，这方面的突破将足以引领世界科技发展新方向。蚂蚁甚至认为："得梦境者得未来。"

人类的意识领域中，最璀璨耀眼的皇冠就是梦境。从古到今，我们对意识本质以及梦境的探索从未停歇、永不止步。蚂蚁深信，随着科技的发展，迟早有一天，人类在意识领域的探索也必然会取得突破，从而开启全新的梦境科技与文明。梦境科技将远胜过诸如5G、无人驾驶、区块链等创新，它不但会引发新一轮的科技革命和产业革命，更会带来创世界级别的社会更新，对应的是工业革命、进化论、发现新大陆、出现互联网这种层级。

这一天什么时候到来？蚂蚁不知道。目的地固然重要，但更重要的是我们在开拓、在进行、在创造、在享受、在领悟、在体会生命的意义。

蚂蚁曾经很迷惑这辈子到底能做什么，怎样活着才不至于年华虚度，郁郁终老。很庆幸，我遇到了清明梦，找到了终生喜欢的事情，利己利他，有趣也有意义。和万千梦友一道，改变世界造福人类，有梦如此，夫复何求！

走在梦的路上，胜过人间天堂。这里是梦控师，超前于时代的追梦人。

附录

新手常见问题解答

问：清明梦或者出体，有没有危险？会不会醒不过来？

答：无论是清明梦，还是出体，都是一场梦，没有危险，也不会醒不过来。

问：练习清明梦会不会影响睡眠？

答：清明梦本身不会影响睡眠，但是初学者如果急于求成、意念较重、方法冒进的话，对正常作息或睡眠多少会有一些影响。需要梦友自我调整好，先保证睡眠时间和质量。

问：哪些人不适合玩清明梦？

答：清明梦只适合精神正常的朋友，精神方面不正常的朋友不太适合。清明梦需要比较充足的睡眠，睡眠方面有障碍或者平时非常忙，睡眠时间不多的人，也不建议玩清明梦。

问：能否简单归纳下做清明梦成功的关键因素？

答：简单说，清明梦就是在梦境中激发清明梦觉知，所以，关键是三点。一、清明梦觉知。意愿越强，觉知能力越高，成功率就越高；二、梦境时间。睡眠时间越长，回笼觉越多的，成功率越高。三、对各种梦态的制造和识别能力。

问：能否简单归纳清明梦里如何延长时间？

答：时刻对状态有个判断。状态不稳时可以用手感延时等常规手段稳定状态。如果状态有崩溃的趋势，立刻下井，召唤出水并在井里下滑，刷新状态再出来。如果被踢，不要动，除非眼前出现不可逆的外界白光，否则都可以尝试掉线续传，重新入梦。

问：为什么我做的梦都记不住?

答：随着年龄的增长，对现实关注越来越多，俗事缠身，精神压力增大，想象力倒退，梦会越来越模糊而乏味，追梦者应尽量保持一颗童心，平时醒来多回忆梦境，起床后记录梦境，坚持记梦就会有所帮助。

问：我不做梦怎么办?

答：凡人都做梦，自认为不做梦的人其实只是不记得自己的梦，如何记起自己的梦，可参照前一问题。

问：做清明梦会不会导致分不清梦境和现实?

答：恰恰相反。梦里，一般人分不清梦境和现实，而梦控师能分清。现实世界里，大脑正常的情况下，无论是梦控师还是一般人，都不会把现实当成梦境；在大脑非正常的情况下，比如出现幻觉，梦控师通过验梦就能分清现实和幻觉，而一般人将很难分清现实和幻觉。

问：清明梦里的逼真程度会和现实一样吗?

答：可以达到和现实媲美的程度。有的高质量清明梦会因为太逼真了，导致梦友不由得停下来再次验梦。

问：清明梦或出体多了会不会走火入魔?

答：心中无魔，如何走火。在梦友眼里，清明梦不过是一场游戏一场梦，无需杞人忧天。

问：清明梦会不会上瘾?

答：清明梦属于意识领域，不会造成生理依赖性方面的上瘾。清明梦属于个人世界，也不会造成诸如网瘾之类的社会现象。由于个人兴趣而沉迷是有可能的，但是相比于其他兴趣爱好，难度较大，上瘾沉溺的可能性更小。

问：睡觉时有从高空掉下来的坠落感，是怎么回事？

答：这是梦体回体的过程。如果这个现象发生在刚开始的入梦阶段，说明梦体容易出体，梦友属于出体体质。如果这个现象发生在做梦的中间阶段，说明梦体容易回体，梦友属于压床体质，此时的坠落现象是一种轻度的压床，强度大一点的话，梦体被彻底拽回，就是压床了，肉体还没醒来，梦体活性丧失，导致动弹不得。

问：我为什么在清明梦里飞不起来？

答：有句话说："天使之所以能飞起来，是因为他们把自己看得很轻。"清明梦里，每个人都有飞翔之能，飞不起来的原因无外乎状态不佳或心理原因。试一试将自己看成是羽毛，召唤一阵狂风，迎风飘扬吧。

问：有的人天生就会清明梦，是怎么回事？

答：一部分人从孩童起就一直有控梦意识，即使成年了也没有丧失控梦能力，这部分就是我们戏称的"天灵根"。另有一部分人，其清明梦可能是由于神经衰弱等睡眠障碍造成的，他们的睡眠一直非常浅，半梦半醒中容易知梦，这部分人属于睡眠障碍患者。这两类人的区别是，天灵根在不想要清明梦时，清明梦就比较少；而对于睡眠障碍患者，其清明梦的发生不由自己决定。

问：进行知梦训练一两个月了，还是不能成功知梦，怎么办？

答：可能是梦感不强，或者睡得比较深。试一试多睡一些回笼觉，尽量体会一下半梦半醒的状态，加强暗示，坚持记梦，同时练习清醒入梦。

问：有的清明梦醒后感觉很累，怎么回事？

答：一般来说，质量好的清明梦，醒后会觉得神清气爽，精神更好。而质量差的清明梦，比如状态差、视线模糊、本尊感飘忽等，如果硬撑，则会耗神，醒后会觉得累。

质量差的清明梦同时也是一种健康指示，建议调整作息保证睡眠充足，平时多运动，少费神费心，保持心胸宽广，身心愉悦。

问：做清明梦是否会让大脑得不到休息？

答：首先，清明梦时间只占晚上睡觉时间里的极小部分，影响不大。

其次，从神经系统上来讲，清明梦与普通梦的区别在于复合胺和去甲肾上腺素以及大脑中流动的乙酰胆碱之间的含量变化。练习清明梦，实际上就是练习大脑对这些化学物质精确分泌的控制能力，与大脑休息关系不大。

问：身体疲劳对出体和清明梦有没有帮助？

答：对于主动的清醒入梦方法，疲劳有一定帮助。疲劳后睡觉，能够缩短进入梦态以及入梦的时间，出体信号或梦屏会比平常来得快，但是也容易睡过去。如果能控制住自己在昏沉中不丢失出体或梦屏的念头，对提高出体和梦屏的概率是有帮助的。

疲劳对梦中知梦的清明梦没有什么帮助，知梦更容易出现在精气神充足的梦里，以及已经休息得差不多的回笼觉里。

问：做清明梦会不会很累？

答：这其实是一个技术问题，可以拿游泳来类比。游泳是进入水世界，清明梦是进入梦世界，都是需要练习适应的新环境。一个不会游泳的人进入水界，必然是挣扎，初学者游个几米几十米就累得不行，而水性好的人可以轻轻松松游个几小时。道理差不多，控梦初学者也容易在梦界感到累。而对于已掌握技巧的熟练者来说，就不存在这样的问题。

问：一知梦，马上就醒，怎么办？

答：这是新手最常见的问题。梦界和水界一样，对于新手都会出现秒踢现象，有一个适应和学习的过程。前期被踢的主要原因是经验不足，情绪波动太大。所以，首先要保持情绪稳定，不能太兴奋、太紧张或者太害怕。这个需要多多体会，等经验丰富一些了，秒踢就少了。后期被踢的主要原因是技术方面，需要掌握一些常用的延时技巧，多多运用，熟能生巧，达到一定的经验值就能在梦界稳定下来了。

问：梦里的时间是不是比现实更慢？

答：要看以什么为参照。以物理时间计算，梦与现实时间是一致的，梦里的呼吸和现实的呼吸是一致的。但如果以内心感觉计算，梦和现实是不一致的，因为潜意识可以给梦友塞入各种经历和设定。跳跃式的情节、闪回式的记忆以及一念间的完成，使得梦里的时间在感觉上被拉长，如同一篇故事讲完了一段人生，外人看来是读故事的时间，而故事中的人却认为是一生的时间。

问：清明梦是不是一种浅睡眠状态？

答：不是。比如鬼压床本质就是清明梦，就处于不易醒的比较深的睡眠状态。很多人认为清明梦是浅睡眠的原因是浅睡眠特别是回笼觉中自主意识更容易抬头，所以浅睡眠中获得清明梦的几率更高。人的睡眠通常可以分为浅睡眠阶段，深度睡眠阶段和快速眼动REM睡眠阶段。实际上，清明梦主要发生在快速眼动REM期，而不是以医学定义里的浅睡眠阶段为主。

问：知梦和出体哪一个更好？

答：没有孰好孰坏之分，只有哪一个更合适，每一个人的情况不一样，有的人更容易由知梦获得清明梦，有的人更容易由出体获得清明梦。

问：如何看待出体时出现的一些生理现象？

答：出体时，经常会有震动、耳鸣等现象，有时甚至有呼吸困难、心跳加速等反应，这些反应都属于正常现象。实际上，这些反应不是来自肉体，而是来自梦体，不会影响到身体的健康，不用担心，正确的做法是放松，以便梦体更轻盈离体。

问：有时候知梦后，很快迷失清明，又坠回到普通梦，这是怎么回事？

答：主要是清明度不高的原因。灵光一闪，但是马上被情节吸引，显意识立刻被潜意识抹杀了。解决方法有：养成验梦的习惯，验梦有助于摆脱情节；知梦后大喊一声“唯我独尊”；一知梦后就提醒自己今天有什么任务。

问：清明梦里，看不见怎么办？

答：方法很简单，可以看自己的手，或者跑起来，期望看到景色，视觉很快会恢复。也可以应用开门术，摸到一扇门，认定外面是白天，开门即可。

问：如何从清明梦中醒来？

答：普遍的问题是清明梦如何才能不醒。要从清明梦中醒来，一般一个回城的意愿就可达成。如果还醒不了，就计算一下53的平方。如果这都醒不了，嗯，你可以去找你的男神女神了。

问：怎样停止做清明梦？

答：当清明梦成为一种习惯的时候，会经常获得清明梦。如果想摆脱这个习惯，不再做清明梦，也很简单，停止回笼觉，知梦率就会直线下降。接着停止一切与清明梦相关的训练，不再做清明梦，不去接触清明梦，一个月左右，习惯就会慢慢消失。但是梦友做清明梦的能力还在，只要重新训练，又可以很快获得清明梦。

论西方医学界对鬼压床的错解

导语：鬼压床不但无害，而且有极高价值，西方医学界对它的解释存在重大错误。科学平反鬼压床必将是意识领域开天辟地的贡献。希望咱们中国能打破西方权威，率先在这方面取得突破。

千古奇冤

前阵子看到一篇科普鬼压床的微博，成千上万的转发评论显示出受鬼压床困扰者众多。绝大多数人对它害怕恐惧，各种找预防心得。治疗建议都视鬼压床为不好之物，甚至洪水猛兽。

为什么一件堪称宝贝的好东西，却被人们一直深深误解，谈之色变呢？蚂蚁不禁感慨唏嘘。

鬼压床实在是太冤了！表面看，它的确讨人厌，但事实真相是：鬼压床不仅对人类无害，而且是打开新世界的大门，蕴含无尽的珍贵宝藏。大众应该了解到鬼压床的真相和价值，这一次蚂蚁希望能尽到自己的力。

究其源头，蚂蚁觉得主流学界（源自西方医学界）对此要负最大的责任。对于事物的认知，人们最信任的莫过于权威的科学解释。目前学界对鬼压床的解释中存在严重的错误，曲解了鬼压床的真相，也引导了大众对鬼压床的错误对待，更埋没了鬼压床背后蕴藏的珍贵价值。

那么，错在哪？蚂蚁凭什么来质疑科学界的权威解释？容我细细道来。

先来看几条鬼压床的科学解释。

鬼压床在医学上称作睡眠麻痹，或睡眠瘫痪，是一种较常见的睡眠现象。在鬼压床的过程中，当事人有了意识却无法动弹，往往还会感觉到一定的不适，比如头重胸闷呼吸不畅，有时候还会看到恐怖的影像，等等。

鬼压床时，当事人虽然有了自主意识，但是实际上并没有醒，仍然处于睡眠阶段，而且是通常做梦的REM（快速眼动期）阶段。

鬼压床并不是有害的疾病，对身体健康不会有什么不良影响。上面这些是对鬼压床现象的描述，以及探测到的客观事实，没有问题。再看看对鬼压床成因的主流解释："鬼压床的睡眠麻痹现象，是因为在快速眼动期中不知是什么原因，意识已清醒过来，但是肢体的肌肉仍停留在低张力状态，而造成不听意识指挥的情形。"

注意，正是上面这一条解释错了，造成千古奇冤。

今日说法

谈起鬼压床，至今仍然让蚂蚁啧啧称奇，堪称匪夷所思的千古奇案。如果说世界上真存在"完美犯罪"，那么这个案子就是史上第一完美犯罪。该案貌似简单却玄妙至极，真正做到了在所有的时间里蒙骗所有人。始作俑者至今仍然天天在我们眼皮底下活跃，大摇大摆"逍遥法外"，而被冤枉者也稀里糊涂"自认有罪"，默默扛下了千古骂名。

奇在哪？妙在哪？先让我们来看看"案发现场"，以及专家是如何断案的。

案发过程非常简单。当事人醒了，反映说："我刚才睡觉的时候，突然意识清醒了，但是怎么也动不了，鬼压床了！我拼命挣扎才醒过来，吓死宝宝了！"

这是谁干的？专家当然不会相信是鬼干的。虽然看上去不是什么复杂的大案子，但是鬼压床犯案率极高，几乎人人都遭遇过。群众的事再小也是大事，专家们不敢怠慢，精心设计了一个方案，动用了最先进的高科技仪器，全方位无死角监测当事人。果然不出所料，当鬼压床再次犯案时，专家当场就逮到"凶手"。

事情的经过是这样子：专家拿出仪器监测到的数据，"这个是你的睡眠监测数据，你可以看到这个时间段出现了清醒的脑波，这就是鬼压床发生的时刻，也就是你在睡觉时觉得自己突然意识醒了的时候。那么，你为什么动不了呢？原因很简单，你看，当鬼压床发生时，数据显示你是处于睡眠的REM期的，也就是我们医学上所说的快速眼动期，通常做梦就发生在这个时期。这个REM期有一个特点，就是我们的骨骼肌除了呼吸肌及眼肌外，都处于极低张力的状态，也就是说这个时候的肌肉除了呼吸肌和眼肌，其他肌肉都是一概指挥不动的。这是睡眠中的一种生理保护机制，可以避免我们随着梦境作出动作，而伤害到自己。所以呢，鬼压床不能动，就是这个肌肉张力低的原因。通俗点解释，就是你的意识先醒了，但是肌肉还没醒，所以动不了。等你真正醒过来，REM期到唤醒期，肌肉张力就会恢复，就可以动了，这个病其实没什么大问题的，明白了吧?”

我想任何人听到这么专业的诊断都是大写的一个“服”字吧。现如今，无论你到全世界任何一家权威医院、睡眠中心或诊所，或者请教任何一位这方面的专业人士或科普专家，你都会得到类似的解释。这也是写入教科书的官方解释。

于是，本案盖棺论定，造成鬼压床不能动的原因是肉体肌肉张力低，可称此嫌犯为“肌无力”，该犯对实施肢体麻痹一事供认不讳。本案人证物证俱在、事实清楚、逻辑清晰、现场生物信息吻合、证据链完整充分，结案，完美!

的确很完美。不过，在蚂蚁看来，这个完美的赞誉，不应该给专家，而是要给予真正的“凶手”。此人不但手法高超，没有留下任何蛛丝马迹，甚至连被冤枉者也以为自己真的有罪，堪称“完美犯罪”!

完美犯罪

蚂蚁认为，鬼压床中出现的“不听意识指挥，动不了”的现象，与肌肉张力完全无关。专家找到的凶手“肌无力”完全是代人受过的无辜者，这是一宗冤假错案。

朋友们肯定要问了，既然是完美犯罪，又怎么会被你蚂蚁识破呢?难道全世界的专家都不如你?

这个其实只是碰巧。鬼压床这个表面看起来非常简单的案子实际上已经超出了绝大多数人的认知范畴，也超出了当前睡眠科学的范畴，但是碰巧却是蚂蚁最专业的领域。

要想把这个案子讲清楚估计不容易，涉及到很多控梦专业的地方。梦控师可以听明白，但是没有相关知识的人就会费力一点，所以蚂蚁尽量讲得通俗易懂些。

本案最关键的漏洞是：案发现场搞错了!

所有人都以为当事人躺在床上是唯一的案发现场。殊不知，当时还有另一个人，在另外的某个模拟现场犯下了此宗鬼压床。由于案发现场搞错，自然现场查不到真凶的任何蛛丝马迹，所有高科技监控也必然徒劳无功。所以说，这是一场完美犯罪。

那么，那个人是谁呢？不是别人，正是当事人的另一个自己："梦中的我"。

听上去是不是有点怪怪的。其实我们每天晚上做梦时，都会同时存在两个我，一个是躺在床上睡觉的我，可简称"肉我"，一个是梦里的我，可简称"梦我"。床上那个肉我一动不动，也没有知觉。而梦我则拥有思想和五感，行踪天马行空，你永远不知道下一秒他在哪个地方。

照理说，这两个"我"是没有什么交集的。但是！凡事都有例外。鬼压床就是一个例外，它是一种我们梦控师称之为"梦态"的特殊状态（梦态在本书知梦篇里有详细介绍）。在梦态时，神奇的一幕发生了，在同一时刻，这两个"我"呈现几乎同样的状态。此时，"肉我"仍然毫无意识木头一般地躺在床上睡觉，而"梦我"居然也处于躺在床上睡觉的状态，场景和现实几乎一模一样。我们也可以理解为：此时此刻，梦境模拟得和现实一模一样（出过体的朋友看到这应该会心领神会地点点头）。

很多人可能第一次听到这样的事情，觉得很惊讶。但其实"梦态"算是比较常见的睡梦现象，比如"上学的假醒"大家估计都经历过，就是以为自己醒了，起来刷牙洗脸上学，结果后来真正醒过来时才发现刚才的醒是假的，刚才的一切是做梦。假醒的时候，就是一种梦态，当时梦里的场景模拟得就和现实一样。鬼压床实际上也是一种假醒。

看到这，我们是不是好像悟出点什么了。让我们回到鬼压床现场再看一下。

这时候，尽管床上一动不动躺着一个人，但是现在的你已经知道，事情没有表面上看起来这么简单。此时存在两个"他"，一个是现实的他，我们能够看到一具肉身躺在床上一动不动。另一个是梦中的他，也躺在床上身体一动不动，不过那是一个梦境模拟现场，我们和仪器都看不到。

现在是做选择题的时候了，这两个"他"之中，哪个"他"才是感受到鬼压床的那个本尊呢？现实与梦境，哪个才是真正的鬼压床案发现场呢？

答案是相当的明显：真正的案发现场，只可能是"梦我"所处的梦境模拟现场。

实践是检验真理的唯一标准。压床出体就是铁证。

有的朋友可能不了解什么是压床出体。它是一种鬼压床转清明梦的技巧，真的是超级简单，一看就懂。当鬼压床发生时，不要挣扎，不要理会各种症状，思想专注于我要控梦，不适症状立刻就会消失，然后放松，翻身下床，这就是压床出体！当然，你需要知道，不管场景看起来和现实多么相似，从头到尾你都还是在梦境里。

鬼压床发生时，通过简单的压床出体技巧就能将这具动不了的身体轻松调动起来，恢复自由之身，继续畅游梦界。这些充分说明，当时被指挥的那个麻痹的身体只可能是梦体，而调度此梦体摆脱麻痹状态的也只可能是梦我，发生的地点也只可能是梦境，除此之外，绝无其他可能。

另外，科学家也承认，鬼压床的时候人并没有醒。仪器监测也显示，鬼压床发生在睡眠周期中的REM（快速眼动期）阶段，REM阶段的两大特征就是眼球的快速运动和做梦。这提供了鬼压床仍然是在梦境里的科学依据。鬼压床时所谓的醒，只是意识清醒了，而梦里面意识清醒，对于我们梦控师来说是最熟悉不过了，就是清明梦。鬼压床时的脑波也符合清明梦的脑波特征，充分说明鬼压床和清明梦的性质是一样的，都是梦。

其实，所谓的“鬼压床时指挥不动身体”是一个伪现象，实际上能指挥得动的情况并不少见，小动大动都存在，小动如动眼皮、动手指、动舌头，大动如起身又被压下来等等，这也说明当时指挥的是梦体，绝不可能是肉体。因为肉体处于肌肉张力低的状态，是动不了的，而且外界观察肉身也的确是一动不动的。

听人“呱呱”永远不如自己验证，如果朋友们下次遇到鬼压床，蚂蚁建议你不要着急醒，轻轻咬一下自己的舌头，你会神奇地发现舌头像橡皮泥一样可以轻轻咬断，且毫无痛感（请放心，你是绝对安全的）。为什么我牙齿可以动而且可以咬断舌头呢？相信你又会重新找回蚂蚁这篇文章细品的。

鬼压床真正的现场是在梦境，遭遇鬼压床的是梦我，被麻痹的身体是梦体。证据不胜枚举，此处就不一一举例了。

重审申诉

总之，现在我们已经有了新的证据，有理由重新“提审”鬼压床一案，并且为可怜的背锅侠“肌无力”提出申诉了。

申诉材料如下：

蚂蚁认为，鬼压床的本质非常简单，就是梦里出现了身体动不了的事件（至于为什么会出现这个事件，蚂蚁后文会阐述）。该事件和我们在梦里感觉老往下坠、被追时跑不动、梦中知梦、假醒的梦、羞羞的梦一样，都是梦里的常见之事。所有事件都是梦境情节而已。而梦境情节主要与意识有关，和外界肌肉张力没有关系。

原判之所以发生误判，是因为鬼压床这个梦具有极大的迷惑性！潜意识模拟了一个“肢体麻痹”的梦境现场，高度拟真，感觉几乎和现实一样，梦体肉体场景高度契合。你以为你醒了，其实只是意识清醒，身体并没醒；你以为是你的肉体不听调动，其实是你梦中的身体不听调动。这一切都还是在梦中。

整个事件中，同一时刻出现了“梦体麻痹”和“肉体麻痹”现象。经调查，感受到鬼压床的是梦我，指挥不动的是梦体，出现“梦体麻痹”的梦境现场才是真正的案发现场。“肉体麻痹”是睡眠中的正常现象，不是鬼压床案件真正的案发现场，“肌无力先生”执行肉体麻痹时合法合规，此案与他无关，请求还以清白。

蚂蚁论点：鬼压床是一场梦，梦里出现了“梦体麻痹”现象（即梦中的身体动不了），这个现象的前因后果都完全是梦境内的事情，和外界肌肉张力无关。在这个问题上，科学做出了误判！

这个误判其实是非常严重的。一个错误需要无数的错误来补，导致更多的错误。所以，在实际生活中，我们可以看到很多难以自圆其说的地方。

不但专家最常用的解释“人醒了，肌肉动不了”，是错误的，以下这些常见的科普，都是错的。

睡眠瘫痪时，常会因身体出现不正常状况而大脑无法解释，加上恐惧的幻想，造成幻觉现象。

睡眠瘫痪症通常发生在刚入睡或是将醒未醒时。

睡眠瘫痪是人在睡觉时出现的一种睡眠障碍，睡眠处于半睡半醒的状况。

科学表明梦魇是人睡眠时发生一过性脑缺血引起的。

以上都错在哪里，蚂蚁就不一一解释了，展开来将是枯燥无趣的长篇大论。大家只需明白：当一个事件的基本原理出错了的话，后面基于此原理的推导以及对症措施，必然都是错的，即使对上了也是蒙的。

真凶调查

到此，案情也告一段落了。不过，还有一处悬疑没有揭晓。大家一定想知道，既然“肌无力”不是真凶，那么，真凶是谁呢？

鬼压床第一现场是在梦境，真凶必然也在梦境里，这也是本案最玄之处。要破此案，就得深入梦境调查，此事非梦控师不可。下面，蚂蚁就从梦控师的角度说一说整件事的前因后果，写一份鬼压床之梦境调查报告。

鬼压床事件真相是什么？为什么我们在睡觉中会突然醒来动弹不得呢？

睡眠时突然意识觉醒了，即出现了自主意识，也就是我们通常所称的显意识。本案例中的显意识有两个明显特征。一是出现在REM期，即做梦的时候。二是人非常清醒，说明显意识的强度很大。

做梦时突然出现了强大的显意识，会发生什么？自然是我们梦友们再熟悉不过的场面：回体。

什么是回体？回体，指的是梦境突然坍塌，一下子变成回到本地的场景，感觉就像自己一下子被梦境踢出，回归到本地睡觉的身体，梦友们形象地称此现象为“回体”。

显意识是最容易引发梦境坍塌、梦体回体的因素，堪称“血脉压制”。

如果当时睡眠较浅，当事人就会一下子真正醒来，这就是我们正常醒来的情况，回体等于真醒。

如果当时睡眠较深，那当事人就不一定会醒过来，而可以继续在睡眠状态，此时潜意识会模拟出本地梦态，即当事人将发现自己躺在床上，意识清醒，不明就里的人会以为自己醒了，而实际上只是换了个梦境。

这也就是本案例的情况：显意识强势突现，梦境瞬间崩塌，梦体回体，但是由于睡眠程度较深，当事人并没有真正醒过来，此时潜意识模拟出本地梦境。一切瞬间完成，当事人发现自己躺在床上，意识清醒，以为自己真的醒了。

此时当事人想动一下，却发现身体动不了，为什么呢？

因为此时还在梦中，当事人动的是梦体。为什么梦体动不了？这就是回体后的一个典型现象了。

一旦回体，梦体通常会处于一个“本地受限”的状态，五感、肢体自由度等都会出现一定的障碍。

实战中梦体的受限程度有深有浅，可以动的幅度也有大有小，有时是感觉不到四肢，有时是可以勉强挪动一点，有时是丝毫动弹不得，有时可以小动，或者多试几下就能动了，有时甚至能起身又压下起身又压下。（所以在鬼压床实际案例中，各种情况都有，有肢体完全指挥不动的、有能指挥头舌头眼皮等地方小动的、也有能操作肢体翻身大动的。这些现象用肌肉张力低是完全解释不了的。）

对于梦控师来说，回体可谓是控梦中最常见的现象之一，如知梦时显意识一冒头就被秒踢回体，控梦时显意识波动过大，掉线回体；梦体状态不稳，黑屏回体；清醒入梦时出不去被拉回体，等等。所以，我们梦友非常熟悉回体后的这种“受限”状态。

为什么会出现这种身体受限状态？

原因很简单，因为当事人现在是在用显意识调动梦体。在梦境系统里，梦体通常是由潜意识调动的，而显意识和梦体本就不是一个体系，没有潜意识的辅助，显意识是很难调动梦体的。我们可理解为显意识和梦体之间水土不服，显意识对梦体有抑制作用。借用一句玄幻网文的语言就是：显意识封印了梦体。

鬼压床时，显意识实在太强，梦体通常被“封印”得一点儿都动不了。

一些常见的例子就可以见识显意识（即自主意识）对梦体封印的影响。同样是躺在床上的梦态，像前面介绍的“上学的假醒”，这个过程不存在自主意识，我们和平时一样，轻轻松松直接就起床了；梦控师清醒入梦或回体时的梦态，存在一定的自主意识，则经常会发现不太自由，难以直接起身，扳床沿借力翻身那是常备手段；而有强大自主意识存在的鬼压床，就几乎动弹不得。

当事人如果越紧张越急，显意识成分就越强，就越动不了。反过来如果放松，充分利用潜意识的引导和辅助，就可迅速破解封印，让梦体动起来。封印破解后，梦体恢复自由，所有鬼压床症状都会消失，当事人甚至可以在显意识和潜意识的平衡下控制梦境。

至此，蚂蚁的“鬼压床事件之梦境独立调查”完毕。

结论：鬼压床完完全全是一起梦境内事件，显意识在梦境中突然出现让梦体活性受到抑制，导致了梦体出现肢体麻痹不受指挥的现象。该案第一现场是梦境，真凶是显意识，它直接导致了梦体麻痹。而潜意识在无意中成了帮凶，它制造的模拟现场骗过了所有人，成功将锅转移给了“肌无力”。

以上是蚂蚁的独立调查报告，仅供参考。真正要给嫌疑人定罪，还需要各方面证据。不过，既然已经锁定嫌疑人与第一现场，搜集证据就不是难事了。对此蚂蚁也有一些建议。

防止以偏概全

现在我们的临床诊断，都是基于当事人挣扎后醒来的鬼压床，而当事人没有醒的鬼压床是无法获知与诊断的。这就导致了明显的以偏概全，这也是错判的重要原因。这方面可利用本书梦境与现实实时交流的技术，让当事人在没有醒的情况下，也能告诉外界鬼压床发生了，从而得到实时诊断。

第一现场重现

梦控师可以在梦境里利用控梦中的技术重现鬼压床，也许可以在此案中帮上忙。

心理学角度取证

按照心理学的观点，所有梦境的生成物包括梦体都属于潜意识范畴。因此，从心理学角度解释，蚂蚁的报告也可认为鬼压床是潜意识受到显意识抑制和影响而形成的特殊梦境。有关显意识和潜意识的相互影响，在现代心理学中也可找到相关依据。

间接证据

如果受科技侦测手段所限，无法获得有效的第一手证据，也是可以从间接证据入手的。对于两种不同的解释，必然只有真者才能解释一切现象，而错者一定会对某些现象难以自圆其说。

惊天反转

至此，蚂蚁松了一口气，这宗天下第一完美犯罪案终于是真相大白了。纵然此案成铁案已久，但是科学永远以追求真相为第一使命，有错必改，有冤必翻。真相也许会迟到，但不会缺席！相信真凶归案与冤案昭雪也只是时间问题。

这个案子实在是太玄妙了，个中曲折引人入胜，牵涉的人物之多时空之广也是史无前例的。蚂蚁不禁展开了深深地思索：真凶的作案动机是什么呢？显意识为什么要这么做呢？看不出有任何的好处啊，难道只是无聊的恶作剧？但是当时没有想出什么头绪也就算了。2017年我在微博发了一篇平反鬼压床的文章后就没有继续追踪此案了。后来忙其他事情，办学院、写剧本、拍电影、录音乐、搞翻译、做实验、研发梦控手环、设计知梦机，很快三年一晃过去了。

2020年出版社约稿，蚂蚁才又想起鬼压床一案，再次重看此案时总觉得缺了一个东西，一个极其重要的东西。世界上没有无缘无故的梦，鬼压床这个梦到底什么意思呢？某天蚂蚁喝着茶的时候，突然灵光一闪，此刻犹如梦神附体，一切清清楚楚明明白白。蚂蚁顿时冷汗涔涔，瞠目结舌！

错了！错了！原来我错了！我们都错了！此案哪有什么凶手！此案哪是什么凶案！这分明是个恩将仇报长歌当哭的故事啊！嗟乎！要怪只能怪忘恩负义、愚昧无知的人类啊！

鬼压床根本不是什么恶作剧，显意识也不是引发鬼压床的主谋，幕后还有主使的大佬。这位大佬就是我们人体的睡眠警报机制。

鬼压床是一次紧急警报，是睡眠警报机制给我们的语言：你不能睡啦，有情况，赶紧醒过来呀！

人体的睡眠警报机制，一旦触发，其目的就只有一个：就是想让当事人醒过来。

当事人如果处于浅睡眠或者睡眠周期末段时，该机制一触发，人立刻就醒过来了。但是如果当事人处于深度睡眠不容易醒的状态，怎么办呢？那就只能进行强制唤醒了。

为了达到唤醒的目的，机制可谓是用心良苦。不但请出显意识，让当事人恢复意识清醒，这样当事人才能有主动的能力。同时还请出潜意识，在显潜的默契配合下，不但让梦体动不了，还模拟出各种被压、呼吸困难等不适症状，甚至不惜制造各种恐怖的景象，目的就是逼迫当事人主动醒过来。这就是“鬼压床”的真正成因。

这一套机制设计得妙啊！事实上也非常有效，压一个醒一个，压两个醒一双。这是谁设计的呢？古往今来，各种文明、各色人种，鬼压床的现象几乎雷同，因此可以推断出这个机制来源于我们共同的先祖。

可以想象，在远古时代，鬼压床的发生是非常频繁的。我们先祖的生存环境极为恶劣，必须时时刻刻心存警惕。而睡觉无疑是最不安全的时段，为此人体必然会进化出一套警报机制以应对各种情况。周遭的风吹草动，睡眠中不安全因素等，都会触发睡眠警报机制，达到迅速醒来，脱离危险的目的。

该机制运作的流程不难推断：人睡着后，机制自动启动，后台全程监测睡眠状况。一旦发觉潜在危险，就会评估其危险程度，一旦评估值触及警报阈值，机制就会认定当事人需要立刻中断睡眠，并启动强制唤醒措施。如果是浅睡，当事人一般就是惊醒。如果是较深阶段的睡眠，无法瞬间唤醒当事人，则以鬼压床的方式唤醒当事人。

这样的睡眠警报机制，堪称人类远祖的保护神，护佑人类作为万物之灵生存壮大。不单单是人类，蚂蚁甚至认为所有睡眠做梦的生物，都会有类似的机制，也是物种进化过程中的必然。

自从人类进入石器时代以后，睡眠时的安全条件大大好转。又经历了几十万年沧海桑田巨变，现代人在各方面与远祖早已大不一样了。睡眠警报机制用进废退，情况发生了一些变化。

现在的人类睡觉时，已经完全不存在外部威胁了。睡眠警报机制触发的时候，极少有真正的危险，往往就是一些看上去无关大碍的睡眠，人们也不再明白鬼压床原来是一种善意的提醒。

最典型的就是趴在桌子上睡觉、蒙头睡觉、手压胸口睡觉等等。时间一长，身体出现不安全感，于是给睡眠警报机制报警，从而触发鬼压床，实际上是提醒：别这样睡了，对身体不好，快醒来。

但是人们的反应是好烦，真难受，该死的鬼压床！

曾几何时，鬼压床是护佑人类进化和发展的保护神。但是，时过境迁，几十万年后的现代人睡得又好又香又安全，完全不理解鬼压床的作用了。相反，人们对其厌恶至极，给它取的名字：“鬼压床”“梦魇”“睡眠瘫痪症”。

昔日的保护神，成了众人眼里的魔。

忠诚尽职的守夜吹哨人，成了众人眼里的凶手。

蚂蚁本来只是想纠正科学界的错误，还鬼压床真相。结果却发现真相背后还有真相，鬼压床不但是梦体麻痹，更是人体的一种保护机制。科学界固然错得更离谱，我们也不是无辜的吃瓜群众。这个事件中，是全人类共同犯下了恩将仇报的错，你我都是忘恩负义的一份子，都是帮凶。这一切当真是始料不及，不管多优秀的编剧，哪怕是阿加莎重生也断然编不出这样的故事，这样的反转，这样的结局。

然而，你以为这就结束了吗？远远没有，这还只是故事的开始，接下来鬼压床必然还会掀起更大的惊天传奇。请看下节：一朵乌云。

一朵乌云

一百多年前，科学家们自以为物理学的研究已经达到完美，可以解释一切物理现象时，却被两朵小小的乌云打脸。这两朵乌云催生出现代物理学的两大支柱——相对论和量子力学，将人类带入到华丽的量子时代，世界瞬间翻天覆地。

当科学越发达，越以为完美的时候，上空出现的乌云就越不寻常。鬼压床就是漂浮在当今意识科学领域的一朵乌云，这朵乌云也必将带来翻天覆地的狂风暴雨，替人类开启一片新的科学领域，这个领域就是全新的梦境科学。

当前科学之所以误判鬼压床，不是偶然的，而是有其必然性。好比19世纪的物理学家无法正确解释量子力学的现象。我们当代的科学家也没有能力正确解释鬼压床。

因为鬼压床是梦境中发生的特定事件，属于梦境科学。我们没有任何仪器能检测梦体，能验证梦境内容。不光是无法检测，整个科学界基本上连梦体、梦态等概念都没有。梦境科学从理论到仪器，整个体系是完全空白的。对于梦的研究，我们有心理学专家、精神分析学专家、梦文化研究专家、睡眠科学专家。但是，我们没有梦境科学专家。

人类的世界有两个宇宙，一个是对外的自然宇宙，一个是对内的意识宇宙。当前我们的科技已经遍及星辰大海，在自然宇宙方面取得卓越成果，但对意识宇宙的研究却仍然处于原始落后的阶段。特别是意识宇宙里最为神奇璀璨的梦境宇宙，我们基本是处于找不到门的阶段。

最大的瓶颈在于：我们无法找到梦境宇宙的数学模型。

数学是一切科学的基础。任何研究对象，只有在建立起对应的数学模型的基础上，才能进行科学研究和分析，才能发展。

当前我们对梦境的研究，所收集到的数据是一堆生理数据，最典型的就是脑电波。如果能将这些数据和梦境内容对应起来，建立起有效的数学模型，就可以说找到梦境宇宙的门了，后面的征途必将一日千里。可惜的是，我们离真正的大门还隔着十万八千里。

建立起有效的数学模型，是什么意思呢？打个简单的比方，如果我们从做梦者的一段脑电波就能正确推断出他当时做梦的内容，就表示我们有了一个有效的数学模型，就可以通过脑电波来研究梦境世界了。从此，别说是梦境播放、梦境储存、梦境输入输出了，就连梦境联机都只是时间问题。历史车轮滚滚向前，人类将毫无悬念地迈入梦境文明。

尽管当前也有一些意识解码编码的前沿研究，但是很显然，目前科技手段采集到的脑电波等数据还是无法对应到梦境内容的。其中有一个简单的原因，梦境和现实是隔绝的，双方信息不通。梦境如同一个黑盒子，外界根本无法看到梦境内容。而当事人醒了以后的梦境描述，有各种内容缺失、时间混乱、记忆不精准的问题，无法作为客观有效的科学数据。

直奔主题。蚂蚁认为：鬼压床可成为打开梦境宇宙大门的敲门砖。

鬼压床这朵乌云可以让科学界发现当前研究存在基础性的错误，此乌云一旦被关注，必然会催生全新的梦境科学。

鬼压床发生率高，现象普遍，是梦境科学中的最典型的临床现象，适合研究与采集数据。

最关键一点，鬼压床和清明梦关系密切。而清明梦，可以帮助解决上面的提到的数据模型瓶颈问题，打开梦境科学大门。

鬼压床不但可以轻松转清明梦，还可以帮助科学家了解人体睡眠警报机制，该机制的唤醒原理一旦弄清楚，有极大可能降低普通人获得清明梦的门槛。所以说，鬼压床和清明梦可谓天生最佳拍档。

清明梦又是如何能够帮助建立意识世界的数学模型呢？

仍然拿刚才的脑电波为例。我们无法知道一段脑电波对应的什么梦境内容，重要原因是梦境和现实是隔绝的，梦境如同黑盒子。不过，如果我们能够将黑盒子变成灰盒子或者白盒子，将梦境的一些内容实时呈现给外界，实现梦境和现实的实时交流呢？那是不是就可以将脑电波和梦境内容一一对应了，是不是就可以据此找出特征数据，从而建立有效的数据模型了呢？

是的！实现梦境和现实的实时交流，你没有听错。实际上，对于每一个梦控师，都可以在清明梦中做到，详情可以参考本书所附的蚂蚁2016年和科研人员合作的这个实验：实现梦里向梦外传递实时信息。

简单说，外界在收取梦控师的脑电波时，也可以同步收取到梦控师在梦里发出的内容信息，该信息将以呼吸摩尔斯电码的方式同步记录下来。比如说，这段脑电波代表我在梦里飞等等。

2019年，蚂蚁团队还做了梦里梦外双向交流的实验，也就是说外界也可以传递信息给梦里的梦控师，同时梦控师对此信息做出回复。这些都可以通过实验实时完成。

记住：每一位鬼压床能力者，都是天赋的梦控师。每一位梦控师，都是未来科学界的特殊人才。

压床是宝

最后，蚂蚁想呼吁科学界为鬼压床正名。

鬼压床的确会带来一个不舒服的睡眠体验，加上这个妖魔化的名字，已经让人本能地厌恶。但是，鬼压床本质上是为了当事人好，是一个善意提醒的梦，并不会对人造成任何伤害。而且，通过简单的技巧，几秒内就可以化解所有的不适，转为轻松愉快人人喜爱的清明梦。

根据现在的解释，鬼压床被认为是一种睡眠障碍，是身体某个地方出了问题，是生理上的异常，是某种疾病，严重了要上医院治。

绝大多数医院对鬼压床和清明梦的真正原理一无所知，按教科书依葫芦画瓢治疗。有将梦震当成癫痫现象治疗的（鬼压床容易出现梦震等出体信号），有开抗抑郁药物治疗的（实际上是对正常的睡眠周期进行干扰，抑制REM期），等等。

实际上，鬼压床根本不需要任何治疗，只需要一点点的知识。如果你在生活中确实有鬼压床的困扰，那么，恭喜你，你的鬼压床现在就已经治好了，什么食疗、药疗、医疗、心疗都不用了，真的是“一文治好鬼压床!”因为后续的发展基本上就是套路了。

下次遇到鬼压床时，你已经有了以上的知识就不会太害怕，你可尝试书里的方法，只要试过一次鬼压床转控梦，就会感受到控梦带来的巨大震撼和愉快。从此后，你会从害怕压床变成渴望压床。

然而，从害怕到渴望，你的心理发生了巨大的逆转（其实都不需要真正控梦，只要看完本文后对鬼压床有点小期待，心理逆转就已经生成了），这种心理逆转将直接导致鬼压床再难出现，彻底根治。因为鬼压床就是越怕越压，不怕则少压，越想就越没有。

蚂蚁与梦控师书院的师生们，这些年帮助过很多鬼压床者，包括不少重症者。当他们了解了这些相关知识后，鬼压床就不再是任何问题了，相反成了进入控梦乐园的跳板。而且，鬼压床是一种潜意识和显意识并存的状态，是非常难得的天才态，利用好的话可以大幅提升灵感和创造力，帮助到现实生活。不过，因为心理逆转，他们中的大部分人现在已经遗憾地失去了鬼压床的能力。

所以说，如何预防鬼压床？调整作息？舒缓压力？床头放经书？……哪有这些个必要。当恐惧变成快乐，讨厌变成喜欢，困扰成为眷顾，你还需要预防它吗？

鬼压床：人类远祖的守护神、忠实尽职的的吹哨人、现实版《盗梦空间》的入口、超凡天才态、梦境科学的敲门砖、可改写人类发展史的宝藏。

如此珍贵的天赐之物！然而一直以来被视为洪水猛兽，真的太惨了！太冤了！真心希望有一天，世上不再有“鬼压床患者”的称呼，而是压床能力者、压床天赋者等。如此，人间正道是沧桑！

后记

其实，目前主流学界对鬼压床的错误解释源自西方，咱们中国科学界没有必要跟着背锅。相反，这是一次超越西方的机会。谁能先一步突破梦境科学，谁就能成为意识研究领域的科技领先强国。本文抛砖引玉，愿与天下有识之士共交流！

鬼压床是一个世界性的问题，特别是众多青少年的困扰，如果本文的知识能解决这个千古困扰，帮助到更多人，也是件功德无量之事。

附：蚂蚁版鬼压床答疑

为什么会发生鬼压床？

人睡着后，体内睡眠警报机制自动启动，后台全程监测睡眠状况。一旦发觉潜在危险，就会评估其危险程度，一旦评估值触及警报阈值，机制就会认定当事人需要立刻中断睡眠，将启动强制唤醒措施。如果是浅睡，当事人一般就是惊醒。如果是较深阶段的睡眠，无法一下弄醒当事人，就会以鬼压床的方式唤醒当事人。

为什么鬼压床会有醒了动不了、被压感、呼吸不畅、恐怖景象等症状？

所有这一切都是睡眠警报机制为了唤醒当事人所用的绝招。它请出显意识，让当事人恢复意识清醒，这样当事人才能有主动的能力，并且显意识对梦体有抑制作用，导致梦体麻痹动不了，这样就防止了当事人继续梦境。同时它还请出潜意识，模拟出被压、呼吸困难等不适症状，甚至不惜制造各种恐怖的景象，目的就是逼迫当事人主动醒过来。

为什么有的人天生就容易鬼压床？

如果该人的睡眠警报机制阈值比较低，就更容易鬼压床。这也是一种基因属性，存在遗传现象。

鬼压床受哪些因素影响？

鬼压床是睡眠警报机制在遇到超出警报阈值时所发出的应答。

影响鬼压床的主要因素有三个：

1.睡眠警报机制运作能力。机制运作能力越强，越容易鬼压床。

2.潜在危险。潜在的危险系数越高，越容易鬼压床。

3.警报阈值。警报阈值越低，越容易鬼压床。

睡眠警报机制运作加强，主要表现为加强了警觉度，鬼压床几率更高。让人潜意识里警觉度提高的睡眠环境。如换新地方睡觉、白天睡觉、睡觉处过于安静偏僻、某些让人心里产生不安的环境，等等。

睡前思绪太活跃，大脑兴奋，用脑过度或者喝了咖啡、浓茶等提神物，导致警觉度提升。某些诱导鬼压床的药物，也会导致警觉度提升。

以下潜在危险出现时，都可能会送报给警报机制，危险系数越高者，越容易鬼压床。

本身有睡眠问题，或者心理生理相关疾病，导致睡眠质量差。比如经常睡不好，做浑浑噩噩、杂乱无章的梦，口干舌燥、身乏脑累的噩梦。

生活压力大，作息不规律，睡眠紊乱，熬夜失眠焦虑，经常噩梦，导致睡眠质量差。

不正常睡觉或睡姿不好，睡觉不脱衣袜、蒙被子、手压胸口等，会导致身体报警。

某些诱导鬼压床的药物，实际上是在制造潜在危险。

警报阈值低，鬼压床几率更高。家族或基因原因，导致的阈值偏低，就是常说的压床体质。

机制和潜意识是高度保持沟通的。潜意识越怕越担心、越觉得不安全，就等于通知机制调低阈值以防不测。相反，越不担心甚至盼望的时候，等于告诉机制我很安全不用担心，相当于调高了阈值。

为什么鬼压床多发于年轻人？

年轻人的睡眠警报机制运作能力更强，蚂蚁估计与梦体活性高有关，因此，年轻人也更容易鬼压床。随着梦体活性降低，人体睡眠警报机制也会逐步减弱，例如很多老年人会在睡梦中逝世，最大可能的原因就是警报机制失灵了，以致于当危险出现时无法当场处理。

为什么枕头下放剪刀、佛像、符咒等方法，对有的人有用，有的人没用？

有的人属于暗示体质，潜意识容易受暗示影响，潜意识会通知机制“我已经用了好方法，我很安全”，于是机制将阈值提高了。但是有的人对暗示不敏感，就没什么用。

鬼压床时，为什么有人可以看到现实周遭的影像，听到现实的声音？

鬼压床时，肉身的眼皮一直是闭着的，要能看到现实，那就是特异功能了。看到的其实是潜意识对现实的模拟梦境，醒了后一对比细节，就会发现还是不一样的。而听到现实的声音则是可能的，因为梦里本来就有可能听到现实的声音，比如睡着的人接梦话，控梦领域的“视梦听实”现象等等。很少数鬼压床是可以真正听到外界声音的，但是绝大多数都是不可以的。

鬼压床时，为什么有时候会有电流声、过电感、嗡嗡耳鸣、震动等现象？

医学界对这些现象是难以解释的，但是梦控师对这些现象非常清楚。这是典型的出体信号，通常是由显意识的出现造成梦体自发调整所致。

鬼压床真的不是灵异现象吗？

举两个例子就能说明了。1.一旦试过控梦，再严重的鬼压床都会绝迹。2.以前西方人鬼压床时见到的多是鬼怪，但是自从20世纪飞碟热后，鬼少了，外星人多了。

鬼压床真的没事吗？呼吸困难不会窒息吗？

放心，真的没事，呼吸困难是个假象。现在的医学界也承认，鬼压床并不是有害的疾病，对身体健康不会带来不良影响。

如何应对鬼压床？如何预防鬼压床？

一朝清明梦，爱上鬼压床！鬼鬼不再来，且压且珍惜！

证明清明梦以及从梦境传递出摩尔斯电码的科学实验

实 验 人：王可（追梦蚂蚁）

实验时间：2016年1月13日~2016年1月14日

2016年3月15日~2016年3月20日

合作单位：西京医院神经外科程光教授，西京医院神经内科睡眠中心

导　联：脑电（中央、枕导）、眼动电极、下颏肌电、心电、呼吸监测（口鼻气流FLOW breaths/min、胸式CHEST、腹式呼吸ABD）。

实验目的

1. 以控制呼吸的方式，证明清醒梦的存在。
2. 证明人在梦里的呼吸和现实的呼吸是一致的。
3. 证明人类可以从梦中传递具体的信息到外界。

实验方法

实验者将以清醒梦的方式，在睡眠的REM期，控制呼吸，发出预先设计的呼吸信号，信号形式为呼吸频率“三短三长三短”（模拟摩尔斯电码SOS信号），发出信号后，实验者将控制自己醒来并按下事件按钮以表示此为一次主动操作。

实验报告

结论：

主要测试：受试者于睡眠REM期，FLOW breaths/min、CHEST和ABD均接收到了受试者发出的呼吸频率特征性信号（SOS）。

受试者于2016年1月14日、2016年3月16日、2016年3月20日均由REM期自主控制呼吸频率“三短三长三短”后主动清醒，并按下事件按钮（以下图一至图四）。

附加测试：受试者于2016年3月16日、2016年3月18日于睡眠REM期自主屏息，并控制自己醒来按下事件按钮（图五、图六）。

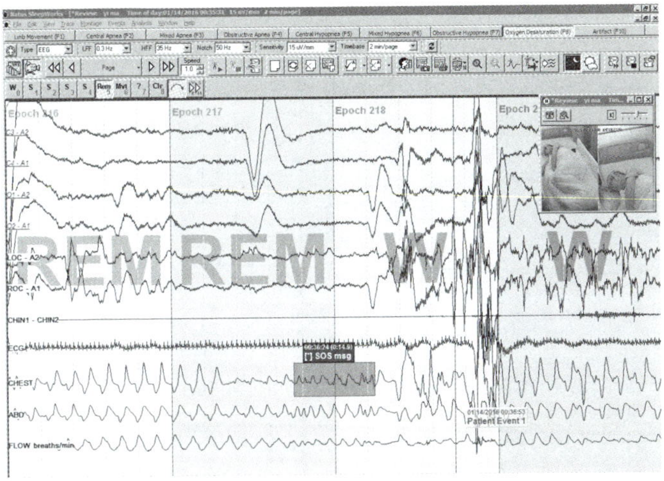

图一：2分钟一帧，2016年1月14日00:25:31秒进入REM期后于00:36:24秒自主发出呼吸频率“三短三长三短”（模拟摩尔斯电码SOS信号），经过5秒后自行转醒，按下事件按钮。

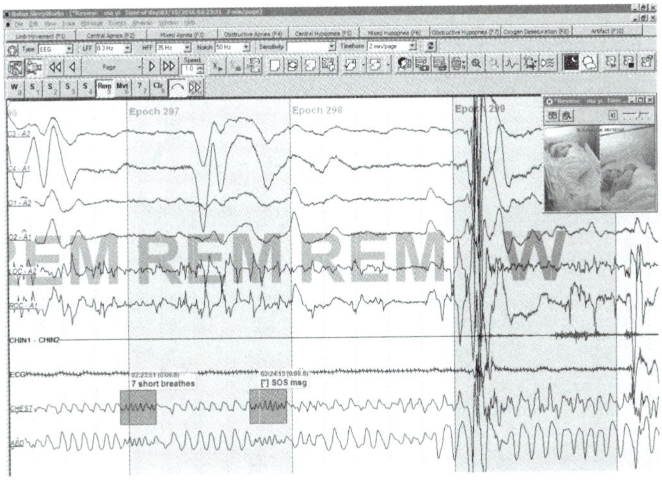

图二：2分钟一帧，2016年3月16日02:18:53秒进入REM期后于02:23:51至02:24:15秒自主

发出2次呼吸频率，分别为连续7次短呼吸及“三短三长三短”（摩尔斯电码SOS信号），经过34秒后自行转醒，按下事件按钮。

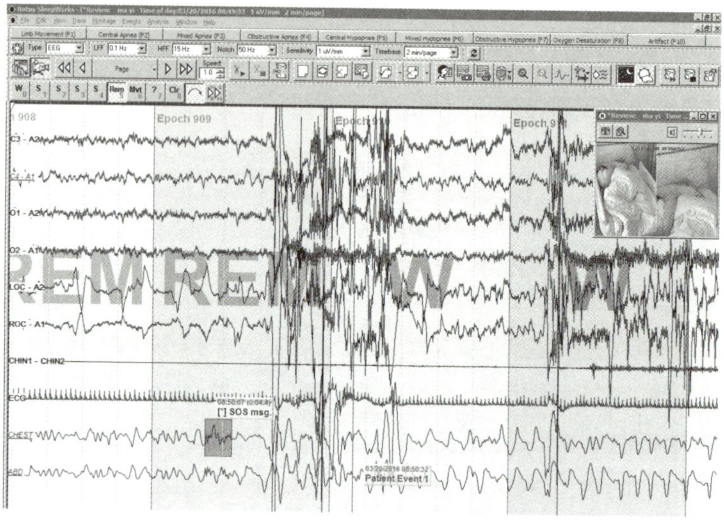

图三：2分钟一帧，2016年3月20日08:47:58秒进入REM期后于08:50:07秒自主发出呼吸频率“三短三长三短”（模拟摩尔斯电码SOS信号），经过7秒后自行转醒，按下事件按钮。

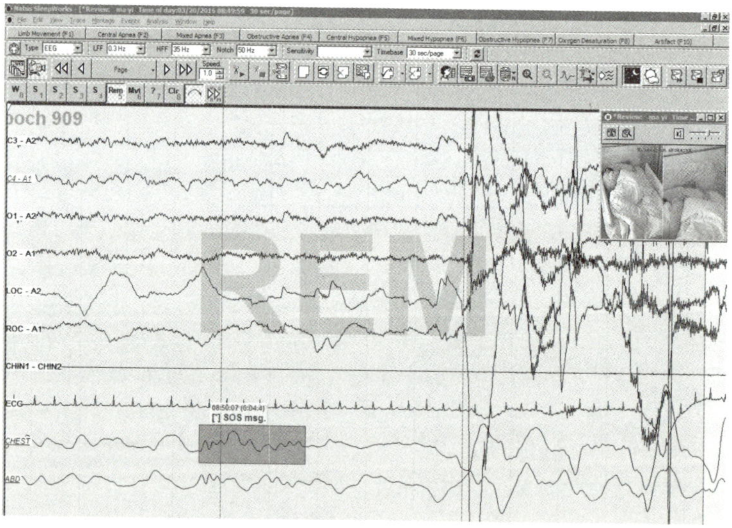

图四：30秒一帧，2016年3月20日08:47:58秒进入REM期后于08:50:07秒自主发出呼吸频率“三短三长三短”（模拟摩尔斯电码SOS信号），经过7秒后自行转醒，按下事件按钮。

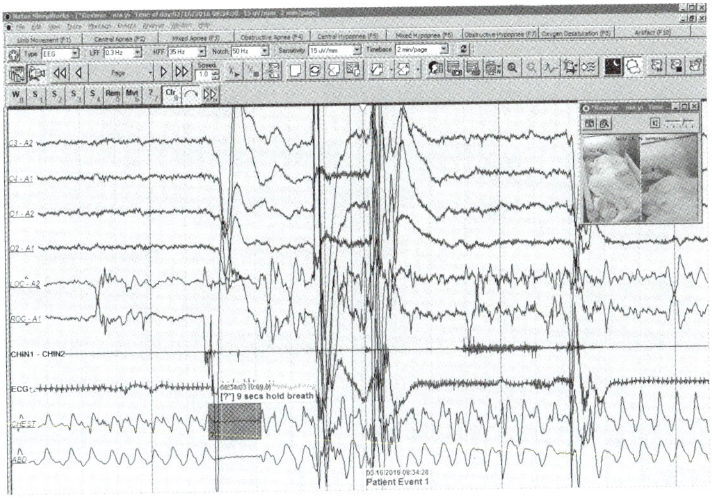

图五：90秒一帧，2016年3月16日08:24:01秒进入REM期后于08:34:03秒自主屏息9秒，经过8秒后自行转醒，按下事件按钮。受试者醒后叙述在梦中屏息数数，从1数到了15。

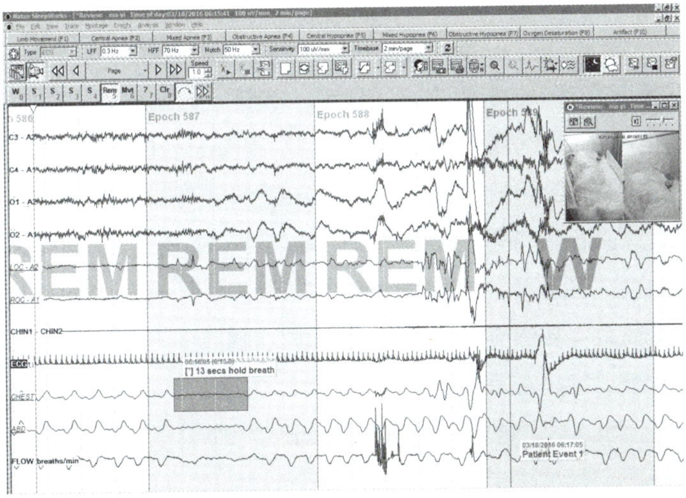

图六：2分钟一帧，2016年3月18日06:13:31秒进入REM期后于06:16:05秒自主屏息13秒，经过40秒后自行转醒，按下事件按钮。

报告人：袁娜　　报告时间：3/25/2016

西京医院神经内科癫痫电生理检测中心电话：029-84771377

中国知梦机研发与探索

知梦机背景

知梦机，也称为控梦仪，即辅助做梦者获得清醒梦的设备，也是未来有可能普及全世界的一种颠覆性科技。

知梦机的原理为："外界信号影响梦境，制造知梦扳机"。简单说，就是通过现实中外界的信号刺激，影响做梦者的梦境，使得梦境中出现某些预定的场景（即预定扳机）。如果这些预定扳机被做梦者识别出，做梦者就可由此意识到自己是在做梦，从而获得清醒梦。

从20世纪80年代早期，由英国赫尔大学的Keith Hearne博士设计的第一款知梦机"Dream Machine"开始，知梦机就一直属于科技前沿的研发热点。国际上研发团队很多，其中不乏来自麻省理工、哈佛、斯坦福等大学的顶尖团队。几十年来，相关的知梦机商业产品层出不穷，如DreamLight、NovaDreamer、SmartLucider、REM-Dreamer、Remee、Neuroon、Aurora、iBand、Instadreamer、Dormio等等。不过，到目前为止，上述的知梦机都没能达到用户认可的有效性，甚至可以说基本上都是失败的。

为什么都失败？我们梳理一下知梦机的原理就清楚了。

原理分析

知梦机的流程是：外界信号进入梦境，生成预定的梦中扳机。首先我们了解一下信号与扳机的关系。

信号是现实中我们施加在做梦者身上的刺激，比如光线照射眼部，耳边播放音频、开启电疗刺激皮肤等等。信号进入梦境后所生成的对应的预定场景就是扳机。该扳机可分为梦体扳机与梦境扳机。

梦体扳机指的是出现在梦体上的预定场景或现象。其对应的输入信号可称为梦体信号。

梦境扳机指的是出现在梦境部分，即出现于梦境周围环境或氛围的预定场景与现象。其对应的输入信号可称为梦境信号。

以呼吸、电刺激、声音、灯光、震动等外界信号为例。信号对应的扳机如下：

梦体扳机

呼吸：梦体感到憋气，呼吸不畅。

电刺激：梦体或当前事物出现明显与电或电刺激部位有关的元素。

震动：梦体出现震动现象。

梦境扳机

声音：梦境里出现和外界对应的声音。

灯光：梦境里出现和外界对应的光效应。

震动：梦境里物体或场景出现震动现象。

一个信号要想成为容易被梦主识别的有效扳机，需要过三个难关。

第一关："信号入梦"关。

第二关："潜导圆梦"关。

第三关："咖啡效应"关。

信号入梦关

外界信号入梦，通常被认为难度是比较大的。有一种普遍的观点，认为人体在睡眠阶段对外界有强大的屏蔽作用，所以信号进不去。蚂蚁认为，在无梦的阶段，的确是这样，信号无人处理，最多只能中断睡眠。但是在有梦的阶段，潜意识已经值班了，情况是不一样的。

潜意识的强大远超我们想象，不但包含从小到大的记忆库、心理活动，连身体内部运行状况以及外部近身环境也都在他的监控感知范围内。所以，外界输入信号，只要在做梦阶段经过人体系统，蚂蚁认为都会传递给潜意识，成为潜意识导演造梦的素材。

但是，如此海量的素材中，潜导造梦会不会用上知梦机输入的信号素材呢？那就不一定了。如果梦境里没有用上信号素材，或者用上了却没有任何存在感，那么信号入梦这一关就是失败的。

所以，我们首先要保证信号能被潜导一定程度用上，成为梦境里的元素，达到真正的信号入梦。

信号能否入梦？入梦到什么程度？取决于很多因素。信号属性、信号强度、频率、刺激度、睡眠阶段、梦体活性、睡前暗示、身体敏感度、素材优先级别、潜导偏好等都可以造成影响。

比如：

梦体信号比梦境信号更容易入梦；

高频高强度信号比低频低强度信号更容易入梦；

浅睡阶段比深睡阶段更容易信号入梦；

睡前做过暗示的信号比没做过暗示的更容易入梦；

对身体生理刺激更大更持续的信号更容易入梦；

所以，知梦机的第一个要求，信号要能够稳定入梦。

潜导圆梦关

信号过了第一关后，就成为造梦的素材，潜意识会怎么处理它，直接关系到预期的扳机会不会出现。

作为梦境这场大戏的导演，潜意识擅长意识流，其处理素材的方法，叫作“圆梦大法”。原始输入素材经过乔装打扮、改头换面、扭曲影射、自圆其说等意识流改编加工，结果可能面目全非，此乃梦境之常态。

如果信号经过圆梦大法后，呈现结果与原来的信号形式基本上差不多，我们将这种输出结果称为“原形”。

如果信号经过圆梦大法后，呈现结果与原来的信号形式差异较大，我们将这种输出结果称为“变形”。

举例说明（本文例子皆来自实战真实案例）：

比如光信号在梦中常见的输出

●远方有一个光源，一闪一闪的，这是原形；

●天上繁星点点，这是变形；

●玩耍时，天色变亮了，这是变形；

●突然梦境里全变红，这是原形，

又比如电信号（贴脚上）在梦中的输出；

●一脚踢响一个鞭炮，这是变形；

●翩翩起舞，舞步带光，这是变形；

●脚趾突然像被电一样麻麻的，这是原形；

●和别人拥抱时发现他带电，这是变形；

●梦里不停地跑，各种飞檐走壁，这是变形。

经过“圆梦大法”，信号会成为原形还是变形？也是有一定规律的，和信号源有很大关系，比如电信号贴头部原形多，贴四肢部变形多；光信号变形多于原形；声音信号原形多于变形，热信号主要是原形，呼吸信号基本是原形。也和潜意识有关，潜意识越有时间处理、潜意识越用功，圆梦大法就越强，变形就越多。比如情节越丰富的梦，变形越多。而到了潜意识要收工的浅梦阶段，则原形的几率大为增加。

不管是“原形”，还是“变形”，需要被做梦者识别出来，才算是有效扳机。原形更接近预定扳机，比较稳定。变形则千变万化，而且容易融在潜意识的情节里瞒天过海。所以通常原形比变形容易识别得多。

另外，扳机的识别还涉及扳机的提示度，也就是引起做梦者注意的程度。扳机的提示度自然是越高越好，这方面梦体信号比梦境信号表现强得多。

梦境信号，比如声音和光线信号，被“圆梦”后，无论原形还是变形，大多会成为背景墙，混在梦境其他的声音和光线中，对当前情节影响不大，很难让做梦者感觉到有什么异常。做梦者的注意力焦点通常集中在当下处理的事物或情节上，容易忽略作为背景环境的声音或光线。除非信号能一下吸引到做梦者的注意力，比如上面举例的梦境突然变红之类的（这种概率较小，一般是在临醒阶段，容易致醒）。通常，梦境信号经过“圆梦大法”后提示度低，较难被识别到。

梦体信号，无论变形还是原形，大多会直接作用于梦体（即梦中自己的身体）上。比如梦里会出现身体部位电击感、发麻、震动、痛感、憋气等现象。提示度较高，比较容易被做梦者注意到识别到。

所以，知梦机的第二个要求，最好是以原形入梦的梦体信号。

咖啡效应关

清醒梦练习中有一种常见现象：梦友开始用某种新方法时，发现效果很好，但是过一段时间又发现没什么效果了，此现象称为咖啡效应。

知梦机使用的信号也可能存在咖啡效应，比如电信号，同样的电刺激同一部位用过一阵子后，用户发现要越来越大的强度才能入梦。这或许与潜意识适应后，对信号的重视程度和处理意愿下降有关。导致信号入梦的第一关的难度加大。

所以，知梦机的第三个要求：咖啡效应越少要好。

梳理完三关以后，再回头看市面上大多数的知梦机。他们主要用光、声、气味等的梦境信号，集中于传统的眼罩、头带等设备，目的以制造“梦境扳机”为主。一来这些梦境信号较难入梦，二来即使入梦，制造出的梦境扳机提示度也比较低，容易变形且融入情节，大多数情况难以被梦主识别，根本无法保证稳定的有效性。失败也就是必然了。

国产研发

知梦机在中国的正式研发起步比较晚，主要的研发团队是追梦蚂蚁主导的梦控师学院团队。自成立开始，梦控师团队就一直以研发有效的知梦机为首要科研任务。

蚂蚁认为，知梦机的研发突破的关键是：找到以原形入梦的梦体信号。

梦界一号

2016年，蚂蚁与梦控师团队开始了与西京医院睡眠中心合作清醒梦方面的科研实验。同年完成了“梦境向现实单向传递信息”的实验，2019年又进一步进行了“现实与梦境双向实时交互传递信息”的实验。这次实验的同时也开展了各种外界信号入梦测试，为国产知梦机的研发做准备。

团队测试了“声、光、电、震、呼吸、味、嗅、热、冷、风、雨雾、松紧、针灸”等外界刺激信号，我们的目标很明确：希望能找到一种信号能够稳定创造出以原形出现的梦体异常扳机。

根据取得的第一手数据，我们初步判断，“呼吸信号、电信号、热信号、针灸”这几个是最有可能符合要求的候选信号。

研发的第一个重点放在了呼吸信号上。我们的依据是：人在梦境中的呼吸与现实的呼吸是一致的，当我们在现实中对做梦者做憋气处理时，他在梦里也会同步感到憋气或呼吸不畅，这是一种提示度很高的原形梦体异常扳机，做梦者可以因此知梦。

在睡眠中心的实测中，呼吸信号也的确是当时众多测试信号中成功案例最多的信号，其次是电信号。

2021年，梦控师学院推出了第一代知梦机：梦界一号。梦界一号有两款产品，一个是梦尊款，一个是梦侠款。梦尊款有声、光、电、震、呼吸五种信号，梦侠款有声光电震四种信号。

投入市场后，发现了问题。梦界一号的呼吸信号需要佩戴在头上，覆盖口鼻，对睡眠干扰比较大，而且对设备的气密性要求特别高，总的来说，很难使用，对用户不友好。

而电信号方面，梦界一号采用的是电疗模式，只有在头部敏感区域比如额头，该模式的电刺激信号才能更稳定地产生原形入梦信号，但是用户普遍不愿意将信号用于头部敏感区域，所以也达不到预期效果。

尽管我们发现，梦界一号在制造“梦态扳机”上面有奇效，可以大幅提升出体成功率，但是这需要用户有出体方面的知识和技术，同时在一定程度上干扰睡眠，所以不适用于入门新手。

简而言之，梦界一号作为普及型知梦机，不及预期。

梦神一号

真正的突破来自“热信号”。可以说是清醒梦领域从0到1的突破，称得上划时代的意义。

从2019年起，热信号就一直在断断续续的测试中，虽然偶有成功，但是更多是失败，找不到稳定的模式。一两年下来都没有什么好的测试效果，通常过了这么久没效果就会放弃，转到下一种信号的测试。这也是为什么国际上这么多优秀的研发团队迄今开发不出有效的知梦机的重要原因，好比前面有很多条路，每条路又有很多的分岔，你不知道这些路会不会通向目的地，也不知道每条路有多长有多少分岔，于是只能是挑一条路先走走，感觉没什么戏就换一条路。如果这样仍能顺利到达目的地，不仅需要坚持与判断，多少还需要幸运女神的眷顾。

对于热信号，蚂蚁一直没有放弃。因为第一次成功的那个梦实在是印象太深刻了。

当时我用的是PTC发热片贴脚底测试的，有一个梦里，我和几个朋友在一个市镇广场上聊天，突然脚底发烫，烫得我直接跳了起来，抱着脚狂跳不止，后面实在太烫而烫醒了。

这个梦让蚂蚁认定温度是一定可以原形入梦的，目前的失败更多是因为测试条件问题。也就是说，温度这条路是可以通向目的地的，只不过前面很多岔路口，我们需要一个个去试。

接下来的过程很烦琐但是还算幸运。简而言之，我们终于在2022年找到了合适的发热材料，在2023年初找到了有效的组合：发热灯芯、温控系统、肢体受热点，当这几个要素配合得当时，取得了稳定高效的测试数据，而且没有咖啡效应，其效果甚至超出了我们的预期。

2023年的测试结果为：

经常性一周内5天以上的信号知梦。

经常性一晚3次以上的信号知梦。

举两个实战的测试例子：

2023年4月7日

定时模式，先是20m-57-5s，信号源贴左臂。回笼觉启动，有一次信号原形入梦很快振出，于是调小一度，设为20m-56-5s，没想到1度温差还挺有区别，效果明显。

8:20，原形实信梦中态。梦里民国情节，救了一被绑架的女子，她朋友感谢我，我说你们认错人了，因为按情节应该是另外一个人救，故事不多表，此时手臂出现信号，状态比较稳定。我依照计划不再原地等待醒来核对，而是找了个水摊跳水入井，划水下行，感觉信号已过，摸了一下左臂，有一个植入设备植入到肌肉中，接下来常规控梦不表。10:57，原形实信梦中态，梦里是一个搞笑好玩的破案情节，我和老白走在暗巷时出现信号，扳指hold住，信号起势不大，以为消了的时候又起了一波，这波较强，把我打到假醒。

2023年4月8日

定时模式，先是20m-55.5-2s，其他与昨天一样。这次有点累，所以睡觉比平时更沉，通常这种情况清醒梦几率会低些。信号入梦好像也有这样的规律，这次也是到了休息的差不多后信号才入梦。

12:21，原形实信梦中态。梦里和几个人座谈讨论一个清宫剧，此时左臂信号来了，比较明显，但是强度不大，信号持续时间也不长，也就震不出我，我扳指，然后对那几个人说等我一会，我先飞几圈做个任务，于是就绕着院长飞了一阵，接下来正常控梦不表。

注：现实中，信号流程走一遍感觉强度也不大，甚至到不了中级烫感，再一次证明信号输入不需要太大强度（感到烫感之间就可以），更重要似乎是睡梦的状态，某个时段似乎对外界信号有更高的接受度。而每晚似乎也大概率都有几次如此的时段。

2023年夏，梦控师团队正式向市场推出梦神一号，也叫火蚁控梦仪（HotLD），简称“火蚁”，它是世界上第一台真正能实现信号原形入梦的知梦机。只要用户有正常的梦境，设置得当的火蚁就可以实现稳定高效的信号输入和识别，梦主将在梦中察觉到梦体局部热感异常，从而知梦控梦。

火蚁的细节可以搜索专利“外界温度刺激辅助获得清醒梦的设备”。

本实用新型专利技术公开了一种利用外界温度刺激辅助获得清醒梦的设备，

涉及睡眠辅助技术领域。该利用外界温度刺激辅助获得清醒梦的设备包括定时机构、温控机构和发热装置，定时机构与温控机构均连接发热装置，发热装置用于直接或间接接触人体皮肤。本实用新型专利技术采用的外界输入信号不同于“声音、光线”等梦境异常扳机，而是提示度更高，更容易让做梦者接收到，轻而易举地让做梦者识别出来的发热装置，发热装置产生高温接触皮肤所产生的烫、痛信号，可称为“热感信号”。利用温控机构对输入的“热感信号”的强度进行非常精确的控制和调节，该设备是一种更容易让做梦者识别出来的梦体异常扳机。利用定时机构定时开启发热装置，大大增加了获得清醒梦的机会。

火蚁运用热信号实现了稳定的原形入梦，创造了有效的梦体异常扳机，开创了知梦机的新思路新技术。根据这种思路，我们推测针灸、特定电击等信号也有可能达到类似的效果，预计今后会有更多种类更多功能的知梦机面世。

在产品方面，火蚁控梦仪结构简单，使用简便，成本经济，其温控系统与睡眠监测系统能保证信号的安全，不影响睡眠和身体健康，有望获得世界范围的普及，进一步推进人类对于梦境的研究，造福社会。

对于梦控师来说，没有什么比梦界更吸引人了！愿梦神一号助你畅游梦界，给你的人生带来快乐非凡的体验。